国家级一流本科课程配套教材
科学出版社"十四五"普通高等教育本科规划教材

细胞生物学层次化实验指导

（第三版）

薛雅蓉　张　晶　华子春　主编

科学出版社
北　京

内 容 简 介

本教材在上一版的基础上修订而成，是国家级一流本科课程配套教材、科学出版社“十四五”普通高等教育本科规划教材。全书包含6章内容及附录，6章分别是细胞生物学研究方法概述、细胞生物学诺贝尔奖研究发现之旅、细胞生物学先进仪器设备、基础性实验、综合性实验和探究性实验；附录包括常用溶液配制方法、细胞生物学实验教学方法案例等内容。数字资源包括部分难点实验操作和先进仪器使用视频、部分实验结果图片等，可扫描二维码查阅。高校授课教师可申请教学课件。

本教材实验项目共69个，按难度、耗时、条件需求等进行了分类，兼具适应性、高阶性和挑战度，适合作为高校生命科学相关专业本科生及研究生的细胞生物学实验教材，能够满足多样化的人才培养需求。

图书在版编目（CIP）数据

细胞生物学层次化实验指导 / 薛雅蓉, 张晶, 华子春主编. -- 3版. -- 北京 : 科学出版社, 2025. 3. (国家级一流本科课程配套教材)(科学出版社“十四五”普通高等教育本科规划教材). -- ISBN 978-7-03-081453-1

Ⅰ. Q2-33

中国国家版本馆CIP数据核字第20250LE378号

责任编辑：王玉时 / 责任校对：严　娜
责任印制：肖　兴 / 封面设计：马晓敏

科学出版社出版
北京东黄城根北街16号
邮政编码：100717
http:// www.sciencep.com
保定市中画美凯印刷有限公司印刷
科学出版社发行　各地新华书店经销
*
2014年6月第　一　版　开本：787×1092　1/16
2025年3月第　三　版　印张：14
2025年3月第十三次印刷　字数：358 000

定价：59.80元

（如有印装质量问题，我社负责调换）

《细胞生物学层次化实验指导》（第三版）

编写人员名单

主　编　薛雅蓉（南京大学）

张　晶（南京大学）

华子春（南京大学）

参　编（以姓氏汉语拼音为序）

陈江宁（南京大学）

侯冬霞（南京大学）

黄亚红（南京大学）

蒋爱芹（南京大学）

李红召（南京大学）

刘常宏（南京大学）

史兴娟（东南大学）

肖　雷（中国矿业大学）

张光谋（新乡医学院）

仲昭朝（南京大学）

朱昱苹（南京大学）

庄　重（南京大学）

《细胞生物学层次化实验指导》(第三版)
教学课件索取单

凡使用本书作为授课教材的高校主讲教师，可获赠教学课件一份。欢迎通过以下两种方式之一与我们联系。

1. 关注微信公众号“科学 EDU”索取教学课件

扫码关注→“样书课件”→“申请流程说明”

2. 填写以下表格，扫描或拍照后发送至联系人邮箱

姓名：	职称：	职务：
手机：	邮箱：	学校及院系：
本门课程名称：	本门课程每年选课人数：	
您对本书的评价及下一版的修改建议：		
推荐国外优秀教材名称/作者/出版社：	院系教学使用证明（公章）：	

联系人：王玉时 编辑　　电话：010-64034871　　邮箱：wangyushi@mail.sciencep.com

第三版前言

细胞相关的科学研究方向一直是生命科学领域的热点，创新成果层出不穷，其中一些研究已成为推动现代生命科学和医学迅速发展的关键支撑。同时，数字技术也得到了突飞猛进的发展，学生对优秀数字化教学资源的需求愈加迫切，教育部也发布文件推动教育教学的数字化转型。以上因素促使教材编写者不断修订教材，以融入学科新进展和数字化资源。

本教材编写团队长期深耕于细胞生物学理论与实验教学研究，承担了超过 20 项教学研究项目，内容涵盖开放实验模式、数字化资源建设、MOOC 建设、规划教材、翻转课堂、科研融合、产教融合及课程思政建设等，发表教学研究论文 10 多篇，获得国家级、省级和校级教学奖励 20 余项。特别是“细胞生物学实验”课程，获评国家级一流本科课程（2023 年）、虚拟仿真实验教学创新联盟实验教学应用示范课程（2022 年）、江苏省本科高校产教融合型一流课程（2022 年）、南京大学“百”层次优质课程（2021 年），并获得了南京大学课程思政专项奖（2023 年）等。

团队一直注重学科发展和新技术的应用，充分了解学生需求及教学要求，先后编写出版了《实用细胞生物学实验》（2012 年）、《细胞生物学层次化实验指导》（2014 年）、《细胞生物学层次化实验指导（配套数字化资源）》（2018 年）3 部细胞生物学实验教材。3 部教材均反响良好，已多次重印。《细胞生物学层次化实验指导》获评“十二五”江苏省高等学校重点教材（2014 年），于 2016 年入选科学出版社“十三五”普通高等教育本科规划教材。《细胞生物学层次化实验指导（配套数字化资源）》为国内首部细胞生物学实验新形态教材，基于该教材制作的“细胞生物学实验”MOOC，于 2023 年获评国家级一流本科课程。

本教材基于 2018 年版教材进行了修订，于 2023 年入选科学出版社“十四五”普通高等教育本科规划教材。修订过程参考了主编团队前期的教材建设经验、国家级一流 MOOC 建设经验及线下课程教学经验，融入了细胞生物学实验教学研究成果，紧跟学科教学和科研新进展，充分利用多种网络应用平台，配套了多形态的数字化资源。实验部分依然分为基础性实验、综合性实验和探究性实验 3 章，但实验项目从 2014 年版和 2018 年版的 55 个增至 69 个，新增了胞外囊泡分离、CRISPR-Cas9 基因敲除技术等新内容；其他部分保留了“细胞生物学先进仪器设备”，并新增了“细胞生物学研究方法概述”“细胞生物学诺贝尔奖研究发现之旅”等内容。附录中增加了课程思政、实验伦理、实验安全教学内容与安排、半开放与开放实验教学组织方式等细胞生物学实验教学方法案例。数字资源部分在原有的实验操作视频、仪器使用视频基础上，增加了实验结果图片等内容。第一章和第三章旨在帮助学生掌握先进的实验方法与技术；第二章旨在拓宽学生视野、启发思维，体现了科学思维、研究方法和实验技术的有机结合；第四章至第六章中的实验结果图片有助于学生自我检查实验效果；附录中的教学方法案例为教师提供了有效的教学参考。本教材的特色与创新点包括以下几点。

1. 内容涵盖基础与前沿，兼具适应性、高阶性与挑战度。

2. 编排层次化，基础性实验、综合性实验、探究性实验分类明确、逐步升级，便于阅读与教学选择。

3. 丰富的数字资源形态，涵盖视频、图片等，内容包括先进仪器使用、操作难点示范、实验原理演示、实验结果展示等，数字资源的类型和数量位居同类教材前列。

4. 教学方法案例类型多样，既包括课程思政、实验伦理、实验安全教学内容与安排，又包括半开放、开放实验教学组织方式。

5. 注重实验对照设置，强化教学效果的同时培养学生批判性思维习惯。

本教材中实验方法的验证工作及数字化视频的拍摄工作主要在南京大学生命科学实验教学中心完成，得到了生命科学学院领导、中心领导与相关教师的积极支持；视频由南京天马行空多媒体科技有限公司制作完成；视频拍摄及教材出版由南京大学教务处通过“十三五”实验教学改革研究课题重点项目和“十三五”规划教材建设项目支持，经费来源为中央高校教育教学改革专项资金。此外，本教材的出版还得到来自家人、同事和编辑人员的多方支持，在此一并表示诚挚的感谢！

在本书的编写过程中，编者们秉持认真负责的态度，力求做到内容先进、结构合理、实验方法科学可行、语言描述清晰且富有逻辑性。然而，受限于编写团队的时间、精力和水平，难免存在不足，诚邀广大读者提出宝贵意见，以便再次改版时不断完善。

编　者

2025 年 2 月 8 日

目　　录

部分先进仪器使用视频

视频 1　相差显微镜的原理及应用

视频 2　透射电子显微镜的原理及应用

视频 3　激光共聚焦显微镜的操作与应用

视频 4　超高分辨荧光显微镜

视频 5　高内涵细胞成像和分析系统

视频 6　BD Accuri C6 流式细胞仪的使用

视频 7　细胞磁分选原理及应用

视频 8　冷冻切片机原理及应用

视频 9　Bio-Rad iMark 型酶标仪的使用

部分难点实验操作视频

视频 10　血细胞涂片制备与染色观察

视频 11　小鼠腹腔注射与腹腔液的抽取

视频 12　单个核细胞分离与细胞计数

视频 13　压片法制备植物细胞分裂标本

视频 14　鸡胚原代细胞获取

视频 15　贴壁细胞的传代与冻存

视频 16　Transwell 实验

视频 17　细胞划痕实验

视频 18　细胞培养准备工作

第一章　细胞生物学研究方法概述

第一节　细胞制片方法

显微观察是研究细胞的重要手段。要清楚地观察细胞，首先必须使用适当的制片方法制备适合显微观察的单层细胞玻片标本，这个过程称为细胞制片。

细胞制片方法按是否应用刀片或切片机分为两大类，即非切片法和切片法。非切片法可用于组织标本或细胞标本，不需用刀片切割组织，方法相对简单、快速，具体方法有装片法、涂片法、压片法、印片法、爬片法、铺片法、磨片法等。切片法适用于组织标本，制备标本需用刀或切片机将组织切割成薄片，操作较复杂，常用方法有徒手切片法、冰冻切片法、石蜡切片法、电镜超薄切片法等。

一、非切片法方法简介

（一）装片法

装片法是将细胞材料封装于载玻片与盖玻片之间制备细胞标本的方法。

该法用于制备细胞悬液和薄层组织的临时观察标本，如动物细胞悬液、藻类及菌类悬液、蕨类的原叶体、孢子囊、纤细的苔藓植物、被子植物的表皮、花粉粒等。

制备方法是：如样品为细胞悬液，可直接将其加在载玻片上，再加盖玻片即可；如样品为薄层组织或黏稠的液体，可先在载玻片上加 1～2 滴水或等渗液，再将薄层组织或细胞在其中展开、分散。

（二）涂片法

涂片法是用一张载玻片将细胞悬液均匀地涂布在另一张载玻片上制备细胞标本的方法。该法用于各种细胞悬液标本的制片，如悬浮培养细胞悬液、血液、骨髓、痰液、生殖道分泌物等。

具体方法见第四章第一节“实验 1　血细胞涂片的制备及染色观察”。

（三）压片法

压片法是一种将本身比较疏松或经化学药品软化的植物或动物组织材料，在载玻片上压制成单层细胞标本的方法。与组织切片法相比，该法简单、省时，缺点是不能保持组织原有结构。具体方法见第四章第六节“实验 22　压片法制备植物细胞分裂标本及显微观察”。

常用于植物染色体标本的制备，也可用于人和动物组织，如脑、实体瘤等结构疏松组织细胞标本的制备。

（四）印片法

印片法是用载玻片在组织切面上轻轻触印，使组织表面细胞黏附在玻片上制备细胞标本的方法。主要用于临床手术标本的快速病理检测。相比其他组织标本制备方法，该法操作简单、省时，也可显示原位信息，但信息不全。

（五）爬片法

爬片法是将表面经过处理、带有正电荷、吸附性好的细胞爬片放入细胞培养板或皿中，接种细胞使其贴壁生长于爬片上制备细胞标本的方法。主要应用于贴壁生长细胞的免疫组化研究，可以显示其自然状态。

（六）铺片法

铺片法是将需要观察的薄层组织用手工的方法直接铺于载玻片上，然后经过固定、染色等程序制成标本的方法，如蛙的肠系膜铺片、大鼠的皮下组织铺片等。

（七）磨片法

磨片法是用磨石将骨、牙齿等坚硬的组织磨成厚度 50μm 左右薄片并经染色后封固于载玻片上的方法。

二、切片法方法简介

（一）徒手切片法

徒手切片法是一种用手持刀片进行组织切片制作的方法。具体方法见第四章第一节“实验 2 植物叶片组织徒手切片的制备及观察”。

主要用于制备硬度适可的植物根、茎、叶等材料的临时细胞标本。

（二）冰冻切片法

冰冻切片法是利用冷冻切片机制备冰冻组织细胞标本的制片方法。具体方法见第四章第一节“实验 3 动物组织冰冻切片的制备及染色观察”。

该法能够保存一些石蜡切片不能保存的物质（如脂肪、类脂等），且具有组织硬化快、制作省时、抗原及酶保存效果好等优点。

主要用于动物组织制片，所制切片可用于普通染色观察和原位杂交、免疫组化检测。植物细胞因含水量较高，冷冻后切片时易破碎，难以制备细胞形态完整的切片。用高渗蔗糖预先浸泡处理植物组织，可提高冷冻切片质量。

（三）石蜡切片法

石蜡切片法是利用石蜡切片机制作石蜡包埋组织切片标本的一系列相关技术。制片过程有四个环节：①取材与固定；②制备石蜡包埋的组织标本；③用石蜡切片机切片；④切片标本的拷片、脱蜡与染色。

该法所制备的细胞标本结构完整性好且可长期保存，广泛用于动物、植物组织切片标本的制作。缺点是步骤烦琐、费时，尤其是制备石蜡包埋的组织标本环节，包括用不同浓度的乙醇（如 70%、80%、90%、95%、100%）梯度脱水、二甲苯透明和石蜡包埋等步骤。

（四）电镜超薄切片法

电镜超薄切片法是利用配备有特殊切割刀具的电镜超薄切片机制备可用于透射电镜观察的超薄组织切片的方法。所制备的标本厚度不超过 100nm，能够用于透射电镜观察细胞超微结构，如细胞膜、细胞器、自噬体、凋亡特征结构等。

该法制片过程比石蜡切片更烦琐。一般流程如下：取材→漂洗（生理盐水）→前固定（2.5%戊二醛，4℃冰箱 2h 以上）→漂洗（0.1mol/L 磷酸缓冲液，3 次，45min）→后固定（1%锇酸 1h 左右）→漂洗（0.1mol/L 磷酸缓冲液，3 次，45min）→块染（1%乙酸铀 2h）→梯度脱水（50%、70%、80%、90%、100%乙醇各 15min，100%丙酮 2 次，各 10min）→浸透（丙酮∶包埋液=1∶1，37℃烘箱 2h；丙酮∶包埋液=1∶4，37℃烘箱过夜；纯包埋液 45℃烘箱 2h）→包埋聚合（45℃烘箱 3h，65℃烘箱 48h）→切片→捞片。

第二节　细胞化学技术

细胞化学（cytochemistry）技术是研究细胞的化学成分及其在细胞生命活动中的变化和定位的学科，其包括直接染色法、反应显色法、酶细胞化学技术、免疫细胞化学技术等。

一、直接染色法

直接染色法是利用染料的选择性着色原理对不同细胞器、细胞组分、细胞代谢产物等进行染色显示的方法，可以用普通染料，也可用荧光染料。普通染料包括：线粒体活体染料詹纳斯绿，液泡系活体染料中性红，显示脂类的脂溶性染料油红、苏丹Ⅲ、苏丹Ⅵ、苏丹黑 B、尼罗蓝等，显示细胞骨架蛋白的考马斯亮蓝。荧光染料有各种细胞器、细胞组分、细胞代谢产物的荧光探针，包括：细胞核荧光探针 DAPI、Hoechst 系列、7-ADD、PI 等，线粒体膜电位荧光探针 JC-1，高尔基体红色荧光探针 Golgi-Tracker Red、Cell Light，细胞膜荧光探针 Dio、Dil、Did，活性氧次氯酸荧光探针 R6G，钙离子荧光探针 Fluo-4 AM 等。

二、反应显色法

反应显色法如显示多糖的过碘酸希夫反应（periodic acid-Schiff，PAS reaction），简称 PAS 反应，以及显示 DNA 的福尔根反应（Feulgen reaction）。PAS 反应原理是：多糖被强氧化剂过碘酸（HIO_4）氧化后，形成 2-醛基；后者与 希夫试剂（Schiff's reagent）中的无色品红亚硫酸复合物结合，形成紫红色反应产物，PAS 反应阳性部位即表示多糖的存在。Feulgen 反应是标本 DNA 经强酸（1mol/L HCl）水解，其上的嘌呤碱和脱氧核糖之间的键打开，使脱氧核糖的一端形成游离的醛基，这些醛基在原位与希夫试剂反应，形成紫红色的化合物，使细胞内含有 DNA 的部位呈紫红色阳性反应。紫红色的产生是由于反应产物的分子内含有醌基，醌基是发色团，因此具有颜色。

三、酶细胞化学技术

酶细胞化学技术（enzyme cytochemistry）是通过酶催化底物的特异细胞化学反应结果显

示酶在细胞内存在与定位的细胞生物学实验方法。

基本原理是：细胞内的酶作用于反应液中的底物，产生初级反应产物，初级反应产物能与某种捕捉剂反应而形成显微镜下可见的沉淀。例如，酸性磷酸酶能分解磷酸酯（常用β-甘油磷酸钠）而释放出磷酸基。在pH5.0的环境中，磷酸基能与铅盐（硝酸铅，捕捉剂）反应形成无色的磷酸铅（微细沉淀，可在电镜下观察），再经过与硫化铵作用，形成棕黑色的硫化铅沉淀（可在光镜下观察），以此显示酸性磷酸酶在细胞内的存在与分布。

酶细胞化学技术依据观察需要的显微镜为普通光学显微镜还是透射电子显微镜，分为光镜酶细胞化学技术和超微结构酶细胞化学技术。因酶促反应的放大作用，该法灵敏度很高，可显示各种在细胞内微量存在的酶。这些酶一般指细胞原有的各种细胞器标志酶，如溶酶体标志酶为酸性磷酸酶，细胞膜标志酶为碱性磷酸酶，内质网标志酶为葡萄糖-6-磷酸酶，线粒体标志酶为细胞色素氧化酶，高尔基体标志酶为焦磷酸硫胺素酶。

四、免疫细胞化学技术

免疫细胞化学技术是利用标记抗体与细胞抗原的免疫反应显示与定位细胞中抗原的一种检测方法。主要分为三大类：免疫荧光技术（immunofluorescent technique）、免疫酶细胞化学技术和金属标记分析。

免疫荧光技术中的检测抗体为荧光素标记抗体，需要可进行荧光观察的显微镜检测标记结果；免疫酶细胞化学技术中的检测抗体为辣根过氧化物酶或碱性磷酸酶标记抗体，需要与相应底物反应后形成沉淀在显微镜下观察；金属标记分析技术所用检测抗体为金属离子铁、胶体金等标记抗体，依沉淀物大小不同在普通光学显微镜或电子显微镜下观察。用到电子显微镜时，称为免疫电镜术（immunoelectron microscopy，IEM）。按标记的金属不同，又有免疫胶体金技术（immunocolloidal gold technique）、免疫金银染色法（immunogold-silver staining，IGSS）、铁蛋白标记（ferritin labelling）技术等。

免疫细胞化学技术可以特异显示细胞内任何一种能够获得相应检测抗体的抗原物质，具有非常广泛的适用性。

第三节　细胞获取与分离方法

获取和分离纯化细胞是研究特定种类细胞代谢与功能、对细胞进行遗传改造与利用的基础。一般做法是先获得细胞悬液，再对其进行分离纯化。

一、细胞获取

细胞获取（cell acquisition）一般指从生物体或其离体组织取得细胞的过程。对于游离细胞，获取的方法一般为直接用注射器抽取，如血液细胞、骨髓腔中细胞、胸腔及腹腔腹水中的细胞等，均可直接用注射器戴上针头抽取。对于组织细胞，往往需要先解剖获得组织样品，然后利用物理方法、化学方法或生物方法获取细胞悬液。

（一）物理方法

物理方法又称机械法，常用方法为研磨法，即通过简单研磨后过滤去除杂质。该法一般针对脆性较大的组织，简单易行，但对细胞损伤较大，所获取的细胞量及活率取决于研磨力度和技巧。另外还有振荡法、机械刮取法、灌注搓揉法等。振荡法通过振荡后过滤获得细胞悬液，一般针对细胞间连接相对不太紧密的组织，所得细胞产量较高、形态完整、分散度好、杂质少，但活性与功能较差，且随着培养时间的延长，活性及功能逐渐下降，不适于一些持续时间较长的实验研究。机械刮取法一般用细胞刮刀从培养皿底部刮取培养的贴壁细胞，容易对细胞造成损伤；灌注搓揉法主要用于分离血管内皮细胞。

（二）化学方法

化学方法通常利用乙二胺四乙酸（ethylenediaminetetra-acetic acid，EDTA）等螯合剂螯合在细胞连接中起重要作用的Ca^{2+}和Mg^{2+}，使细胞间连接破坏，从而使细胞游离。

该法单独使用效果较差，常与酶消化法结合使用。

（三）生物方法

生物方法一般用酶消化法。原理是用酶消化细胞外基质蛋白，使附着于基质蛋白的细胞游离。该法是目前获取组织细胞的主流方法，应用最为广泛。

酶种类的选用主要根据所分离组织的基质蛋白组成。常用酶有胶原蛋白酶和胰蛋白酶，可以单用或混合。前者主要消化胶原蛋白，性质温和且分离彻底，细胞获取率、活率、纯度均较高，各种功能维持时间也较长。后者可以破坏肽链中赖氨酸和精氨酸C端肽键，底物选择性差，有可能破坏细胞表面功能蛋白，消化程度要控制好。

二、细胞分离

细胞分离（cell separation）一般指将混合细胞群中不同类型的细胞分开或从混合细胞群中获取纯化某种细胞类群的过程。通常习惯将从混合细胞群中获取纯化某种细胞类群称为细胞分选。依分离原理不同，有不同的细胞分离分选方法。

（一）密度梯度离心法

密度梯度离心法是一种借助密度梯度介质分离不同密度细胞的方法。分离原理是：将混合细胞悬液叠加于离心管中的密度梯度介质之上，经过适当离心力和离心时间的离心后，密度不同的细胞分布于介质的不同位置。例如，密度梯度离心法分离人外周血单个核细胞时，是将等体积D-Hanks液稀释的抗凝全血叠加在人淋巴细胞分离液上，经2000r/min离心20min后，单个核细胞分布于两液交界处，红细胞和粒细胞则沉于管底，并且，因红细胞密度最大，分布在最下面，粒细胞则覆盖在其上面。

用于密度梯度法分离细胞的介质通常具有对细胞无毒、高密度时黏度不高、渗透压稳定、pH中性或易于调整等特点，常用的如聚蔗糖–泛影葡胺（Ficoll-Hypaque）和Percoll等。

聚蔗糖–泛影葡胺由浓度9%、相对密度较低（1.020）的聚蔗糖溶液和浓度34%、相对密度较高（1.200）的泛影葡胺溶液按一定配比混合而成，市售产品俗称“淋巴细胞分离液”，广泛应用于从人和动物外周血、骨髓或脾脏中分离由单核细胞、淋巴细胞、NK细胞等组成的密度接近的单个核细胞。

因人和不同种类动物的单个核细胞密度有差异，需要选择或配制适当密度的分离液，并设置适合的离心速度与时间。如人淋巴细胞分离液密度为（1.0770±0.0001）g/cm^3，当分离人外周血单个核细胞时，选择 2000r/min 离心 20min 比较合适；小鼠淋巴细胞分离液密度为（1.0920±0.0001）g/cm^3，从小鼠脾脏细胞悬液中分离小鼠单个核细胞时，则用 1600r/min 离心 20min 比较合适。

Percoll 是经过聚乙烯吡咯烷酮（polyvinylpyrrolidone，PVP）处理的硅胶颗粒混悬液，具有渗透性低、不穿透细胞、黏度低、密度高和无毒害等优点，已广泛用于分离细胞、亚细胞成分、细菌及病毒，还可将受损细胞及其碎片与完好的活细胞分离。

Percoll 混悬液中包含了大小不一的硅胶颗粒，将混悬液高速离心后可形成一个连续密度梯度；将混悬液配制成不同浓度的溶液则具有不同的密度，可用于制备不连续密度梯度介质。通常用 100%的 Percoll 悬液（1 份 10×PBS 与 9 份 Percoll 贮存液混合，密度为 1.1294g/mL）与一定比例的生理盐水或 PBS 混合制备不同浓度的 Percoll 悬液，悬液浓度与密度的关系见表 1-1。

表 1-1 Percoll 悬液浓度与密度的关系

Percoll 浓度/%	70	60	50	40	30	20
密度/（g/mL）	1.090	1.077	1.067	1.050	1.043	1.031

该法无须特殊设备和试剂，但仅依据细胞密度进行分离，无特异性，与磁分选及流式分选相比，分离纯度和细胞回收率都较低（纯度 80%，回收率 60%）。

（二）差速贴壁法

差速贴壁法是根据不同细胞黏附于某固相物质表面的能力差异分离细胞的方法。常用方法是：将细胞悬液加入细胞培养瓶皿中温育，先使其中易贴壁细胞黏附；转出未黏附细胞到新的培养瓶皿，再进行黏附；反复数次，即可将细胞按黏附性不同分开。

该法操作简单，无须特殊设备，可应用于单核细胞、成纤维细胞等贴壁细胞的获取或去除。如从外周血、骨髓及脾脏中分离单核细胞，只需将混合细胞悬液加入经明胶处理过的平皿内，37℃孵育 40min，使其中单核细胞附壁，洗涤数次清除未黏附的其他种类细胞后再加入 10mmol/L EDTA 和 PRMI-1640 培养基的 1∶1 混合液、37℃孵育 15～30min 即可使贴壁的单核细胞解吸附，也可用胶原酶、胰蛋白酶等处理使其解吸附或用无菌橡皮擦将其直接刮下。再如，从心肌细胞中除去成纤维细胞，依据成纤维细胞较心肌细胞贴壁能力强、较早即可贴壁的特性，将用酶消化获得的心脏混合细胞悬液加入培养器皿内黏附 60～90min，使绝大多数成纤维细胞黏附而心肌细胞悬浮在培养基中。

该法无须特殊设备与试剂，但相对磁分选及流式分选，特异性差，分离纯度受黏附时间影响较大，分离得率则与消化时间有关。

（三）磁珠分选法

磁珠分选法全称磁激活细胞分选法（magnetic activated cell sorting，MACS），是一种借助磁分选仪将与磁珠连接的细胞与游离细胞分离的方法。基本方法是，向细胞悬液中加入表面吸附有细胞表面抗原抗体或细胞表面标记物配体的磁珠，使磁珠通过抗原-抗体反应或配体结合反应与细胞连接起来，使特定细胞类群被磁珠标记。然后让混合细胞悬液过磁场中的分离柱，磁珠标记细胞会结合在分离柱上，磁珠未标记细胞则直接通过分离柱。先收集未标记细胞，再将分离柱移离磁场后收集标记细胞，即可将磁珠结合细胞和游离细胞分离。

该法特异性强，全自动分选仪分选速度快（每秒可达 1×10^7 个），分离纯度可达 80%～

90%，回收率可达90%，分选获得的细胞活力好，分离体积容易放大，因此，是目前研究和临床应用最广的细胞分离方法。

（四）流式细胞分选法

流式细胞分选法是一种利用流式细胞仪分离获取荧光标记细胞的细胞分离方法。分选原理是：利用超高频电晶体使细胞流断裂为均匀的小液滴；其中含有荧光标记拟分选细胞的小液滴被流式细胞仪检测并充电；再经过高压偏转板的作用，使其落入特定位置的收集器中；未标记细胞和空白液滴不被充电，则落入中间废液容器。

这种方法可以特异性分选获取任何一种能够得到抗细胞表面标记分子抗体的细胞。细胞分选前需要用荧光素对其标记，通常应用针对细胞表面标记分子的抗体进行免疫荧光标记。可直接用偶联有荧光素的一抗（抗细胞表面标记分子抗体）和细胞反应进行标记，也可先用一抗和细胞反应，再用偶联有荧光素的二抗（抗一抗抗体）反应，间接免疫荧光法标记。需要注意的是，二抗应为一抗的种特异性和同种型特异性抗体。例如，一抗来源于兔，为IgG类抗体，则二抗应为（其他动物来源的）抗兔IgG类抗体；再如，一抗为来源于大鼠的IgM类抗体，则二抗应为（其他动物来源的）抗大鼠IgM类抗体。这里的种指动物品种，同种型指Ig类别。若一抗为单克隆抗体，不特别标明来源的情况下，一般为鼠源的IgG类抗体，二抗一定要用抗鼠IgG抗体。

该法特异性强，分选速度快，分离纯度和细胞回收率均高（＞90%），并且分选结果容易通过荧光显微镜检查，是科研中特异分选少量细胞的优选方法。

第四节　细胞工程技术

细胞工程是指应用细胞生物学和分子生物学的理论、方法和技术，按人为的设计，有计划地大规模培养组织或细胞以获得生物产品，或改变细胞的遗传物质以产生新的物种或品系。细胞工程研究范畴包括：细胞培养、细胞冻存、细胞融合、细胞拆合、染色体工程等。

一、细胞培养

细胞培养（cell culture）是指在体外模拟细胞体内生长的条件、使细胞得以在体外生长繁殖的过程。按细胞材料来源分为原代培养（primary culture）和传代培养（secondary culture），如材料直接来源于生物体，称为原代培养；如分割细胞培养物进行再培养，则称为传代培养。所培养的细胞，有的不需要黏附于支持物、呈悬浮状态生长，称为悬浮生长型细胞；有的需要黏附于一定固相支持物表面才能很好生长，称为贴壁生长型细胞或黏附依赖型细胞。

相对于细胞在体内的生长，体外培养过程条件可控，干扰因素少，可以提供大量均一的细胞样品供研究及生产使用，已广泛用于生物学的各个领域，如细胞生物学、分子生物学、遗传学、医学、药理学、免疫学、细胞工程、老年学、肿瘤学等。

（一）细胞体外培养需要的条件

培养细胞需要提供细胞生长的适宜条件包括：严格的无菌环境，适宜的培养基，适宜的培养温度，适宜的气体环境等。

培养基是与细胞直接接触的微环境，细胞培养所需的等渗环境、适宜酸碱度、各种营养及营养调节因子都需由其提供。最终用于培养细胞的培养基称为完全培养基，能够提供细胞生长所需的适宜渗透压、酸碱环境、营养成分及生长促进因子，与所培养细胞相配，并应不含微生物、内毒素、重金属等有害成分。一般组成包括：合成基础培养基、天然营养成分、抗生素等。合成基础培养基通常为商业化的产品，是在平衡盐溶液（balanced salt solution，BSS）基础上，添加葡萄糖、氨基酸、维生素、微量元素、核苷及生长促进因子等制成的液体或粉状制剂。其成分组成种类有数十种之多，并且其中有些成分含量极微。主要有 20 多种，如 Eagle MEM、RPMI1640、M199 培养基等，适用于不同类型的培养细胞。天然营养成分如血清、鸡胚浸出液等。血清中用得比较多的为牛血清，包括小牛血清、新生牛血清、胎牛血清等，越小动物的血清促生长作用越好。抗生素中青霉素和链霉素用得最多。

培养温度的选择与所培养细胞的来源环境有关，人和哺乳动物细胞培养时，培养温度一般设定为 35～37℃，植物细胞培养时，培养温度则通常设定为 25℃。偏离最适温度，细胞的正常代谢和生长将会受到影响。Migakosni 等（1979）研究了高温对中国地鼠 V-79 细胞的影响，发现 41℃处理 30～120min，对细胞无明显损伤作用，但高于 43℃时细胞存活率急剧下降。Yonezawa 等（1996）观察了高温对培养的大鼠恶性纤维组织细胞瘤（malignant fibrous histiocytoma，MFH）细胞的影响，结果表明，41℃对细胞无影响，42～43℃可引起细胞凋亡，44℃可引起细胞坏死。高温主要从以下几个方面对细胞产生不良影响：①导致酶的变性而失活，细胞代谢停止；②破坏细胞膜类脂质成分，使细胞膜渗透性发生变化而死亡；③引起核分裂异常；④破坏纺锤体，使核分裂停止在中期；⑤使细胞钙释放，激活使细胞凝固的酶。稍低于最适温度的低温条件一般仅引起细胞代谢减缓，而不会导致细胞死亡。但冰点以下的低温则会由冰晶引起细胞损伤而死亡。

细胞培养要求的气体环境一般为含有 5%～7% CO_2 的空气，由连接有 CO_2 气瓶的 CO_2 培养箱提供。其中，空气的氧为细胞代谢所必需，CO_2 则能够参与细胞培养液酸碱度的调节。

（二）细胞培养方法

动物细胞原代培养一般有两种方法，一种方法是植块培养法，另一种方法是分离（分散）细胞培养法。植块培养法是将从生物体所取得的组织切割成一定大小的植块，再将植块接种到培养瓶、皿底部，加入培养液进行培养的方法。培养过程中，构成植块的细胞会从植块内迁移出来并在植块外面分裂增殖，然后将植块移除，即可得到细胞培养物。分散细胞培养法是用机械方法或酶消化组织块使成分散的单个细胞，然后用培养液稀释成一定浓度进行培养的方法。若为悬浮生长的细胞，分离纯化后直接稀释培养即可。

原代细胞培养成功后需要进行传代培养，否则细胞会因生存空间不足或密度过大，产生营养障碍，影响细胞生长。悬浮细胞的传代只需计数后直接稀释即可；贴壁细胞传代时一般用胰蛋白酶消化贴壁细胞，使细胞间连接断开，细胞突起缩回，细胞脱离贴壁状态，然后收集后计数、调浓度再分装培养。

二、细胞冻存

细胞冻存全称“细胞冷冻保存”，是指通过特殊的保护措施和降温程序使细胞在一定条件下停止代谢而升温后又恢复代谢能力的一种技术。

微生物、动物细胞、植物细胞都可以进行冻存。存活率是考察细胞冻存效果的主要指标，进一步的考察还包括凋亡细胞比率、细胞贴壁性、生长速度等。

影响细胞冻存效果的因素有以下几种。

1. 细胞生长状况 细胞应处于对数期（log phase）。此时细胞代谢旺盛、状态良好，保存后存活率高，容易恢复正常生长状态。

2. 冷冻保护剂 是可以保护细胞免受冷冻损伤的物质，常常配制成一定浓度的溶液，作为冷冻保护液。大多数有核哺乳动物细胞冻存时需要加冷冻保护剂。

冷冻保护剂分为渗透性和非渗透性两种。渗透性冷冻保护剂可以渗透到细胞内，常用的有两种：甘油和二甲基亚砜（DMSO）。其他还有乙二醇、丙二醇、乙酰胺、甲醇等。保护机制主要有两种：①保护剂在水中发生水合作用，使溶液冰点降低，冷冻过程延缓，使细胞有充足的时间适应降温变化。②进入细胞，提高细胞内渗透压，降低细胞脱水的速度和程度，避免细胞过分脱水皱缩。因此，在使用该类保护剂时，需要一定的时间进行预冷，让保护剂充分渗透到细胞内并在细胞内外达到平衡。非渗透性保护剂如羟乙基淀粉（HES），不易进入细胞，但能使细胞脱水，减少冷冻过程中胞内冰晶的形成。

3. 冷冻保存温度 −196℃是最佳冷冻保存温度，如果冷冻过程得当，一般生物样品在−196℃可保存 10 年以上而不影响存活率；−70～−80℃保存几个月对细胞活性无明显影响，但长期保存细胞存活率明显下降；−20℃保存 3d 后，大部分细胞会死亡。

4. 冷冻速度 指降温的速度。冷冻过程造成细胞伤害的机制主要有两种：一是渗透压变化对细胞的损伤，二是水冷冻形成的冰晶伤害。在细胞冷冻过程中胞外胞内结冰速度不一致，胞外先结冰，引起胞外渗透压下降，胞内水分外渗。冷冻速度不同，胞内水分外流损失多少不同。速度过慢，水分外渗多，致细胞脱水过多而失活；速度过快，细胞内水分无足够时间外渗，随温度下降而出现胞内结冰，产生冰晶损伤；如果冷冻速度非常快（即超快速冷冻），则胞内形成的冰晶很小或不形成冰晶而呈玻璃状凝固。因此，超快速玻璃化冷冻对细胞来讲是最为理想的冷冻方法。不同细胞的质膜渗透性有差异，需要的冷冻速度也不同。玻璃化冻存的条件（冻存液组成、冻存速度等）需要反复摸索，难以实施。常规做法是：利用各种温级的冰箱分阶段降温，4℃、−20℃、−80℃分别 1～2h，再转液氮保存。如条件允许，可利用程控降温仪，按设定的降温速率从室温降至−90℃以下，再投入液氮保存。

5. 复温速度 指细胞复苏（thawing cell）时升温的速度。一般复温速度越快越好。若复温速度太慢，细胞内会重新形成较大的冰晶而造成细胞损伤。常规是在 37℃水浴中 1～2min 完成复温。因此，不能用其他管径较粗的容器替代管径较细的细胞冻存管冻存细胞。

三、细胞融合

细胞融合指 2 个或多个细胞融合成一个双核或多核细胞的现象，过程包括：膜融合—质融合—核融合（有丝分裂）。

（一）细胞融合的应用

细胞融合技术最早、最成功的应用是利用杂交瘤技术制备单克隆抗体。该技术于 1975 年由英国科学家科勒（Kohler）和米尔斯坦（Milstein）用于将抗原致敏的 B 细胞与骨髓瘤细胞融合，产生既具有 B 细胞产生抗体能力又具有骨髓瘤细胞长寿特性的杂交瘤细胞，克服了 B 细胞在体外难以增殖而骨髓瘤细胞不能产生抗原特异抗体的缺陷。这是一个具有里程碑式的细胞生物学进展，标志着人们可以通过细胞融合将不同特性的细胞优点结合在一起或弥补某种细胞的不足之处。因其意义重大，科勒和米尔斯坦被授予1984年的诺贝尔生理学或医学奖。该法的原理是：用特定抗原筛选后，得到的特定杂交瘤细胞所产生的抗体为单克隆抗体，细胞融合技术也被应用于利用原生质体融合进行某些植物之间及某些微生物之间的杂交育种。

（二）人工诱导细胞融合的方法

人工诱导细胞融合的方法主要有病毒诱导法、聚乙二醇（PEG）诱导法、电融合法、激光融合法等，以聚乙二醇诱导法和电融合法应用最为广泛。病毒诱导法尽管融合率高，但因病毒制备过程过于烦琐，很少应用。激光融合法也尚未推广开。

聚乙二醇诱导法可用于动物细胞和植物原生质体融合，方法原理是：一定浓度（一般50%～55%）的PEG可减少细胞间的游离水，使细胞相互靠近，并可逆性地破坏细胞膜的磷脂双分子层，临时改变膜结构，引起细胞膜融合。以分子量1000Da和4000Da的PEG用得最多，方法特点是：试剂易得、操作简单，但融合率不稳定（0～90%）、试剂对细胞有毒。

电融合法是利用电融合仪诱导细胞融合的方法，可用于诱导动物细胞、植物原生质体、微生物原生质体的融合。其原理是：在短时间强电场的作用下，当原生质体置于电导率很低的溶液中时，电场通电后，电流即通过原生质体，使原生质体在电场作用下极化而产生偶极子，从而使原生质体紧密接触排列成串，原生质体成串排列后，立即给予高频直流脉冲，细胞膜发生可逆性电击穿，瞬时失去其高电阻和低通透性，然后在数分钟内恢复原状。当可逆电击穿发生在两个相邻细胞的接触区时，即可诱导它们的膜相互融合。该法的优点是融合频率高、无化学毒性、操作简便，缺点是需专门仪器且每次融合的细胞量有限。

四、细胞拆合

细胞拆合是指将细胞核与细胞质分离开来，然后将不同来源的胞质体（cytoplast）与核质体（karyopast）相互组合，形成核质杂交细胞。

（一）细胞拆合的应用

细胞拆合技术早期应用于探明核质相互作用的机制，目前则主要应用于克隆动物。

动物体细胞不能发育为完整个体，但将体细胞核移植入卵母细胞或受精卵可生产克隆动物，说明卵母细胞或受精卵细胞与体细胞的胞质组成不同，并因此决定了细胞的分化潜能。

体细胞核移植技术的开创者是英国发育生物学家约翰·戈登（John B. Gurdon），他在20世纪60年代做了一个划时代实验：把美洲爪蟾的小肠上皮细胞核注入去核的卵细胞中，使部分携带上皮细胞核的卵细胞发育成了蝌蚪并最终发育为成熟的爪蟾。其与提出诱导性多能干细胞（induced pluripotent stem cell，iPSC）的日本科学家山中伸弥（Shinya Yamanaka）共享了2012年的诺贝尔生理学或医学奖。

体细胞核移植技术后来经历了由两栖动物、到普通哺乳动物、再到灵长类哺乳动物的发展。1996年，克隆羊多莉的出生首次证明克隆技术可以应用于哺乳动物；2018年，中国科学院神经科学研究所孙强和刘真利用食蟹猴胎儿皮肤成纤维细胞进行核移植，成功获得两只健康的克隆猴个体，首次实现了灵长类哺乳动物的克隆。

通过核移植方法克隆动物的主要优势是，可以通过转基因及基因编辑等方法对容易获得的动物体细胞进行遗传改造后将其移植入难得的早期胚胎细胞，从而获得抗病性好或生产性能好的克隆动物。

（二）细胞拆合方法

细胞拆合方法有物理法和化学法两大类。物理法通常应用显微操作仪进行去核和注核操作，化学法是用细胞松弛素B处理细胞使其排核，再结合离心技术，将细胞拆分为核质体和胞质体两部分。

用显微操作仪进行的卵母细胞的去核操作，目前常用的有McGrath-Solter去核法、Willadsen去核法及简易去核法等。

McGrath-Solter去核法：将卵母细胞置于显微操作液滴中室温处理15min，显微镜下用操作针拨动卵母细胞，调整焦距，见到MⅡ期纺锤体部位呈现半透明化，胞质边缘有小突起。用固定针吸住卵母细胞核位置对侧，使细胞核处于时钟3点位置。将去核针靠近卵母细胞并调节其尖端与卵母细胞中心位于同一平面。用去核针顶着透明带和卵质膜逐渐突入卵内直到透明带穿透，然后回撤去核针至透明带下，吸出核质体。此法的优点是去核效果好，对注核有利，缺点是步骤烦琐费时。

Willadsen去核法：细胞核定位如上所述，调整卵母细胞核位置于时钟12点位置，用固定针吸住细胞，用切割针于核上方1点钟位置穿破透明带，然后在固定针下缘摩擦，至卵母细胞从切割针脱出，在透明带上切开1/4周长左右切口，然后用外径10μm左右平口去核针从切口处吸出核质体。此法采用透明带切口、吸核两步法，先用切割针切割透明带，然后用吸核管吸核，这样使吸核操作基本排除透明带干扰，因而对卵母细胞损伤较小，但操作时需要中间换针和重新聚焦，因此去核操作时间较长，而操作时卵母细胞暴露时间过长对重组卵母细胞发育不利。

简易去核法：将成熟卵母细胞放在含有5μmol/mL的细胞松弛素B的10%胎牛血清中孵育15min，然后如上固定卵母细胞，使极体位于时钟1～2点处，使用拉尖的去核针刺破透明带，吸出极体及周围部分细胞质。

去核卵母细胞的注核操作：将已去核的卵母细胞转移到无细胞松弛素B的CZB培养基中，于37.0℃、5% CO_2的培养箱培养1～2h。将细胞核沿着透明带上原来的去核针口立即注入到卵周隙透明带下。用注核针轻压卵母细胞膜，使供体细胞核和受体细胞质紧密接触。

五、染色体工程

染色体工程（chromosome engineering）是按照一定的设计，有计划地应用染色体组合及单条染色体或染色体片段的添加、消减、代换和易位等方法，对生物染色体组或染色体的结构进行改造，从而实现定向改变生物遗传性状、选育新品种或创造人工新物种的技术，是染色体水平上的细胞工程。

（一）染色体工程的应用

染色体工程这一术语最早由里克（C. M. Rick）和库什（G. S. Khush）于1966年在论述番茄的单体、三体和缺体时提出，但早在20世纪30年代，美国遗传学家西尔斯（E. R. Sears）就开始了相关研究。染色体工程不仅在改良生物的遗传基础、培育新品种上受到重视，也是基因定位、染色体转移等基础研究的有效手段。随着生物学理论与技术的发展，尤其是基因编辑技术和合成生物学的兴起与发展，人类对染色体的改造能力大大提升。不仅能够人为增加或消减染色体的数目、改变染色体的结构，甚至可以实现完整染色体的合成，创造全新的生命。发展至今，染色体工程技术除了成功应用于植物育种，还在真菌和动物的染色体改造中得到了广泛应用。

植物染色体工程包括植物染色体非整倍体改造和植物染色体倍性改造，不仅对植物育种的发展，而且对植物生物学的总体发展都具有重要影响。

西尔斯于 1937～1954 年间，在普通小麦‘中国春’品种中创制了世界上第一套小麦单体系统。自 20 世纪 80 年代开始，我国遗传学家进行植物染色体工程育种研究，其中小麦的染色体工程育种取得重要进展，创制了小麦（*Triticum aestivum*）与黑麦（*Secale cereale*）、山羊草（*Aegilops tauschii*）、簇毛麦（*Haynaldia villosa*）、大麦（*Hordeum vulgare*）等近缘种、属的双二倍体，转育了不同生态型的小麦单体系统和缺体系统，选育出多种异附加系、异代换系和易位系。这些染色体工程的基础材料，不仅是创制异代换系、易位系等的亲本材料，也是研究小麦基因定位的重要材料。沈光华等利用培育的小麦非整倍体‘扬麦 1 号’小麦单体系统与高抗白粉病的普通小麦品种‘贵农早白’进行染色体代换，经 7 年选育，获得了一个高抗白粉病的普通小麦品种间代换系。杨小环等利用染色体工程，用棉花栽培四倍体种与野生二倍体种历经 15 年，杂交创育出抗蚜虫、抗棉铃虫、抗枯萎病、抗旱、优质纤维、长纤维、高衣分、特早熟等 8 个类型的棉花新种质。

增加或减少一组或几组同源或异源染色体，创制染色体倍性改变的新品种是染色体工程的一个重要方向。多倍体具有形态上的巨大性，且由于代谢活动增强，糖类、蛋白质等代谢产物含量提高。三倍体甜菜、三倍体无籽西瓜、八倍体小黑麦是人们用多倍体育种法成功培育的新物种。小黑麦的形态上像小麦，但麦穗、籽粒均显著大于普通小麦，比小麦增产 30%～40%，比黑麦增产 20%，且不仅产量提升，营养价值也显著提高，蛋白质含量比小麦增高 3%，特别是赖氨酸的含量比小麦增高 25%以上。

细胞中只含有正常体细胞一半染色体数的个体被称为单倍体，是研究基因或基因剂量效应、进行染色体遗传分析的理想材料，且通过人工方法加倍，可获得纯合二倍体，大大缩短育种年限、提高选育效率，在育种上具有极高的价值。

动物染色体工程主要包括染色体结构改造、染色体数目改造及人工染色体的利用等技术。

染色体结构的改变主要是由于 DNA 发生断裂之后异常修复，从而产生缺失、倒位和易位等变异。20 世纪 50 年代，研究者就利用放射线诱导获得染色体缺失、易位、倒位及基因内点突变等变异小鼠，用于基因功能的研究。家蚕雄蚕产丝量比两性混养的产量高 15%～20%，利用染色体工程技术实现家蚕的人工性控制，对工业化雄蚕饲养增加蚕丝产量具有重要的经济意义。Strunnikov 等通过将常染色体显性基因易位至 W 染色体，成功获得了具有卵期性标记（如雌卵是黑色，而雄卵是淡黄色）的品种。通过辐射诱变，筛选 F_1 只有雄性存活的家蚕平衡致死系，可以免去人们分离不同性别家蚕的麻烦。

染色体数目改造包括整倍体和非整倍体的改造。染色体整倍体加倍是动物多倍体育种的主要技术，多倍体动物具有良好的生存力和生长率，不仅具有较好的经济价值，还具有潜在的理论意义。鉴于三倍体鱼的不育性和成活率高、生长快等特点，国内外采用理化手段直接诱导三倍体鱼已在三棘刺鱼（*Gasterosteus aculeatus*）、鲽（*Pleuronectes platessa*）、鲤（*Cyprinus carpio*）、草鱼（*Ctenopharyngodon idellus*），以及白鲢（*Hypophthalmichthys molitrix*）等十多种鱼获得成功。陈敏荣等以白鲫（♀）×红鲤（♂）的杂种二倍体受精卵为材料，获得白鲫（♀）×红鲤（♂）异源四倍体成鱼。在哺乳动物中，Allan Bradley 等基于 Cre/loxP 系统对小鼠染色体开展了一系列研究，通过连续将 loxP 打靶到小鼠的胚胎干细胞染色体位点，再用 Cre 诱导重组，使小鼠 11 号染色体发生了 3～4cM 染色体片段的倒位、重复和缺失，获得的具有明确区段单倍体的小鼠，可用于隐性基因的遗传筛选。后来他们又开发了小鼠平衡染色体，利用 Cre/loxP 在小鼠 11 号染色体上的 *Trp53* 基因和 *Wnt3* 基因之间诱导产生 24cM 的倒位纯合致死个体且带有标记毛色的基因，获得能自我维持的杂合子种群，用于种群维持和染色体的诱变筛选。三体综合征是常见的染色体数目异常，科学家通过微核染色体转移技术将人的 21 号染色体转移到小鼠胚胎干细胞中，培养得到携带人 21 号染色体的小鼠，成功构建了唐氏综合征小鼠模型，为进行唐氏综合征的药物筛选测试、开发新型治疗方法，提供了理想的动物模型。相反地，为了纠正染色体数目变异，科学家研发了完整染色体敲除技术，用以纠正非整倍体细胞中整条染色体的基因过量。中国科学院脑科学与智能技术卓越创新中心左二伟等利用 CRISPR/Cas9 技术对靶染色体进行多位点切割，成功消除了唐氏综合征模型小鼠 ESCs 中的人类 21 号染色体。提示可应用染色体工程技术进行染色体疾病的治疗。利用 CRISPR/Cas 技术，我国科学家将小鼠染色体互相连接，实现了完整染色体的重排，创造了具有全新核型的小鼠。

（二）染色体工程的技术方法

染色体工程技术在植物中主要包括植物染色体倍性改造和非整倍体改造；动物中包括染色体倍性改造、染色体结构的改造及人工染色体的构建。

植物染色体倍性改造中，主要通过人工诱导实现染色体加倍，常用方法有化学诱导法和生物学方法。单倍体育种常通过诱发孤雌生殖和花药或花粉培养获得。

化学诱导法：常用化学试剂秋水仙素、细胞松弛素 B 等诱导染色体加倍。秋水仙素可抑制细胞分裂时纺锤体的形成，使染色体向两极的移动被阻止，细胞不能继续分裂，从而形成同源多倍性的细胞。当去掉诱变因素时，染色体加倍的细胞恢复分裂，产生的配子结合成的合子，可发育成染色体加倍的后代。将植物种子用秋水仙素溶液浸渍，可诱导获得多倍体植株。

生物学方法：主要是通过杂交，尤其是种间或不同属、科之间的远缘杂交，以及体细胞杂交技术，可按照设计筛选获得优良基因组合的异源多倍体，从而创造植物新品种，并可进行物种进化和亲缘关系等研究。

植物非整倍体的改造通过有计划地消减、添加和代换同种或异种的一条或若干条染色体或染色体一部分来实现。

动物染色体倍性改造包括多倍体育种和单倍体育种。生产上主要采用人工诱导加倍的方法，包括化学诱导法和物理学方法，培育动物多倍体。动物单倍体育种常使用人工诱导单性生殖法。

化学诱导法：使用细胞松弛素 B、秋水仙素、麻醉剂 N_2O 等。细胞松弛素 B 是最常用的动物多倍体诱导剂，可抑制动物细胞质分裂时由肌动蛋白丝组成的收缩环的功能，从而阻止细胞分裂，培育获得多倍体。

物理学方法：主要包括温度休克法、水静压法和高盐高碱法等。温度休克法和水静压法效果较好，高盐高碱法近几年才开始尝试，尚需进一步完善。①温度休克法：有低于致死温度的冷休克法和略高于致死温度的热休克法两种。温度休克法价廉、易操作，是诱导动物多倍体的常用方法，成败的关键是能否阻止第二次成熟分裂或第二极体的排出，以及温度处理的开始时间、处理持续时间和处理温度三个因素。②水静压法：采用较高的水静压（65kg/cm^2）抑制第一次卵裂或第二极体的排出，产生多倍体。这种方法处理时间短、诱导率高、对受精卵的损伤小、成活率高。但该法需要使用昂贵的水压机，且处理卵的数量有限，不适合大规模生产。

人工诱导单性生殖法：包括雌核发育和雄核发育两种。人工诱导雌核发育，先用经紫外线、X 射线或γ射线处理失活的精子进行“受精”，再在适当时机进行冷、热、高压等处理，抑制第二极体的排出，使卵子发育为正常的二倍体动物。雄核发育使用经紫外线、X 射线或γ射线处理的卵子与正常的精子受精，再在适当时间进行冷、热、高压等处理，使进入卵子内的精子的染色体加倍，从而发育为完全父本性状的二倍体。

动物染色体结构的改造包括染色体片段的删除、重排及染色体易位等方法。放射线照射可诱导发生染色体片段的缺失、易位、倒位及基因内的点突变，筛选可获得染色体片段删除的缺失突变体。Cre/loxP 系统已成功用于介导染色体重组。Cre 重组酶能识别特异序列 loxP，介导 2 个 loxP 之间的序列发生重组，从而将 2 个 loxP 位点之间的序列删除。loxP 的位置和方向不同，Cre 介导重组形成的产物也不同，可导致染色体的倒位、删除和易位，实现对染色体的定点操作，可以克服放射线不能定位诱导突变的缺点。

真核生物着丝粒和端粒的超微结构、组装方式及细胞学行为等的研究，为人工染色体的构建和应用奠定了坚实的理论基础。合成基因组学的兴起推动了人工染色体合成技术的快速发展。在大肠杆菌 pBR322 质粒中插入酵母的着丝粒、ARS 序列及四膜虫核糖体 RNA 基因 DrNA（Tr）的末端序列，转化酵母菌，构建了第一个酵母人工染色体（YAC），再经基因工程改造使 YAC 在后代中稳定传递。通过从头设计和化学合成的方法可以对简单的真核生物的染色体进行合成。1997 年，Harington 等利用来源于人类 17 号染色体的卫星 DNA 体外连接构建了长约 1Mb 的人工着丝粒，并将其与端粒序列及部分基因组 DNA 连接，转入人癌细胞中，产生了第一个人类人工染色体。2017 年，科学家完成了酿酒酵母Ⅱ号、Ⅲ号、Ⅴ号、Ⅵ号、Ⅹ号和Ⅻ号等染色体的从头设计和化学全合成，获得了与普通酿酒酵母高度一致的人工合成型酵母。由于高等动植物的染色体远比酵母的染色体复杂，要将合成基因组技术应用于高等生物仍具有极大的挑战性。

第五节　基因编辑技术

基因编辑技术是一种在分子水平上对生物 DNA 序列进行精确调整的方法，通过应用特定技术，如广泛使用的 CRISPR-Cas9 系统，能够实现 DNA 序列的插入、删除或替换，从而有效改变生物的遗传特性。

一、基因编辑技术的应用与发展

基因编辑技术已在生物医学研究、农业改良、生物制药等多个领域广泛应用，展现出跨学科的创新潜力。举例来说，CRISPR-Cas9 技术在 2018 年成功修正了 β-地中海贫血和镰状细胞贫血的遗传突变，突显了其在医学领域的应用潜力。2017 年，科学家利用该技术开发出了具有显著抗旱特性的玉米品种，体现了在农业生产中应对气候变化的重要性。到 2020 年，基于基因编辑技术，多家生物技术公司开发出针对心血管疾病的基因疗法药物，旨在通过一次性治疗永久性地降低患者的胆固醇水平。随着技术的不断进步，未来预计将诞生更多具有里程碑意义的应用。

基因编辑技术的探索始于 20 世纪 90 年代，当时科学家尝试使用锌指核酸酶（ZFN）作为基因定位剪切工具，该技术能特定识别 DNA 序列并在目标位置引发双链断裂。转录激活因子核酸酶随后问世，其更高的特异性和灵活性进一步推进了基因编辑技术的发展。2012 年，CRISPR-Cas9 系统的发现为基因编辑技术开启了新纪元。该系统源自细菌的自然免疫机制，能够精确定位并切割基因组的特定位置，显著简化了基因编辑操作流程，降低了成本并提高了编辑效率。Jennifer Doudna 和 Emmanuelle Charpentier 因其在 CRISPR-Cas9 基因编辑技术方面的重大贡献，于 2020 年获得诺贝尔化学奖。

二、基因编辑技术方法

基因编辑技术包含多种操作方法，目前主要有人工核酸酶介导的锌指核酸酶技术、转录激活因子样效应物核酸酶（TALEN）技术和 RNA 引导的 CRISPR-Cas 核酸酶（CRISPR-Cas RGNs）技术。其中 CRISPR-Cas9 系统以其高效率、简便操作及低成本而广受欢迎。操作步骤涵盖：设计与目标基因序列互补的指导 RNA（gRNA）；将 gRNA 与 Cas9 蛋白结合，形成活性复合体；利用 gRNA 引导该复合体精确识别并切割目标 DNA 序列；最后，通过细胞自身的 DNA 修复机制完成基因的删除、插入或替换。尽管锌指核酸酶和转录激活因子样效应物核酸酶亦能实现特定 DNA 序列的识别与切割，然而，CRISPR-Cas9 系统的引入极大提升了基因编辑的效率与应用范围。

第六节　单细胞测序技术

单细胞测序技术指的是在单一细胞水平上对基因组学、表观基因组学、转录组学和蛋白质组学进行高通量测序分析的先进方法。此技术使得精确测量单个细胞内生物信息成为可能，从而在生命科学和医学研究领域引发革新。

一、单细胞测序技术的应用与发展

单细胞 RNA 测序（single cell RNA sequencing，scRNA-seq）作为该技术领域内的一项重大突破，源自北京大学汤富酬团队 2009 年的研究成果，其在小鼠原始生殖细胞研究中的成功应用标志着这一技术的诞生。随后，该技术经历了持续的发展和创新，不仅实现了全转录组和转录本全长的测序，而且借助微流控液滴技术、微孔技术和原位条形码技术，推动了单细胞高通量转录组测序的实现。2018 年，*Science* 将单细胞 RNA 测序技术评为年度突破技术。伴随着 scRNA-seq 的快速发展，单细胞基因组学、表观基因组学、蛋白质组学及空间转录组学等相关领域也得到了发展，这些技术的综合应用，即单细胞多组学技术，于 2019 年被 *Nature Methods* 评为年度技术，为单细胞级别的研究提供了更加全面、精细和完整的分析方案，强化了对单细胞基因表达时空调控的研究能力。

二、单细胞 RNA 测序方法与流程

单细胞 RNA 测序技术的关键步骤涵盖单细胞捕获、mRNA 提取与逆转录、cDNA 扩增、测序文库构建、测序操作及数据分析等。目前广泛应用的单细胞测序平台包括 10X Genomics Chromium、Nadia（Dolomite Bio）、BD Rhapsody Single-Cell Analysis System、Illumina Bio-Rad 和 Fluidigm C1 等。以 10X Genomics Chromium 为例，该平台结合微流控技术和分子条形码技术，能够对成千上万的单细胞进行 3′mRNA 测序。在文库构建完成后，首先利用 Qubit3.0 进行初步定量，进而使用 Agilent 2100 评估文库插入片段大小，确保其符合预期。接着，通过 StepOnePlus Real-Time PCR System 进行 Q-PCR，以精确确定文库的有效浓度（≥10nmol/L），保证文库质量。随后进行高通量测序，测序得到的原始数据根据 10× 转录组文库的结构特征进行处理，包括包含条形码和 UMI（Unique Molecular Identifier）序列信息的 Read1 和目标序列 Read2 的截取。数据处理分析主要采用 10× 官方软件 CellRanger，并涵盖 Cell Ranger 数据处理、Seurat 细胞类型鉴定与差异分析、基于 Seurat 结果的功能注释分析及拟时间轨迹分析等多个环节。

第七节　细胞代谢组学分析方法

代谢组是指某一生物或细胞、组织在特定生理时期内的所有小分子代谢物（通常 ＜1200Da）的集合。代谢组可反映一个细胞在某种状态下的各种小分子的样式，包括所有代谢过程的总和及相关的细胞过程。代谢组学是研究生物体内代谢物的组成及其变化规律的科学。

一、检测细胞代谢组的意义

细胞代谢组学以单个细胞中的所有代谢物为研究对象，旨在利用细胞中的小分子来构建个体独有的“指纹”。细胞代谢组学通过研究细胞中差异表达的内源性代谢产物，观察生物体新陈代谢和内环境稳态中代谢产物的动态变化规律，进一步揭示生物体的生理病理变化，有助于阐明发病机制及体内能量代谢途径。

二、检测细胞代谢组的不同方法及各自优缺点

细胞代谢组学检测主要包括两个方面：生物样品的准备和代谢物的提取、分析技术的应用。生物样品的准备是代谢组学的第一步，它包括样品的收集、存储和预处理等。代谢物的提取是为了从复杂的生物样品中去除蛋白质和大分子物质，提取小分子代谢物。完成样本的采集和预处理之后，代谢产物需要通过合适的方法进行测定。分离技术通常有气相色谱法（gas chromatography，GC）和液相色谱法（liquid chromatography，LC），而检测及鉴定技术通常有质谱法（mass spectrometry，MS）和核磁共振（nuclear magnetic resonance，NMR）等。

（一）色谱分析法

色谱分析法的原理主要基于混合物中各组分在固定相和流动相之间的分配系数差异，主要用于分析多组分样品。在色谱过程中，含有样品的流动相通过固定相，由于各组分在性质和结构上的差异，与固定相之间产生的作用力大小和强弱不同，从而实现分离。色谱仪是进

行色谱分离分析用的装置，通常有气相色谱仪和液相色谱仪两大类。色谱仪包括温控系统、进样系统、分离系统、检测系统和记录与数据处理系统。色谱分析的基本步骤包括：样品采集与预处理、样品制备、色谱分析和数据处理。

气相色谱仪操作步骤：①打开气体发生器。②观察空气、氢气、氮气三个压力表的指针是否达到规定位置。③打开色谱仪的电源开关，调节进样口温度、柱温、检测器温度。④待温度达到设定值时，调节氢气按钮，点燃检测器火焰。⑤待信号稳定后，用进样针取样后迅速注射到色谱仪中，点击运行，记录峰形及试验数据。⑥检测完后先灭检测器处的火焰，再关进样器、检测器，待柱温降到室温，关闭色谱仪。⑦关闭气体发生器。

色谱分离减少了离子抑制，提高了对低丰度物种的检测。色谱分析可以分离异构体，提高了代谢组覆盖范围和质谱的定量准确性。

（二）质谱分析法

质谱分析法是一种测量离子质荷比（质量-电荷比）的分析方法，其基本原理是使样品中各组分在离子源中发生电离，生成不同质荷比的带电荷的离子，经加速电场的作用，形成离子束。加速后的离子束进入质量分析器，离子束中速度较慢的离子在电场和磁场中的偏转较大，而速度快的离子偏转较小。在电场和磁场的作用下，不同质荷比的离子会聚焦在不同的点上，记录下来的信号强度形成质谱图，横坐标为质荷比（m/z），纵坐标为相对强度。通过分析质谱图，可以得到样品分子的相对分子质量、分子式、结构信息等。

质谱法随着科学技术的发展，产生了 4 种新的温和电离技术，分别为：等离子解吸（plasma desorption，PD）、快速原子轰击离子源（fast atom bombardment ion source，FAB）、电喷雾电离（electrospray ionization，ESI）和基质辅助激光解吸电离（matrix-assisted laser desorption ionization，MALDI）。最常用的方法是 ESI，即当液体从针尖流出时，对其施加高压，从而将液体转化为微小的带电液滴，最终产生气相离子。ESI 较为温和，通常产生完整的（去）质子化代谢物离子。

质谱仪由进样系统、真空系统、分析系统和数据处理系统组成。质谱仪进样方式主要有三种：间歇进样、直接进样和色谱法进样。气体和挥发性液体采用间歇进样的方式，有一定挥发性的固体或高沸点液体采用直接进样的方式。目前最常用的进样方式是色谱进样，将色谱柱分离后的样品直接导入质谱进行分析。质谱图分析包括：①分子量的确定，分子离子的质荷比就是化合物的分子量。②分子式的确定。可通过化合物的分子量和 M、M+1、M+2 的强度比，查表确定分子式。③分子结构的确定。通过对化合物质谱的解析，可以得到化合物的结构。

质谱分析检测样品灵敏度高，选择性好，分析所需的样品量少，但对样品产生破坏。前期样品制备要求高，需要使用不同的色谱柱和电离条件。

（三）色谱-质谱联用法

质谱通常与液相色谱（LC）、气相色谱（GC）结合使用，用于增加代谢组分析的分辨率和灵敏度。目前代谢组学研究中应用最广泛的质谱分析技术是气相色谱-质谱联用（GC-MS）、液相色谱-质谱联用（LC-MS）技术。GC-MS 与 LC-MS 选择性和灵敏度都较好，但分析时间相对较长。

采用气相色谱-质谱联用（GC-MS）分析时，首先需对样品进行衍生化处理增加其稳定性和挥发性，以便于用气相色谱仪进行分离。质谱仪可以对气相色谱中的每个峰以 1s 的间隔进行扫描，获得每个峰的质谱图。每个峰所代表的化合物的分子结构可以通过其碎片峰的类型和质荷比结合有关质谱数据库来进行鉴定，其含量可以通过峰面积的大小来定量。GC-MS 分析适用于热稳定、易挥发或经衍生化后具有挥发性的代谢物，如氨基酸、糖类、有机酸和脂肪酸等初级代谢物，且不受复杂样品的基质效应干扰，在定性分析方面具有通用的质谱数据库。但 GC-MS 无法分析膜脂等热不稳定性的物质和分子量较大的代谢产物。

液相色谱-质谱联用（LC-MS）又名高效液相色谱和质谱联用（HPLC/MS）。采用高效液相色谱（HPLC）分离样品时，样品不经过衍生化处理，原理与 GC-MS 相似。LC-MS 具有更全面的分析能力，结合不同的离子源、电离模式和色谱柱等条件进行分析，可以在不需要预处理复杂样品的情况下分离和鉴定样品中更多种类的代谢物。适用于热不稳定、不易挥发、相对分子质量较大的物质，如脂质、类黄酮、生物碱、类胡萝卜素、苯丙素类等代谢物。

（四）核磁共振法

核磁共振（NMR）是另一种常用于代谢组学研究的技术，它可以提供代谢物结构的详细信息。核磁共振是磁矩不为零的原子核，在外磁场作用下自旋能级发生塞曼分裂，共振吸收某一定频率的射频辐射的物理过程。实验中可以通过施加一段时间的电磁波再撤掉，观察样品的横向磁化率信号来判断是否发生了共振，进而检测元素所处的化学环境。

核磁共振图谱解析：①解析核磁共振氢谱；②解析核磁共振碳谱；③结合应用碳谱和氢谱。氢谱不能测定不含氢的官能团和含碳较多的有机物。而碳谱弥补了氢谱的不足，它能给出各种含碳官能团的信息和丰富的碳骨架信息。因此，碳谱和氢谱可互为补充。

NMR 对样品实现非破坏性分析，样品不需要烦琐处理且可重复使用。NMR 检测可提供代谢物的详细结构信息。定量能力强，无须标准品即可实现绝对定量。但是与质谱法相比，NMR 检测灵敏度相对较低，较难探测到低丰度代谢物；动态范围有限，很难同时测定生物体系中共存的浓度相差较大的代谢产物；设备成本和运行成本较高。

第八节　细胞能量代谢分析

新陈代谢是生命最基本的特征之一，包括物质代谢和能量代谢两个方面。机体通过物质代谢，从外界摄取营养物质，同时经过体内分解吸收将其中蕴藏的化学能释放出来转化为组织和细胞可以利用的能量，进而维持生命活动。通常将在物质代谢过程中所伴随的能量的释放、转移、贮存和利用称为能量代谢。

一、检测细胞能量代谢的意义

细胞内的能量主要以三磷酸腺苷（ATP）的形式存在，细胞能量代谢是细胞维持正常功能和生命活动的基础。在动物细胞中，线粒体通过氧化磷酸化合成 ATP；而植物细胞通过叶绿体进行光合作用合成 ATP。细胞通过能量代谢产生 ATP，用于维持各种生理功能，同时还为细胞中的氨基酸合成、核酸合成等提供了原料或底物。细胞内代谢通过影响细胞内的信号传递和调控，从而参与细胞的免疫、衰老和功能调节。而细胞代谢的异常与多种疾病相关，如代谢综合征、肿瘤和心血管疾病等。

细胞能量代谢是细胞生命活动的基础，它不仅对细胞的生理功能和稳态维持至关重要，而且与疾病的发生密切相关。因此，检测细胞内能量代谢不仅能够了解细胞不同状态下的代谢能力和细胞生命活动的状态，并且为疾病的靶点发现与药物研究提供理论基础。

二、检测细胞能量代谢的方法

（一）测定 ATP 含量

ATP 是细胞内能量的主要来源之一，通常 ATP 水平的下降表明线粒体的功能受损或下降。可根据萤火虫萤光素酶催化萤光素产生萤光时需要 ATP 提供能量进行检测。当萤火虫萤光素酶和萤光素都过量时，在一定的浓度范围内萤光的产生和 ATP 的浓度成正比。这样就可以高灵敏地检测溶液中的 ATP 浓度。

检测方法：①收集细胞，裂解后离心取上清液。②将 ATP 标准溶液稀释成适当的浓度梯度，测定标准曲线。③取 ATP 检测试剂进行适量的稀释，配制 ATP 检测工作液。④ATP 浓度的测定：加 100μL ATP 检测工作液到检测孔内，室温放置 3～5min 消耗本底 ATP。在检测孔内加上 20μL 样品或标准品，迅速混匀，用化学发光仪测定。根据标准曲线计算出样品中 ATP 的浓度。

该方法灵敏度高，线性范围宽。样品制备简单，但裂解后样品中的 ATP 在室温不太稳定，需在 4℃或冰上操作。ATP 检测试剂中含有萤光素酶，反复冻融会导致其逐渐失活，一般冻融次数不超过 3 次。

（二）测定细胞内标志物的含量（NAD^+/NADH）

烟酰胺腺嘌呤二核苷酸（nicotinamide adenine dinucleotide，NAD）是所有细胞中都存在的一种辅酶，包括 NAD^+（氧化型）和 NADH（还原型）两种形式。NAD^+既是氧化还原反应过程中传递电子的辅酶，又可以作为很多酶的底物来参与细胞内反应。可通过检测 NAD^+/NADH 评估细胞的能量代谢状态。

乙醇在乙醇脱氢酶的作用下氧化生成乙醛，在这一反应过程中 NAD^+被还原为 NADH；生成的 NADH 在电子耦合试剂 1-mPMS 的作用下将 WST-8 还原生成橙黄色的甲臜（formazan），在 450nm 左右有最大吸收峰。反应体系中生成的甲臜与样品中 NAD^+和 NADH 的总量呈比例关系。将样品 60℃水浴加热 30min 后，样品中 NAD^+会分解而只保留 NADH。NADH 将 WST-8 还原成甲臜，通过比色法确定反应生成甲臜的量，最终可以确定样品中 NADH 的量。根据这两步检测分别获得 NAD^+和 NADH 的总量及 NADH 的量，即可计算得到样品中 NAD^+的量及 NAD^+/NADH 的比值。

检测方法：①收集细胞，加入预冷的 NAD^+/NADH 提取液裂解细胞。离心后，取上清液作为待测样品备用。②配制 10mmol/L NADH 标准品，并稀释成适当的浓度梯度。③配制乙醇脱氢酶工作液。④吸取待测样品至 96 孔板中，加入乙醇脱氢酶工作液后充分混匀，测定样品中 NAD^+和 NADH 的总量。⑤吸取待测样品于离心管中，60℃加热 30min 以分解 NAD^+。吸取上清液作为待测样品至 96 孔板中，加入乙醇脱氢酶工作液后充分混匀。测定样品中 NAD^+、NADH 的含量或者 NAD^+/NADH 比值。⑥37℃避光孵育 10min，将样品中的 NAD^+转化为 NADH。加入显色液，37℃避光孵育 30min，此时会形成橙黄色的甲臜。测量 450nm 处的吸光度。⑦计算样品中 NAD^+/NADH 的量：$NAD^+=NAD_{total}-NADH$；$NAD^+/NADH=$

（NAD_{total}–NADH）/NADH。

本方法灵敏度高，线性范围宽。无须分离纯化细胞、组织或其他样品中的 NAD^+和 NADH，且能特异性检测 NAD^+和 NADH 的含量。由于 NAD^+和 NADH 很不稳定，在冻存过程中较易降解，所以宜尽量使用新鲜样品进行检测。在样品加样和混匀过程中，须尽量避免产生气泡，以免影响最终的吸光度测定。

（三）Seahorse 能量代谢分析

Seahorse 能量代谢分析仪是一种测量细胞能量代谢的仪器，可通过测量细胞的氧消耗率（oxygen consumption rate，OCR）来评估细胞的线粒体功能和氧化磷酸化过程。Seahorse 分析技术可利用多种电子传递链抑制剂分别处理细胞，测定不同状态下电子传递链 OCR 的改变，进而检测细胞代谢。

ATP 产生的两个关键途径是发生在细胞基质中的糖酵解和发生在线粒体内膜电子传递链上的氧化磷酸化。其中，电子传递链起到了主要的 ATP 合成的功能。在电子传递链上，电子从 NADH 和 FADH2 分别经过复合体Ⅰ和复合体Ⅱ、复合体Ⅲ、复合体Ⅳ并最终传递给氧以形成水。在此过程中，H^+被转移至线粒体膜间隙，形成跨膜的质子梯度，推动 ATP 合成酶合成 ATP（图 1-1）。

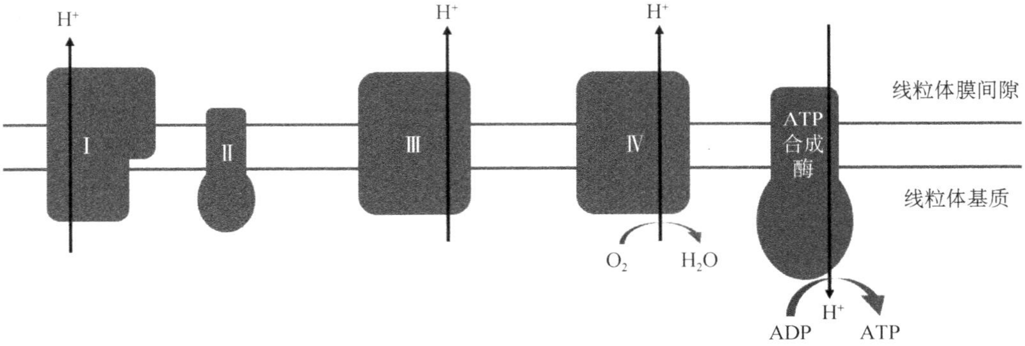

图 1-1　线粒体电子传递链

有多种抑制剂可以抑制电子传递链上的不同复合物或者消散跨膜质子梯度（表 1-2）。使用合适的抑制剂可以改变细胞代谢状态，从而进行测定。

表 1-2　线粒体电子传递链抑制剂及其功能

抑制剂	功能
Oligomycin（寡霉素）	抑制 ATP 合成酶
FCCP	破坏质子梯度和膜电位
Rotenone（鱼藤酮）	抑制复合体Ⅰ
Antimycin A（抗霉素 A）	抑制复合体Ⅲ

检测方法：①将细胞接种于 XF96 细胞培养微孔板中，37℃、5% CO_2 条件下培养过夜。②用 XF RPMI 完全培养基洗涤细胞 2 次，加入 XF RPMI 完全培养基 180μL，于 37℃无 CO_2 条件下培养 60min。③取加药平板，在 A 加药口添加寡霉素（ATP 合成酶抑制剂），在 B 加药口加入 FCCP（线粒体解偶联剂），在 C 加药口加入鱼藤酮和抗霉素 A。④将细胞板转移

到 Seahorse 能量代谢分析仪，选择程序为线粒体氧化压力测试实验。⑤实验结束后，使用 Hoechest 33342 对细胞进行染色，用高内涵统计每孔细胞数量。

Seahorse 分析可以在活细胞中进行代谢的检测分析，能够对较少细胞数量进行测定，并高通量进行实时的细胞代谢变化分析。Seahorse 分析需要的仪器价格高昂，且不能在极低的细胞数下进行测定，没有单细胞的测定能力。

第九节　活细胞成像技术

活细胞成像（living cell imaging）是一种非侵入性的、高空间分辨率的技术，通过显微镜等成像技术，直接观察和记录细胞或组织在其正常生理状态下的结构、动态变化及功能等信息的过程。活细胞成像技术允许在一定时间内在显微镜下对细胞进行观察，这项技术可以帮助研究者们更加准确地观察和研究细胞内的各种生命现象，如细胞内的分子运动、代谢和信号传递等。

一、活细胞成像的应用意义

活细胞成像技术的发展对于生命科学研究具有重要的意义。活细胞成像技术可实时观察细胞的各种生命活动，如细胞增殖、细胞迁移、细胞周期各时相的动态观察、细胞凋亡等；实现在细胞水平上的定性和定量分析、活细胞图像处理、活细胞动态示踪。在分子水平上，活细胞成像可动态分析基因定位及表达、蛋白质合成降解运输和相互作用的动态研究、细胞骨架的动力学测定等。活细胞成像技术为深入理解细胞活动、疾病机制及药物效果提供了独特工具，推动生物学及医学领域的发展。

二、活细胞成像方法及原理

活细胞成像使用荧光标记物，如荧光蛋白或荧光染料，将特定细胞结构、蛋白质或分子标记为荧光。使用激发光源（通常是激光），激活荧光标记物的发光性质。通过荧光显微镜检测荧光标记物发出的信号。通过高灵敏的探测器和实时成像系统，捕获荧光信号并将其转化为图像。最后通过特殊的图像处理技术对这些图像进行处理，可以得到清晰的高分辨率图像。活细胞成像技术主要包括下列方法。

（一）激光扫描共聚焦显微镜

激光扫描共聚焦显微镜用激光作为光源，逐点、逐行、逐面快速扫描成像，采用共轭聚焦原理和装置，并利用计算机对所观察的对象进行数字图像处理观察、分析和输出。其特点是可以对样品进行断层扫描和成像，进行无损伤观察和分析细胞的三维空间结构。利用免疫荧光标记和离子荧光标记探针，该技术可对活细胞的结构、分子、离子及生命活动进行实时动态观察和检测，在亚细胞水平上观察诸如 Ca^{2+}、pH、膜电位等生理信号及细胞形态的变化。

（二）双光子荧光显微镜

双光子荧光显微镜是结合了激光扫描共聚焦显微镜和双光子激发技术的一种新设备。在高光子密度的情况下，荧光分子可以同时吸收 2 个长波长的光子，在经过一个很短的所谓激发态寿命的时间后，发射出一个波长较短的光子，在使用高数值孔径的物镜将脉冲激光的光子聚焦时，物镜的焦点处的光子密度是最高的，双光子激发只发生在物镜的焦点上，所以双光子显微镜不需要共聚焦针孔，提高了荧光检测效率。双光子荧光显微镜激光更容易穿透标本，实现深层组织的成像，对细胞光毒性小。

（三）荧光漂白恢复技术

荧光漂白恢复（fluorescence photobleaching recovery，FPR）技术是使用亲脂性或亲水性的荧光分子，如荧光素、绿色荧光蛋白等与蛋白或脂质耦联，用于检测所标记分子在活体细胞表面或细胞内部运动及其迁移速率。利用高能激光照射细胞的某一特定区域，使该区域内标记的荧光分子不可逆地猝灭，这一区域称荧光漂白区。随后，由于细胞质中的脂质分子或蛋白质分子的运动，周围非漂白区荧光分子不断向荧光漂白区迁移。结果使荧光漂白区的荧光强度逐渐地恢复到原有水平。

（四）荧光共振能量转移

荧光共振能量转移（fluorescence resonance energy transfer，FRET）是距离很近的两个荧光分子间产生的一种能量转移现象。当供体荧光分子的发射光谱与受体荧光分子的吸收光谱重叠，并且两个分子的距离在 1nm 范围以内时，就会发生一种非放射性的能量转移，荧光能量由供体向受体转移的现象，即以前一种基团的激发波长激发时，可观察到后一个基团发射的荧光。该技术是检测活体中生物大分子纳米级距离和纳米级距离变化的有力工具，可用于检测某一细胞中两个蛋白质分子是否存在直接的相互作用。

（五）高内涵筛选

高内涵筛选（high-content screening，HCS）是细胞和亚细胞水平功能研究的理想平台，它结合了高速多通道成像的检测技术及强大的分析软件进行多参数分析，可快速捕获细胞、亚细胞或组织图像，可形成 3D 成像、活细胞动态成像，并进行图像信息的提取和分析。高内涵成像具备高通量自动成像、数据信息量大、智能化的定量化分析的优点，克服了常规成像检测速度慢、操作繁复的缺点，实现了对大样品量的快速高质量检测。

（六）单分子成像

单分子成像（single-molecule imaging）技术基于光学原理，使用高分辨率的显微镜和特定的荧光探针来观察单个分子的运动和行为。利用激光激发单个分子外部的电子，根据样品中荧光物质的发射亮度和红外区域反射出来的图像信号，来获取高分辨率的成像。该技术实现对单个分子的高分辨率追踪，揭示其在细胞内的运动、相互作用和动力学行为。

三、活细胞成像注意事项

在各种实验操作、标记检测和成像观察过程中需维持细胞健康。在进行活细胞成像时需要考虑成像方式、介质、温度、湿度、pH、渗透压和光子剂量等因素。尽可能使用低的光强度、曝光时间、波长范围和激发能量来照亮激发细胞，减少光漂白和光毒性。使用抗猝灭剂都可提高荧光染料的光稳定性，并降低光毒性的影响。

第二章　细胞生物学诺贝尔奖研究发现之旅

第一节　细胞感知和适应氧变化机制发现之旅

氧是生命体能量代谢过程中必需的元素，机体正常的生理活动需要不停地消耗氧气进行物质与能量的代谢。

人进入低氧环境如高原地区，会发生头疼、头晕、乏力、失眠、心慌、心率加快等症状的高原病；而与高原病相反，人从低氧的高原地区到达氧压较高的平原时，也会出现疲倦、无力、嗜睡、胸闷、头晕等症状，被称为“低原反应”，俗称“醉氧症”；当人体在高氧环境下（如一个大气压的纯氧环境中），则会出现氧中毒的表现，严重时发生氧中毒型肺炎，因呼吸衰竭而死亡。可见，由于机体会不断面临不同含氧的环境，人体组织细胞必须不断对自身的生理代谢过程进行调节，适应不断变化的氧气环境。

那么，细胞是如何感知和适应氧变化的？这种感知和适应又有什么意义呢？

2019 年的诺贝尔生理学或医学奖颁发给了哈佛医学院的威廉·凯林（William G. Kaelin）、牛津大学的彼得·拉特克利夫（Peter J. Ratcliffe）和约翰·霍普金斯大学的格雷格·塞门扎（Gregg L. Semenza），以表彰他们在氧感知通路研究方面的重要进展，即从分子水平上破解了机体在氧不足环境下的适应及不适应的氧感知机制。这些成果的获得，经历了漫长的研究历程。

细胞感知氧、适应氧的问题从红细胞生成素（erythropoietin，EPO）开始，追溯到 20 世纪初期，研究者们发现贫血兔子的血浆中存在一种能刺激红细胞生成的细胞因子，这种细胞因子命名为红细胞生成素（EPO），直到 20 世纪 80 年代，人的 *EPO* 基因才被成功克隆出来。*EPO* 是第一个被发现的低氧调节基因，使机体适应低氧的环境，在低氧条件下能够调节血液中红细胞的数量。细胞如何感知氧气来调节 *EPO* 的表达这一谜底的揭示，正是来自三位诺贝尔奖获得者的团队。

Semenza 团队：1992 年，美国约翰·霍普金斯大学治疗贫血症的医学家 Semenza 带领的课题组发现了缺氧诱导因子（hypoxia-inducible factor，HIF），确定 HIF 作为一种转录复合体在低氧调节基因的表达中发挥重要作用。华人学者王广良在该实验室从事博士后研究，首次克隆 *HIF*，他回顾当时的经历说：通过培养人子宫癌 HeLa 细胞株，利用给细胞培养箱中输入低浓度氧气的方法模拟低氧环境，寻找该细胞中能感受氧气浓度下降而调控 *EPO* 基因转录增强的机制。在耗时 1 年多的研究工作中，以 *EPO* 基因增强子序列制成的亲和柱，从几百升细胞悬液中最终得到了几毫克的 HIF 蛋白，通过蛋白酶切和测序推测 *HIF* 的 DNA 序列，然后制成相应的 DNA 序列探针，从人类基因序列库中成功调出了 *HIF* 基因的序列，这项工作是一个经典的分子克隆故事。1995 年，王广良和 Semenza 证实了 HIF-1 是由 HIF-1α 和 HIF-1β 两种亚基组成的异源二聚体，HIF-1α 的稳定性由氧气的含量来调节，在常氧环境中 HIF-1α 被降解，在低氧环境中 HIF-1α 与 HIF-1β 结合并调控靶基因的转录，从而介导机体在低氧条件下的适应性反应。

Ratcliffe 团队：同期，英国医学家 Ratcliffe 团队开展相关研究，探究低氧环境下肾脏如何调节 *EPO* 表达。1993 年，Ratcliffe 等利用瞬时基因转染技术研究促红细胞生成素基因 3 端（EPO 3′）的转录增强子，发现氧气感知系统不仅在肾脏和肝脏细胞中存在，还在哺乳动物细胞中广泛存在。1994 年，Ratcliffe 意外地发现：在低氧状态下，人磷酸甘油酸激酶 1 基因（*PGK-1*）和小鼠乳酸脱氢酶 A 基因（*LDH-A*）的调控方式与 EPO 极为相似，而且 *PGK-1* 和 *LDH-A* 中的氧调控元件与 *EPO* 的低氧反应元件（hypoxia response element，HRE）也高度一致，其他糖酵解过程中的重要基因也出现了类似 *EPO* 基因被诱导表达的现象，说明 HIF-1 在细胞水平上能调节糖酵解的速率，以及在机体水平上调控缺氧的适应性。

Kaelin 团队：癌症学家 Kaelin 是一位临床医生，专攻 VHL 综合征（视网膜血管母细胞瘤和小脑血管母细胞瘤称为 VHL 综合征）。1996 年，他发现 *VHL* 基因突变的肿瘤患者常会有异常的新生血管形成，人体内血管内皮生长因子（VEGF）和 *EPO* 等低氧调节基因的产物明显增高；1999 年，Kaelin 在 *Nature* 杂志报道了 *VHL* 基因突变与 *HIF* 基因调节之间的关系。为了揭示 *VHL* 调节 HIF-1α 的确切机制，2001 年，Kaelin 团队和 Ratcliffe 团队进一步研究发现：HIF-1α 分子结构中存在一个富含脯氨酸的氧依赖性降解区，在有氧情况下，这个部位的脯氨酸会与氧气反应，发生脯氨酸羟基化，催化这一过程的关键酶——脯氨酰羟化酶（PHD），HIF-1α 脯氨酸羟基化后能被 VHL 识别和结合，介导 HIF-1α 发生泛素化降解。但在缺氧调节下，PHD 活性急剧下降甚至失活，导致 HIF-1α 的羟基化过程受到抑制，无法被 VHL 识别和降解，从而使 HIF-1α 启动了缺氧相关调控因子的表达，使细胞发生适应低氧状态的能量代谢变化。

以 EPO 低氧调节因子的作用机制为研究背景，三位科学家对低氧信号通路的发现具有重要的理论价值和巨大的临床应用潜力，推动了组织细胞能量代谢调节作用的基础研究，也为疾病的治疗提供了新策略，对治疗恶性肿瘤、心脑血管疾病和顽固性肾性贫血等重大人类疾病也具有十分重要的临床价值。

拓展阅读文献

陈子砚，王予涵，刘可可，等. 2020. 细胞如何适应外界变化的氧环境——解读 2019 年诺贝尔生理学或医学奖. 生物学通报，55（1）：3-6.

李琳，赵静. 2020. 低氧信号通路研究进展概述——2019 年诺贝尔生理学或医学奖解读. 生物学教学，45（06）：2-4.

Maxwell P H，Wiesener M S，Ratcliffe P J，et al. 1999. The tumour suppressor protein VHL targets hypoxia-inducible factors for oxygen-dependent proteolysis. Nature，399（6733）：271-275.

Wang G L，Semenza G L. 1995. Purification and characterization of hypoxia-inducible factor 1. Journal of Biological Chemistry，270（3）：1230-1237.

第二节 T细胞表面的免疫负调节分子发现之旅

T 细胞所介导的细胞免疫在机体发挥免疫监视、发现与清除由基因突变而产生的肿瘤细胞及病毒感染细胞中发挥主要作用。正常情况下，初始 T 细胞识别抗原提呈细胞提呈的肿瘤或病毒抗原后活化、增殖，再分化为具有细胞毒作用的细胞毒性 T 细胞（cytotoxic T lymphocyte，CTL），CTL 再次遇到肿瘤细胞等靶细胞时，就会与之结合，并分泌与表达细胞毒性物质（如穿孔素、颗粒酶、肿瘤坏死因子、FasL）杀伤靶细胞。这一过程依赖于正性共刺激信号与抗原刺激信号的协同作用。然而，后来发现，T 细胞表面还可表达被称为“免疫检查点”的自我抑制性分子，与对应配体结合后抑制正性共刺激信号，从而抑制 CTL 活化，使肿瘤细胞逃脱免疫监视。因此，发现与抑制 T 细胞免疫负调节分子的作用，为恶性肿瘤治疗带来新希望。

2018 年的诺贝尔生理学或医学奖颁发给了美国免疫学家 James P. Allison 和日本生物学家本庶佑（Tasuku Honjo），以表彰两位科学家发现了 CTLA-4（细胞毒性 T 淋巴细胞相关抗原 4）和 PD-1（程序性死亡受体 1）两类重要的 T 细胞免疫负调节分子，为针对免疫检查点的癌症治疗奠定了重要基础。通过阻断这些免疫系统的“刹车分子”治疗肿瘤，是一种基于免疫学原理的全新的肿瘤治疗策略，已成为生物医学领域振奋人心的革命性技术之一。

一、CTLA-4 及其功能的发现

CTLA-4 属于免疫球蛋白超家族成员，最早在 1987 年被法国免疫学家 Pierre Goldstein 实验团队克隆出来；随后，美国科学家 Peter Linsley 等证实 CTLA-4 是 T 细胞上的跨膜受体，在结构上与 CD28 类似，但执行着一种截然相反的功能。如果 CD28 作为 T 细胞活化的“油门”，那 CTLA-4 则起“刹车”作用，以防止 T 细胞的过度活化。当 T 细胞与肿瘤抗原接触时，CD28 产生促进 T 细胞激活的正调控信号，而 CTLA-4 会竞争性拮抗 CD28。基于这一发现，1994 年，James Allison 团队大胆假设阻断 CTLA-4 可能激活患者的免疫应答，发挥抗肿瘤作用。他们制备了 CTLA-4 抗体，将 CTLA-4 抗体注射入患有肿瘤的小鼠体内，首次证明抗体阻断 CTLA-4 可导致抗肿瘤免疫反应的增强。Allison 等还发现，注射 CTLA-4 抗体后的小鼠拥有对肿瘤的记忆，免疫系统会对二次接种的肿瘤细胞再次发动攻击。这项工作标志着一种新的肿瘤免疫疗法的诞生，接着，Allison 团队又完成了 CTLA-4 抗体的人源化改造。Ipilimumab 是一种抗 CTLA-4 的全人源单克隆抗体，于 2011 年 3 月被 FDA 批准用于治疗晚期黑色素瘤。由于单独使用 Ipilimumab 的疗效有限，目前临床多数使用 Ipilimumab 联合其他治疗方案，如 Ipilimumab 联合 BRAF 激酶抑制剂，二者同时使用能明显提高转移性黑色素瘤的生存期，治疗效果更为突出。

二、PD-1 及其功能的发现

PD-1 点燃抗癌曙光：早在 1992 年，Tasuku Honjo 研究组首次从凋亡的小鼠 B 细胞系中克隆到 *PD-1* 基因，表达产物称为程序性死亡受体 1（programmed death-1，PD-1）。1996 年，利用 PD-1 单克隆抗体技术，证明了 PD-1 在活化的 T 细胞、B 细胞及未成熟淋巴细胞表面均有表达。随后，Honjo 团队采用敲除 *PD-1* 基因小鼠进行了功能验证，发现了 *PD-1* 基因敲除鼠与 *CTLA-4* 基因敲除鼠类似，都会发生一些自身免疫疾病性状，证明 PD-1 具有抑制免疫功能。进一步研究发现，PD-1 在 T 细胞激活过程中产生负调控信号，肿瘤细胞通过上调 PD-L1（PD-1 的配体）的表达以抑制 T 细胞的抗肿瘤效应，而敲除 PD-1 则能有效抑制黑色素瘤的增长及扩散。因此，Honjo 团队得出结论：PD-1 具有与 CTLA-4 类似的免疫抑制功能，也起到分子“刹车”的作用。

大多数肿瘤细胞高表达PD-L1实现免疫逃逸，通过抗体阻断该途径可以恢复T细胞特异性攻击肿瘤细胞的免疫功能，现今PD-1/PD-L1信号通路已广泛应用于临床治疗诱导抗肿瘤免疫反应。抗PD-1疗法相较于抗CTLA-4疗法，其疗效更好，且副作用更小，为肿瘤免疫治疗带来了新的机遇。

拓展阅读文献

李丹，王晓霞，李斌. 2018. 免疫疗法可望治愈肿瘤——解读2018年诺贝尔生理学或医学奖. 自然杂志，40（06）：407-410.

李艺柔，吴思，赵静. 2019. 癌症免疫疗法研究概述——2018年度诺贝尔生理学或医学奖解读. 生物学教学，44（05）：3-6.

Ishida Y，Agata Y，Shibahara K，Honjo T. 1992. Induced expression of PD-1，a novel member of the immunoglobulin gene superfamily，upon programmed cell death. EMBO Journal，11（11）：3887-3895.

Krummel M F，Allison J P. 1995. CD28 and CTLA-4 have opposing effects on the response of T cells to stimulation. Journal of Experimental Medicine，182（2）：459-465.

第三节　细胞自噬机制发现之旅

自噬（autophagy），auto-意为自己，-phagy意为吃，是指细胞对不必要或受损的自身成分进行降解及再利用的过程，它发生在所有细胞中，是一种基本的细胞机能。细胞自噬是细胞质量控制的重要组成部分，通过降解自身的非必需成分来回收利用营养和能量，同时也可以降解一些毒性成分以阻止细胞损伤，从而维持细胞稳态。当自噬活性受抑制时，会堆积一系列受损的细胞器、蛋白聚集体等，影响细胞的正常功能。自噬也好似一把“双刃剑”，一旦自噬活性过度时，又可以加速细胞的死亡。自噬参与生物体众多的生理机能，它是如何被调节的？2016年诺贝尔生理学或医学奖授予了日本科学家大隅良典（Yoshinori Ohsumi），他通过遗传筛选找到许多自噬相关基因，极大推动了自噬领域的研究发展进程，为包括癌症、神经退行性疾病、糖尿病、心肌病等多种疾病的分子机制研究铺平了道路。

一、自噬现象的发现

自噬现象最初于1962年由洛克菲勒研究所的K. R. Porter和他的学生观察到，在胰高血糖素刺激后肝细胞中的溶酶体增加，并在溶酶体中检测到来自其他细胞器如线粒体成分，但当时他们错误地以为这一现象只是溶酶体的形成过程。1963年，Z. Hruban报道了局部细胞质降解的超微结构，观察到细胞质融合到生成溶酶体的连续步骤。这一报道引起了德迪夫（C. de Duve）的兴趣，将这一现象命名为“自噬”，并证实胰高血糖素诱发的自噬是由溶酶体介导的，成为了第一位报道溶酶体参与细胞自噬的科学家。这位自噬现象的命名人德迪夫因发现溶酶体曾获得1974年诺贝尔生理学或医学奖。在当时，自噬基本上被认为是“细胞处理垃圾的系统”，同时受到技术限制，这个领域的研究一直很困难，人们对这个自噬过程知之甚少。

二、自噬研究的新纪元

1988 年，大隅良典以酵母为模型开始研究自噬，这时距离发现自噬现象已有 20 多年。他经过上千个酵母突变体的筛选，利用各种酵母突变体来确定参与自噬过程的基因，在 1993 年报道了 15 个自噬过程至关重要的基因。值得一提的是，那个时期对于酵母细胞中是否存在自噬现象还没法确定，因为酵母很小，当时显微技术是很难清楚地观察酵母内部结构的。为了解决这一难题，大隅良典试图破坏自噬过程的最后一步降解过程，希望形成的自噬小体泡不被降解而大量堆积，从而容易被观察到。1992 年，他终于找到了一种因突变而缺乏液泡降解酶的酵母株，在饥饿条件下，突变的酵母细胞出现了大量囊泡状结构，这些结构正是自噬体，这是第一次证明了在酵母细胞中同样存在自噬现象，也是自噬领域的一个突破性发现。随后大隅良典进行了突变株筛选，在 1993 年成功获得一批与自噬相关的酵母突变体。2000 年，大隅良典等在 *EMBO Journal* 上发表论文，报道了微管相关蛋白 LC3（ATG8）在自噬体膜表面的定位及其相关功能，这篇论文至今被引用数千次，成为自噬研究领域的另一里程碑。现今，作为目前公认的自噬标记物 LC3，其各种荧光表达质粒已成为必不可少的工具被广泛应用于自噬研究。

虽然细胞自噬的分子机制及其功能已渐渐被阐明，但对自噬的了解仍然只是冰山一角，仍有许多问题有待澄清？如自噬体膜的来源、降解底物的识别性、特殊细胞器如线粒体自噬的分子机制等。因此，细胞自噬的大门才刚刚打开，还有很多未知生命现象等着我们去探索，了解机体内这些生理病理过程，有助于带来癌症、神经退行性疾病治疗的曙光。

拓展阅读文献

刘佳，杨慧. 2016. 自噬：细胞的“清道夫”——2016 年诺贝尔生理学或医学奖简介. 首都医科大学，37（5）：699-702.

Kabeya Y，Mizushima N，Ueno T，et al. 2000. LC3，a mammalian homologue of yeast Apg8p，is localized in autophagosome membranes after processing. EMBO Journal，19（21）：5720-5728.

Tsukada M，Ohsumi Y. 1993. Isolation and characterization of autophagy-defective mutants of *Saccharomyces cerevisiae*. FEBS Letters，333（1-2）：169-174.

第四节　构成大脑定位系统的细胞发现之旅

位置的感知是大脑最基本的功能之一，位置感能让我们意识到身体处于环境中与周围物体相对的位置，人们必须通过它来组织和感知外部世界。我们如何知道自己身处何处？如何从一个地方找到去往另一个地方的路？又如何储存这些信息，以便下次走相同的路线时找到方向？这些问题困扰了人们数个世纪，一直吸引着哲学家和科学家的注意，在很久以前就开始了对大脑定位与导航能力的探索。200 多年前，位置感与导航作为先验知识（priori knowledge），独立于经验之外。到了 20 世纪中叶，行为心理学的出现第一次给出了实验性的解答，爱德华·托尔曼（Edward Tolman）研究大鼠穿越迷宫时，发现大鼠能学会如何导航，并提出了在学习过程中大脑形成一种“认知地图”的概念，但问题仍然存在——这样的地图在大脑中是如何呈现的？2014 年诺贝尔生理学或医学奖授予美国认知神经生物学教授约翰·奥基夫（John O'Keefe）和挪威神经生物学家梅-布里特·莫泽（May-Britt Moser）和爱德华·莫泽（Edvard Moser）夫妇，以表彰他们发现了大脑中构成定位系统的神经细胞。John O'Keefe 发现了具有传递位置信号和空间记忆能力的位置细胞（place cell），Moser 夫妇则发现了构成脑内导航坐标系统的网格细胞（grid cell），这些开创性的发现揭示了“脑内的 GPS”，为我们提供了大脑如何计算复杂认知能力和行为的深刻见解。

一、位置细胞的发现

20 世纪 60 年代末，约翰·奥基夫（John O'Keefe）开始研究动物行为，对大脑如何控制行为的问题深感兴趣。1971 年在记录自由活动的大鼠海马体部分神经细胞信号时，奥基夫发现当一只大鼠处于特定的环境位置时，特定的神经细胞会被激活，而其他神经细胞则会在其他位置被激活，提出这些“位置细胞”构建了环境的内部地图，即不同的位置细胞可能在不同的地方活跃，多个位置细胞的活动组合创建了表示特定环境的内部神经地图。海马体可以包含由不同时间在不同环境中活跃的不同位置细胞活动组合的多个地图，则环境的记忆可存储为海马体中特定组合位置细胞的活动。随后出现了大量关于位置细胞参与空间记忆的研究，其普遍观点：位置细胞的关键功能是创建环境地图。这里值得一提的是，奥基夫实验的前提是开发适用于自由活动动物的合适记录技术，尽管奥基夫是这些技术的早期使用者，他并不是第一个在完整动物的海马或其他神经细胞中进行记录的人。当时研究人员大多使用限定性行为任务或严格的刺激-反应流程，偏偏奥基夫反其道而行之，在自然行为期间记录细胞活动，这使他观察到独特的位置场，并将位置细胞中的神经活动与位置感联系起来。可见，科学研究通常会在偶然的机遇中发现新的现象，提出新的理论，我们既要尊重科学的必然性，也要珍惜科学的偶然性。

二、网格细胞的发现

20 世纪八九十年代，主流理论认为位置场的形成起源于海马本身，人们对大脑定位机制的研究一直局限于海马，而 Moser 夫妇则大胆提出了海马以外区域也可能存在定位系统的猜测，独辟蹊径地开始了对海马以外脑区的探索。海马的主要输入来自大鼠脑部背缘的一个结构，即内嗅皮质。2002 年，Moser 夫妇发现内嗅皮质与海马位置区有直接和相互连接，随后于 2004 年证实了内嗅皮质包含了与海马位置细胞特性相似的细胞。2005 年，在一项使用更大活动空间让动物移动的研究中，他们发现一种具有不寻常特性的新型细胞即网格细胞（grid cell）。网格细胞展示了令人惊讶的活动模式：它们在开放区域的多个地方活跃，这些地方一起形成了一个扩展的六边形网格，类似蜂巢中的六边形孔洞，形成网格场，它们共同覆盖了环境中的每一个点。网格模式在之前任何的脑细胞中都没有见过。Moser 夫妇得出结论，网格细胞是导航或路径整合系统的一部分，为海马中的空间地图增加了一个度量。通过从内嗅皮质不同部分的多个网格细胞进行记录，Moser 夫妇还证明，网格细胞按照功能模块组织，网格间距从几厘米到几米不等，从而覆盖从小到大的环境。Moser 夫妇关于网格细胞的发现，即空间度量协调系统（spatial metric coordination system），以及他们对内嗅皮质作为空间表示计算中心的识别，是一个突破性的发现，为深化了解支持空间认知功能的神经机制提供了新的途径。

医学实践中发现，诸多大脑病变如痴呆、阿尔茨海默病等严重破坏患者空间定位在内的认知功能。在阿尔茨海默病的小鼠模型中显示，位置场的退化与动物空间记忆的恶化相关。虽然这些结果暂时还不能直接应用于临床研究或实践，但海马是阿尔茨海默病早期受影响的结构之一，对大脑导航系统的了解可能有助于我们理解这一疾病患者认知能力的下降，对开发治疗痴呆、阿尔茨海默病等的药物有前驱性的帮助。

拓展阅读文献

宋伟. 2014. 大脑定位系统是怎样构成的——2014 年诺贝尔生理学或医学奖工作介绍. 生理科学进展，45（06）：479-481.

Hafting T，Fyhn M，Bonnevie T，et al. 2008. Hippocampus-independent phase precession in entorhinal grid cells. Nature，453（7199）：1248-1252.

Hafting T，Fyhn M，Molden S，et al. 2005. Microstructure of a spatial map in the entorhinal cortex. Nature，436（7052）：801-806.

第五节　细胞囊泡运输系统及其调控机制发现之旅

生物膜构成了细胞及各细胞器之间的屏障，内外物质交换主要通过膜包裹的囊泡转运系统完成，囊泡的转运系统相当于细胞内的物流系统。囊泡运输系统的任何部位出现问题均有可能导致细胞内部或细胞间的信息或物质分子交流存在障碍，从而引起疾病，如胰岛素的分泌障碍导致糖尿病的发生，免疫细胞抗体分泌障碍导致机体免疫故障，阿尔茨海默病也是一类与囊泡运输相关的疾病。伴随细胞生命活动的进行，细胞膜、内质网膜及高尔基体膜等都处于囊泡持续不断地形成和消失的动态平衡状态，包括出芽、锚定和融合等过程，这是一个极其复杂的、受精细调控的动态过程，也是一个具有重要生理意义的基本生命活动。长期以来，科学家对细胞内的各个细胞器如何维持独立性且能实现有条不紊地相互通信的问题不断地探究，历史上“囊泡转运”相关研究已获得了 4 次诺贝尔生理学或医学奖（1970、1974、1999 和 2013 年），充分肯定了细胞的物质运输系统是意义重大的科学发现。其中，美国 James E. Rothman、Randy W. Schekman 和德国 Thomas C. Südhof 三位科学家被授予了 2013 年诺贝尔生理学或医学奖，主要贡献在于通过不同的技术手段（体内遗传学筛选或体外重组），在不同细胞体系中（酵母菌或哺乳动物细胞）发现了囊泡转运的关键调控蛋白及调控机制。

一、囊泡运输相关基因的发现

由于酵母细胞内的膜性细胞器与高等生物细胞内部结构极为相似，Schekman 决定采用酵母细胞开展细胞内部蛋白运输过程的探索性研究。他通过对不同的酵母菌株进行突变诱导，如紫外线照射或诱变剂处理，在特定培养基上分别低温和高温培养，筛选了一系列温度敏感型分泌缺陷酵母突变株。通过电子显微镜、放射性标记法和免疫沉淀反应等方法，观察细胞内部囊泡运输过程的变化，从而发现了与囊泡运输过程相关的一系列蛋白，由此鉴定出了关键的 secretion 基因，如 *sec1*、*sec17*、*sec18* 等，这些基因后来被证实与哺乳动物细胞中的分泌相关基因有着很大的同源性。Schekman 还发现了囊泡运输相关的融合基因，但没有深入研究，这方面的工作则由另外两位获奖者给出了解释。

二、囊泡融合关键蛋白的发现

Rothman 课题组主要采用哺乳动物细胞体系，通过水疱型口炎病毒（VSV）感染细胞模型，对病毒 G 蛋白的糖基化进行放射性标记，观察 G 蛋白在细胞内的运输过程。他们首先在细胞质中分离纯化出第一个与囊泡融合相关的胞质蛋白 NSF（*N*-ethylmaleimide-sensitive factor），它是细胞内囊泡运输所必不可少的关键成分。随后发现另一种与囊泡和膜融合相关的蛋白 SNAP（soluble NSF attachment protein）能识别并黏附 NSF，它们对膜融合起着重要调节作用，哺乳动物细胞中的 NSF 正是 Schekman 在酵母筛选出 SEC18 的同源蛋白，SNAP 在酵母中的同源蛋白正是 SEC17。进一步通过体外生化重组的方法，Rothman 发现了在囊泡锚定和融合过程中起决定性作用的蛋白质复合物-SNARE 复合体，提出囊泡膜融合过程需要细胞膜上的 t-SNARE 蛋白与囊泡上的 v-SNARE 蛋白识别并相互作用，揭示了囊泡融合过程中的特异性。

三、发现囊泡融合的调控机制

出于对神经递质的释放过程的好奇，Südhof 对神经细胞突触囊泡的融合及递质的释放过程进行研究。在神经传导过程中，神经递质的释放受钙离子的调控，Südhof 发现囊泡的融合是由 Ca^{2+}所触发，当 Ca^{2+}结合到突触结合蛋白Ⅰ（synaptotagmin Ⅰ）可导致神经递质的释放。通常情况下，synaptotagmin 和一些小的 SNARE 复合物结合形成 complexin，主要是阻止突触囊泡的融合，以防囊泡内容物的释放，当其结合 Ca^{2+}即可触发囊泡的融合，开拓性举证了囊泡融合的调控过程。在 Rothman 的研究基础上，Südhof 还新发现了 SM 蛋白，这是进化上保守的细胞质蛋白，相同的 SM 蛋白可作用于不同的融合反应。Südhof 发现突触囊泡的融合主要是由两种成分所介导，分别是三个突触 SNARE 和一个 SM 蛋白，SNARE 是提供动力，而 SM 蛋白为促进作用，这一模式适用于大多数膜的融合过程。

细胞通过囊泡运输系统完成诸多生命活动，包括细胞新陈代谢、细胞的增殖分化、运动迁移等，囊泡运输系统的调控作用是精细而精准的，中国已有相当多的科学家致力于这方面研究，如生物膜和膜生物工程国家重点实验室，是中国该领域的主要研究团体之一。随着新的成像技术和遗传操作技术的发展，囊泡转运过程中很多尚未被揭示的问题将会被进一步阐明，必将对相关疾病的研究和治疗提供新的理论依据和治疗方向。

拓展阅读文献

洪鹏，冯娟，王宪. 2014. 细胞囊泡运输调节机制——2013 年诺贝尔生理学或医学奖工作介绍. 生理科学进展，45（03）：235-241.

刘贝，宋婀莉，徐涛. 2013. 细胞内的运输系统：2013 年诺贝尔生理学或医学奖解析. 科学通报，58（34）：3487-3488.

Kaiser C A，Schekman R. 1990. Distinct sets of SEC genes govern transport vesicle formation and fusion early in the secretory pathway. Cell，61（4）：723-733.

Shao X，Davletov B A，Sutton R B，et al. 1996. Bipartite Ca^{2+}-binding motif in C2 domains of synaptotagmin and protein kinase C. Science，273（5272）：248-251.

第六节 细胞重编程及诱导性多能干细胞发现之旅

我们的生命由一个受精卵开始的，在发育到一个时期会出现一团细胞即胚胎干细胞，具有多能性，可以分化成身体各种功能的细胞。过去认为这些特定细胞的分化过程是不可逆的，能否实现细胞命运的逆转一直是胚胎发育学家争论的焦点，经过半个多世纪的探索，研究者们成功证明了已分化的细胞的可逆转性，这就是细胞重编程。所谓细胞重编程是指“已分化的特定细胞可以被重新编程为多功能的干细胞”，让细胞“返老还童”，在这一领域做出杰出贡献的英国发育生物学家 John B. Gurdon 和日本科学家山中伸弥被授予了 2012 年诺贝尔生理学或医学奖，以表彰他们发现“成熟体细胞可被重编程恢复多能性”。细胞重编程改写细胞命运，是再生医学研究的革命性突破。

一、体细胞核移植-细胞重编程的里程碑

1928 年，德国生物学家 Hans Spemann 首次提出体细胞核移植的重编程理念，即通过人工手段将体细胞核移至去核的卵细胞中，从而获得动物个体简称动物克隆。1958 年，Gurdon 通过经典的体细胞核移植技术，将爪蟾卵母细胞的核取出，然后注入一个成年爪蟾小肠细胞的细胞核，获得一个重构的体细胞核移植胚胎，首次成功发育为一个健康存活的爪蟾。这个实验证明了，已分化的动物体细胞在蛙卵中可以被重编程从而具有发育成完整个体的能力，证明了细胞的分化是可逆的，这是一个里程碑式的发现。在这一工作的基础上，1996 年，英国爱丁堡大学成功培育出了克隆羊多莉，这证实了高等哺乳动物的体细胞也可以被重编程。如果说 Gurdon 是细胞重编程的开创者，那么山中伸弥则是关键人物，创造了诱导性多能干细胞（induced pluripotent stem cell，iPSC）这一项具有突破性的技术。

二、诱导性多能干细胞的科学突破

山中伸弥早在求学期间就对细胞核重编程产生浓厚兴趣，一直关注干细胞技术并开始了早期的独立探索。他在研究过程中发现，一些特异性表达于胚胎干细胞的基因是维持干细胞体外培养的必需因子，于是大胆推测，如果在成熟细胞内表达这些维持因子，也许可以实现对细胞的重编程。基于这一假设，山中伸弥找到了 24 个在干细胞中高表达，而在分化细胞中低表达的蛋白质。他尝试把 24 个转录因子全转到了成纤维细胞，没想到奇迹发生了，成纤维细胞逐步被诱导成胚胎干细胞样的克隆。然后，每次实验去掉一个因子，最后发现了四个关键因子：Oct3/4、Sox2、Klf4 和 c-Myc，这类过表达这四个转录因子将成纤维细胞重编程为多能干细胞，被称为诱导性多能干细胞（iPSC）。2006 年，他们通过逆转录病毒将这 4 种转化因子导入小鼠胚胎纤维母细胞中，成功获得小鼠 iPSC，随后又在人类真皮成纤维细胞中导入这 4 个人源性的转录因子，再一次实现了人类细胞的重编程。这两大突破性进展均发表在 *Cell* 杂志上并引起了巨大轰动，也标志着 iPSC 技术的初步建立。iPSC 技术不需要人类卵子，也不需要制造或破坏胚胎，是一项绕开克隆伦理和技术障碍的里程碑式的科学

突破。

体细胞重编程技术产生的多能性iPS细胞，运用患者自身体细胞诱导产生的iPSC发育而成的器官代替病变器官，开启了再生医学的新时代。iPS细胞的研究日新月异，我国在iPS细胞研究领域的水平得到国际研究界越来越多的认可，分别有中国科学院广州生物医药与健康研究所裴端卿研究组、中国科学院动物研究所周琪研究组、北京生命科学研究所高绍荣研究组及中国科学院生物物理研究所刘光慧研究组，他们在iPS研究领域都取得了重要进展。细胞重编程及iPSC技术所取得的巨大成就，让我们见证了科学对生命本质的成功解读，必将在人类疾病研究和再生医学等领域发挥巨大的应用潜力。

拓展阅读文献

孟姝，田勇. 2012. 细胞重编程：再生医学研究的革命性突破——写在2012年诺贝尔生理学或医学奖颁布之际. 生物化学与生物物理进展，39（11）：1061-1065.

王昱凯，周琪. 2012. 细胞重编程改写细胞命运：细胞的返老还童——2012年诺贝尔生理学或医学奖简介. 自然杂志，34（06）：327-331.

Gurdon B. 1962. Adult frogs derived from the nuclei of single somatic cells. Developmental Biology，4：256-273.

Takahashi K，Yamanaka S. 2006. Induction of pluripotent stem cells from mouse embryonic and adult fibroblast cultures by defined factors. Cell，126（4）：663-676.

第七节　染色体端粒及端粒酶对染色体的保护机制发现之旅

端粒（telomere）是存在于真核细胞线状染色体末端的一小段DNA-蛋白质复合体，端粒短重复序列与端粒结合蛋白一起构成了特殊的“保护帽”结构，维持染色体末端的完整性，防止染色体末端融合或重组，由于端粒的长度反映细胞复制史及复制潜能，又被称作细胞寿命的“有丝分裂钟”。而端粒酶的作用是帮助合成端粒，使得端粒的长度等结构得以稳定。美国科学家Elizabeth H. Blackburn、Carol W. Greider和Jack W. Szostak因“发现端粒和端粒酶如何保护染色体”而获得2009年诺贝尔生理学或医学奖。端粒和端粒酶的发现为科学家认识并探索衰老和肿瘤的发生机制开辟了新领域，对预防和治疗衰老及与衰老相关的疾病（如肿瘤）具有重要科学和应用意义。

一、端粒的发现

早在20世纪30年代，两位遗传学家McClintock和Müller发现染色体的末端存在一种能稳定染色体结构和功能的特殊成分，称为端粒，推测端粒可能充当保护染色体的角色，对于端粒的本质一无所知。直到1978年，Blackburn在研究四膜虫染色体时才获得了突破性的发现，首次提出四膜虫的端粒是由一连串简单重复序列GGGGTT形成的。1980年，Blackburn和Szostak合作在不同物种中进行交叉研究，于1982年发表了令人瞩目的结果：来自四膜虫的端粒DNA可对酵母菌的染色体起到保护作用，证明了端粒功能的保守性。以此发现为契机，Szostak研究组构建了世界上第一个酵母人工染色体，Blackburn和Szostak携手组装出两端为CCCCAA序列的微型染色体。当这些微型染色体注入到酵母细胞中后，在细胞分裂时，这种 CCCCAA 序列在复制时对染色体起到了保护作用，就像鞋带末端的塑料帽对鞋带起到的防磨损作用。之后包括动物、植物和微生物在内的多种生物的端粒序列被测定出，它们与四膜虫的端粒序列极其相似，均由富含 G 和 T 的简单重复序列不断重复而成，具有高度保守性，又具有种属特异性，如四膜虫的重复序列为 GGGGTT，而人和哺乳动物为 TTAGGG。不同组织细胞其端粒的长度不同，精子和早期胚胎细胞端粒长度较长，可达 15～20kb。

二、端粒酶的发现

在 20 世纪 70 年代，发现 DNA 双螺旋结构、获得 1962 年诺贝尔生理学或医学奖的 James D. Watson 和 Alexey Olovnikov 同时提出了“末端复制问题”，他们推测 DNA 聚合酶不能完整地复制染色体末端，因此，线性染色体末端会随着细胞分裂不断缩短。但四膜虫的研究却显示其端区不见缩短，甚至还有所延长，针对这一矛盾，Blackburn 和 Greider 探究其原因，后来在四膜虫的细胞提取液中发现了一种酶活性成分，能往端区添加重复序列 TTGGGG，命名为端粒酶（telomerase）。Greider 证实了端粒的延长活性是端粒序列特异的，在该反应中无关序列的寡核苷酸并不能延长。随后，端粒和端粒酶的生物学研究也从模式生物四膜虫和酵母拓展到了小鼠和人，现在已知端粒酶是一种特殊的核糖核蛋白酶复合体，具有逆转录酶活性，具有促进端粒延伸的作用，在没有端粒酶的细胞中，端粒会逐渐缩短直至染色体损伤。人体细胞中端粒酶合成和延长端粒的作用是在胚胎发育过程中完成的，当胚胎发育完成后，端粒酶活性在大多数组织中消失，除生殖细胞、造血干细胞及外周淋巴细胞等少数几类细胞外，绝大多数正常体细胞检测不到端粒酶活性。

自从 1994 年 Kim 等建立了高效灵敏的端粒酶活性检测方法后，大量研究证实 85%～90% 的人类恶性肿瘤表达端粒酶活性，基因敲除小鼠模型都证实了抑制端粒酶表达可以限制肿瘤细胞分裂及增长，端粒酶活性成为恶性肿瘤诊断和预后的重要标志之一，也成为了化疗和基因治疗的重要靶点。另一些遗传性疾病也与端粒酶功能缺陷有关，包括先天性再生障碍性贫血和一些皮肤、肺部遗传性疾病等。总之，端粒和端粒酶的发现对于人们了解染色体稳定性的生物学基础、探寻各种相关疾病的发病机制和新的防治策略奠定了基石。

拓展阅读文献

田甜，丛羽生. 2009. 解析 2009 年度诺贝尔生理学或医学奖——端粒与端粒酶. 生物物理学报，25（5）：319-324.

张婷，王晓民. 2009. 端粒、端粒酶的发现和意义——2009 年诺贝尔生理学或医学奖简介. 首都医科大学学报，30（5）：718-722.

Greider C W，Blackburn E H. 1987. The telomere terminal transferase of *Tetrahymena* is a ribonucleoprotein enzyme with two kinds of primer specificity. Cell，51（6）：887-898.

第八节 器官发育和程序性细胞死亡的基因调节发现之旅

程序性细胞死亡（programmed cell death）是细胞一种生理性、主动性的“自觉自杀行为”，这种死亡是预定的、并受到严格程序控制的正常个体发育过程。人体内细胞的诞生和死亡处于一个动态平衡阶段，一个成年人体内每天都有上万亿细胞诞生，同时又有上万亿细胞以程序性死亡的方式消亡，用以清除不需要的或对自身有害的细胞，对维持器官的发育和机体稳态具有重要作用，而程序性死亡的异常则会导致疾病的发生甚至生命的终结。在这个精妙的生命过程的研究领域里，三位做出奠基性贡献的科学家：英国 Sydney Brenner、John Sulston 和美国 Robert Horvitz 被授予了 2002 年诺贝尔生理学或医学奖，以表彰他们在器官发育及程序性细胞死亡的基因调控方面做出的贡献。他们创造性地采用线虫作为实验模型，实现了对器官发育过程中细胞分裂、分化的原位观察，完成细胞谱图的绘制，并研究了调控器官发育和程序性细胞死亡的关键基因及功能，为人们认识发育过程和疾病治疗提供了全新的基础。

一、线虫模型与细胞谱图

早在 20 世纪 60 年代初期，科学家就开始探索程序性细胞死亡的奥秘，首先需要选择一个合适的研究对象，低等的单细胞模型（如细菌、酵母）太简单，不适合细胞分裂和分化的研究，而哺乳动物的细胞种类和数量又太复杂。这时，Brenner 找到了一种绝好的研究材料——多细胞生物线虫，它长仅 1mm，发育期短且身体透明，可在显微镜下直接观察线虫整个发育过程。1974 年，Brenner 发表了他学术生涯第一篇重要论文，报道了线虫作为模式动物的诸多优点，创造性地采用线虫作为实验模型，为器官发育过程中细胞分裂和分化的原位研究奠定了模型基础。在此基础上，Sulston 于 1976 年发展了新的实验手段，开始绘制线虫的细胞谱图。所谓细胞谱图是指由单个受精卵发育成所有细胞间的衍生关系，线虫从受精卵到 959 个细胞组成的成体发育过程中所有细胞分裂和分化的细节，在此过程中，他发现每个线虫都有 131 个细胞会很精确地发生死亡，这种精妙且可控的细胞清除行为直接为后续程序性细胞死亡的分子机制研究奠定了坚实的基础。

二、程序性细胞死亡相关基因

线虫模型建立，细胞谱图的绘制完成后，生物学家们开始思考更深入的一个问题：基因是如何调控线虫的器官发育及其过程中的程序性细胞死亡的？美国科学家 Robert Horvitz 与 Sulston 合作完成细胞谱系的绘制工作后，研究重点转移到凋亡发生的机制上，以线虫发育过程中程序性死亡的 131 个细胞作为对象，发现这些凋亡细胞在 ced-1 或 ced-2 功能缺失时可以长时间存在，他与其合作者开始以 ced-1 和 ced-2 的突变体作为对象，筛检与凋亡启动或调节有关的基因，设计了一系列精巧的实验，利用线虫验证了基因调控的程序性细胞死亡的存在。1986 年，他发表论文确认了最早期的两个真正的“死亡基因”*ced-3* 和 *ced-4*，并指出功能性的 *ced-3* 和 *ced-4* 基因是发生细胞死亡的前提。此后，他提出另一个基因 *ced-9* 与 *ced-4* 和 *ced-3* 相互作用并防止细胞死亡，还确认了指导清除死亡细胞的一系列基因，这些线虫中参与程序性细胞死亡的基因大多数在人类都有其相对应的基因。

对程序性细胞死亡的认识推进了人们对于一些疾病发病机制的理解，调控程序性细胞死亡的功能缺陷所导致的疾病大体可分为两类：一类是由细胞病理性丢失过多所致，如中风、心肌梗死、神经退行性疾病和艾滋病；另一类则是由于清除有害细胞的机能受损所造成的，包括癌症和自身免疫性疾病。这些认识也为疾病病因的查找及治疗提供了全新的思路，必将为人类更深刻地认识自身和攻克人类疾病做出重大贡献。

拓展阅读文献

何杰，韩佩韦，陈畅. 2002. 器官发育和程序性细胞死亡中的基因调控——2002 年诺贝尔生理学或医学奖工作介绍. 生物化学与生物物理进展，29（6）：970-972.

宋伟，宋德懋. 2008. 细胞凋亡的分子机制及其在当前医学中的应用——2002 年诺贝尔生理学或医学奖工作介绍及研究进展. 生理科学进展，39（2）：185-192.

Hengartner M O，Ellis R E，Horvitz H R. 1992. *Caenorhabditis elegans* gene ced-9 protects cells from programmed cell death. Nature，356（6369）：494-499.

第九节　蛋白质地址签的发现之旅

一个哺乳动物细胞含有大约 10 亿个蛋白质分子，它们时刻处于被代谢降解和重新合成的动态过程中，构成细胞活跃的新陈代谢。蛋白质一经合成，就会被运送到细胞内的各种细胞器如线粒体、叶绿体等中，也可能被分泌到细胞外，在指定位置蛋白质才能发挥它们应有的功能。一直困扰着细胞生物学家的科学问题是：不同类型蛋白质在细胞质合成后如何转运到应该去的部位？如何转运至细胞器内或细胞外的？细胞生物学家 Günter Blobel 对此给出了答案，因此获得了 1999 年诺贝尔生理学或医学奖，以表彰他发现蛋白质具有信号序列（地址签），在细胞内蛋白转运领域做出的杰出贡献。

1971 年，Günter Blobel 首次提出了信号假说，他认为阐明蛋白质穿过细胞或细胞器膜的分子机制是关键，以此为主攻方向，选择内质网为研究模型，从内分泌性蛋白质向内质网转运入手研究蛋白质转运的机制。Blobel 从分泌性蛋白质穿膜转运现象中发现了一条重要线索：被转运蛋白质的初生肽（即其前身物）比成熟肽大，推断初生肽多长出的那段肽链可能是专门起引导作用的“信号肽”，只有存在信号肽才可能穿越膜结构，这一推断经过研究，证明了信号肽的存在及其与蛋白质跨膜转运的关系，Blobel 于 1971 年提出了蛋白质跨膜转运的“信号假说”（signal hypothesis）。信号肽的发现是 Blobel 做出的第一个科学贡献。信号肽是由 12～14 个氨基酸残基（大多为疏水性）组成的片段，前部为带正电荷的碱性氨基酸残基，末端为富含丙氨酸的片段，也是信号肽酶的水解部位。信号假说一开始并没有获得大多数生物学家的认可，缺乏足够的实验证据。1975 年，Blobel 成功地破译了第一个信号肽序列，同时又提出内质网膜上存在允许蛋白质通过的通道。

信号假说中存在一个关键问题：内质网膜是如何识别信号肽的？为了解答该问题，Blobel 做出了又一个重要的贡献，发现了细胞内一种叫作“信号识别蛋白”（signal recognition protein，SRP）的蛋白质在内质网膜识别信号肽的过程中起重要作用。他采用放射性标记同位素示踪实验，提示了 SRP 对初生肽穿越内质网膜是必需的，通过在体外蛋白质合成体系证明 SRP 具有特异性，对于合成非分泌性蛋白质的聚核糖体无此结合作用。一系列体外试验表明：SRP 可与内质网膜上的受体结合以便形成通道，让信号肽通过；同时，SRP 也可离开内质网膜，进入细胞质并与信号肽结合，二者达成动态平衡。由此可见，SRP 是介导内质网膜识别含信号肽蛋白质的关键性因子。20 世纪 90 年代初，Blobel 以确凿的实验证据证明了让人长期捉摸不定的内质网膜上的蛋白质通道确实存在，使信号假说有了最直接的证据，成为一个系统性的理论。

信号假说对现代细胞生物学的研究有极其重要的意义。细胞在分裂时要合成大量的蛋白质，同时形成新的细胞器，蛋白质需在细胞中被转运并准确定位，细胞才能行使其正常的功能。Blobel 的研究使人们加深了对蛋白质转运过程分子机制的理解，有助于解释多种遗传疾病的分子机制及构建新型的药物，这些药物可导向特异细胞器以矫正原有的缺陷，对未来的细胞及基因治疗也有重要意义。

拓展阅读文献

方福德. 2000. 蛋白质转运的细胞分子机制——1999 年度诺贝尔生理学或医学奖简介. 生理科学进展，31（2）：178-180.

郭改娥，王文恭. 2009. 细胞内蛋白质转运及其在医学中的应用——1999 年诺贝尔生理学或医学奖介绍及其相关研究进展. 生理科学进展，40（4）：378-382.

Heemels M T. 1999. Medicine Nobel goes to pioneer of protein guidance mechanisms. Nature，401（6754）：625.

第十节　G 蛋白及其在细胞中的信号转导作用发现之旅

G 蛋白偶联受体（G-protein-coupled receptor，GPCR），亦被称为 7 次跨膜受体，是一类细胞表面参与信号转导的膜受体超家族，它们可以感应无数种不同的细胞外信号，几乎涉及人体所有生理过程，包括视觉、嗅觉、味觉、情绪控制（如多巴胺受体）、血压、心率、交感（如肾上腺素受体）与副交感（胆碱能受体）神经调节及免疫系统调节（如组胺受体）等。临床上超过 50%的药物是 GPCR 家族的激动剂或拮抗剂，适应证包括疼痛、过敏、高血压、失眠、糖尿病、抑郁症和精神分裂症等。尽管 GPCR 种类和功能繁多，但它们信号转导的分子机理具有很大的相似性。2012 年诺贝尔化学奖颁给了 Robert J. Lefkowitz 和 Brian K. Kobilka，以表彰他们在 GPCR 研究领域的开创性发现，特别是对 β2 肾上腺素受体进行了高分辨率的结构解析和深入的功能研究。在此之前，G 蛋白偶联受体的相关研究已经被 9 次授予诺贝尔奖，作为第 10 次诺贝尔奖是将 G 蛋白偶联受体的研究带到了一个新的高度，揭示了 G 蛋白偶联受体的作用机制。

一、第一个被克隆的 GPCR-肾上腺素受体

在 20 世纪 60 年代末，GPCR 只是一个抽象的概念，由于缺乏直接的证据，甚至被许多人怀疑受体是否存在。Robert J. Lefkowitz 的研究生涯始于 1968 年，经过一年多无数次失败与努力后，他终于取得了初步成果，利用放射性碘标记的促肾上腺皮质激素（ACTH），证实了 ACTH 与肾上腺皮质膜上的 ACTH 受体特异性结合并激活腺苷酸环化酶（AC）。利用放射配体结合实验，他们发现受体结合及活性受 GTP 调节，因此提出了受体-GTP 结合蛋白-AC 三元复合模型。随后他们利用亲和色谱法分离出肾上腺素受体、G 蛋白及 AC，并在脂质囊泡中重建这一系统，决定性地证实了三元复合模型理论及受体的功能特点。而意义非凡的一年在 1986 年，他和同事们成功克隆出肾上腺素受体（AR），这是第一个被克隆的

GPCR，从而提出 GPCR 可能是个大家族，结构上可能都是 7 次跨膜蛋白，这一里程碑式的发现开启了现代 GPCR 信号通路的研究。同时值得一提的是，他开创了利用放射性配体研究受体功能的先河，直到今天，放射配体结合实验依然是检测受体亲和性与功能的经典实验方法。

二、GPCR 晶体学上的突破

Lefkowitz 的后续研究几乎囊括了 GPCR 现代研究的每个重大发现，他的实验室走出很多研究 GPCR 的优秀科学家，另一位诺贝尔奖得主 Brian K. Kobilka 就在其中。在β2 AR 被克隆出来后，Kobilka 开始了 GPCR 三维分子结构的研究，要想利用 X 射线晶体学观察 GPCR 的三维结构，必须首先得到 GPCR 晶体，这是一个让众多科学家望而却步的挑战。难题在于：GPCR 是膜蛋白，需要细胞膜才能维持它的立体形态，并且 GPCR 极不稳定，形态始终处于变化中，即便没有外界刺激，受体也是处于活化状态，传递着细胞外信号，Kobilka 在这条路上艰难地坚持了数十年。直到 2007 年，Kobilka 与合作者巧妙地运用了两种方法稳定 GPCR 结构，并利用反向激动剂抑制其基础活性，最终得到了β2 AR 结晶。Kobilka 首次运用在受体中插入可溶性蛋白片段的方法，这一可溶性蛋白片段能显著提高受体的稳定性，并且有效地辅助晶体形成；并进一步发展出一系列脂立方相工具用于结晶实验。随着融合蛋白和脂立方相概念的推广，G 蛋白偶联受体的三维结构解析变得有迹可循，越来越多的 G 蛋白偶联受体的三维结构被解析。之后，Kobilka 以 β2 肾上腺素受体为模型，进一步解析了其与拮抗剂、激动剂及 G 蛋白这一重要下游信号分子等各种复合物的三维结构，其中 β2 肾上腺素受体与 G 蛋白复合物的三维结构是 G 蛋白偶联受体研究中的里程碑式成果，它清楚地展示了两者之间是如何相互作用的，G 蛋白又是如何被受体激活的，从而为后续的各项研究打下坚实的结构基础。

随着对 G 蛋白偶联受体结构和偏向性激活等研究的进展，机体生理病生理过程也得到更深刻的认识，鉴于 G 蛋白偶联受体在人体稳态调节和药理学研究中的重要地位，GPCR 已经成为药物开发的研究热点，针对 GPCR 的转化医学研究也会更具意义。

拓展推荐阅读文献

路伟振，吴蓓丽，赵强. 2012. G 蛋白偶联受体：七次跨膜结构的超级分子——2012 年诺贝尔化学奖简介. 自然杂志，34（06）：337-343.

肖晗，张幼怡. 2012. G 蛋白偶联受体的探索之路——记 2012 年诺贝尔化学奖得主 Robert J. Lefkowitz 和 Brian K. Kobilka. 中国科学：生命科学，42（12）：1018-1030.

Rasmussen S G，Choi H J，Rosenbaum D M，et al. 2007. Crystal structure of the human beta2 adrenergic G-protein-coupled receptor. Nature，450（7168）：383-387.

第十一节　蛋白质可逆磷酸化作用的生物调节机制发现之旅

蛋白质是生命的物质基础，是生命活动的主要承担者，因此蛋白质功能必须受到严格的调节，其调节方式主要分两种：一种是数量，通过蛋白质含量的增加或减少来影响其生物学功能；另一种是活性，通过蛋白质空间结构的变化参与细胞功能的调节。在蛋白质结构调节中，最为重要和普遍的是可逆磷酸化修饰，通过蛋白质特定位点如丝氨酸、苏氨酸或酪氨酸等含羟基的氨基酸上添加或去除磷酸基团来影响蛋白质的活性。基于“作为生物体调节机制的蛋白可逆磷酸化”的发现，美国科学家 Edwin Gerhard Krebs 和 Edmond Fischer 分享了 1992 年诺贝尔生理学或医学奖。

一、可逆磷酸化的发现

早在 1948 年，已知催化糖原水解的磷酸化酶存在两种状态：一种是带有磷酸修饰的活性状态（a），另一种是缺乏磷酸修饰的失活状态（b），但对两种状态之间的互相转化机制一直缺乏全面的认识。Edwin 和 Fischer 合作对肌肉收缩过程进行研究，磷酸化酶可帮助糖原水解为葡萄糖供肌肉利用，他们通过粗制糖原磷酸化酶鉴定出促进磷酸化酶激活的因子，确定 ATP 是磷酸化酶 b 向 a 转变的关键成分之一。随后，Edwin 和 Fischer 使用层析的方法分离得到一种可以激活糖原磷酸化酶的酶，该酶可直接催化失活的磷酸化酶 b 添加一个磷酸基团而转化为 a 激活状态，因此称其为蛋白激酶。不久之后，他们又鉴定出将磷酸化酶 a 向 b 转化的酶，即蛋白磷酸酶，该过程同时释放一个磷酸基团。磷酸化酶激酶是第一个发现的蛋白激酶，它意味着蛋白质磷酸化修饰是受到酶的严格调节的，同时也暗示了磷酸化-脱磷酸化是一种酶活性调节的重要方式，在此基础上提出了糖原磷酸化酶调节的可逆磷酸化学说。

二、蛋白激酶级联反应的存在

除了发现第一个蛋白激酶并开创蛋白质可逆磷酸化的先驱性研究外，Edwin 在细胞信号转导和糖代谢研究方面也取得了巨大成就。Edwin 后续研究发现促进肌肉中糖原磷酸化酶激活是由于增强磷酸化酶激酶活性，而不是抑制磷酸化酶磷酸酶活性，意味着还存在一种催化磷酸化酶激酶发生磷酸化修饰的激酶存在。1968 年，Edwin 研究小组将这种新的激酶纯化，由于该酶可催化多种蛋白底物磷酸化，因此将其命名为 cAMP 依赖的蛋白激酶（cyclic AMP-dependent protein kinase，PKA）。PKA 的发现确立了第一个蛋白激酶级联反应的存在，即一个激酶可进一步激活另一个蛋白激酶，极大拓展了对信号转导的理解。紧接着，Edwin 研究了生长因子的受体蛋白质酪氨酸磷酸化与丝氨酸/苏氨酸磷酸化之间如何实现偶联，最终提出了著名的 MAPK 信号级联效应，通过一系列激酶的激活最终实现信号放大的目的。

目前已知 5%基因编码蛋白激酶，还有少量蛋白磷酸酶，蛋白质可逆磷酸化修饰在蛋白质合成、激素信号转导、细胞代谢等过程发挥重要作用，这项发现极大推动了生物化学乃至整个生命科学的发展。蛋白质可逆磷酸化的发现对理解多种疾病如早老性痴呆、器官移植过程中的免疫排斥和多种癌症的发生机理具有重要的帮助。现在发现几乎 50%的癌症都与蛋白激酶活性异常相关，可逆磷酸化的发现也为临床药物开发提供了一种全新思维。

拓展阅读文献

郭晓强. 2011. 可逆磷酸化发现者——埃德温·格汉德·克雷布斯. 自然杂志，33（02）：121-124.
郭晓强，王跃民. 2013. 信号转导与诺贝尔奖. 自然杂志，35（04）：274-285.

第三章　细胞生物学先进仪器设备

第一节　细胞观察及形态分析设备

一、普通光学显微镜

普通光学显微镜通常指照明光为可见场光源的显微镜。其为细胞生物学实验教学和研究中最常用的显微镜。

（一）主要组成

其外观结构组成为：目镜、镜筒、镜臂、物镜转换器、不同放大倍数的物镜、载玻片固定夹、载物台、载物台移动旋钮、聚光镜、光圈、聚光镜升降杆、粗调焦旋钮、细调焦旋钮、光源开关、亮度旋钮、光源、镜座。

（二）使用方法

（1）打开电源开关。

（2）清洁显微镜光学部分。用擦镜纸蘸取显微镜擦镜液，擦拭清洁目镜、物镜、聚光镜等光学部分。

（3）调试显微镜。先将 10× 物镜旋入光路；将光圈开至最大；双眼看向两侧目镜；旋转亮度旋钮，使亮度适当；双手开合两个目镜，至两只眼睛同时看见一个圆形视野，即目镜间距与两只眼睛适应。

（4）画“调焦辅助线”。取细胞标本，放在实验台上；用记号笔在盖玻片一侧的载玻片上画一道线。

（5）制备细胞装片。取干净载玻片，向中间位置滴加 1 滴绵羊红细胞悬液，加盖玻片。

（6）放置细胞装片。将细胞装片平放在载物台上的载玻片固定夹之间。

（7）预调焦。将“调焦辅助线”移入光路；先向外旋转粗调焦旋钮，使载物台上升至最高点，再向内缓慢旋转粗调焦旋钮，使载物台下降，直至看到“调焦辅助线”；微旋细调焦旋钮，使记号线清晰。

（8）标本调焦。将细胞标本移入光路，向内微转细调焦旋钮，使观察目标清晰可见。

（9）放大观察。将 40× 物镜旋入光路；调高亮度，开大光圈，下降聚光镜，微转细调焦旋钮，使观察目标清晰。

（三）注意事项

不能直接在高倍镜下用粗调焦旋钮调焦，以免碰坏物镜镜片或压碎盖玻片。

二、相差显微镜

相差显微镜（phase contrast microscope）是一种能够将光线通过透明标本时所产生的相

位差转换为振幅差的显微镜。由荷兰科学家 Zermike 发明，他因此获得了 1953 年的诺贝尔物理学奖。相差显微镜主要用于观察未染色的活细胞标本，最常用于观察培养的细胞，可清楚地分辨细胞核、核仁及细胞质中存在的颗粒状结构。

（一）特殊组成及相位差变振幅差的原理

与普通显微镜相比，相差显微镜以环状光阑代替普通孔径光阑，用带相板的物镜代替普通物镜。

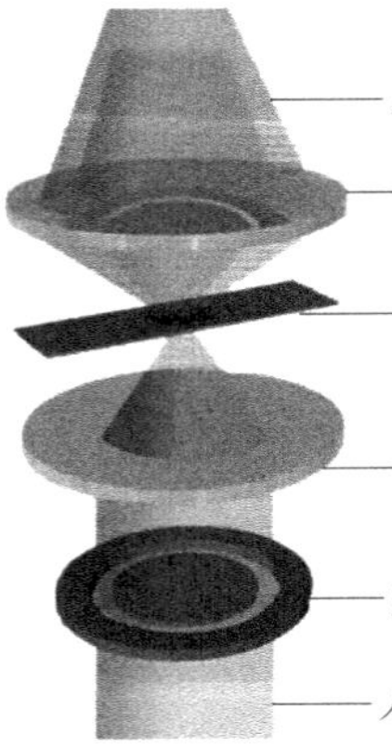

图 3-1　相差显微镜的光路图

环状光阑是具有环形开孔的光阑，可使入射光线以近乎同一相位的方式到达标本（图 3-1）。其安装在载物台下的一个转盘上，与转盘一起组成转盘聚光器。有数个，外面标有 10×、20×、40×、100×等字样，与不同放大倍数的物镜对应。

相板是位于物镜内部后焦平面处的一个圆形的薄片状结构，分成两个部分，一是通过直射光的部分，为半透明的环状，叫共轭面；其他是通过衍射光的部分，叫补偿面。

除了环状光阑和相板，相差显微镜还有一个进行光路调整的合轴望远镜和缩小入射光光源波长范围的绿色滤光片。合轴望远镜是一个外壳上标有“CT”符号的独立装置，替换一个目镜后用于调节通过环状光阑的环形通光孔与相板共轭面同轴。绿色滤光片的主要作用是缩小照明光线波长范围，使之与相差物镜最佳波长范围（510～630nm）接近，减小照明光线的波长不同引起的相位变化。另外还可吸收一些热量，减少因长时间观察温度升高对标本的影响。Olympus 厂家生产的相差显微镜在镜检时要使用该厂规定的 IF550 绿色滤光片作为配套器件。

相差显微镜相位差变振幅差的原理：光源通过环状光阑后，以近乎同一相位的方式到达标本，其中直射光经反射后通过相板的共轭面到达目镜，衍射光经过反射后通过相板的补偿面到达目镜，两者相干涉成像。通常情况下，衍射光往往比直射光相位延迟约 1/4 波长。当经过共轭面或补偿面涂有可以推迟相位的相位膜时，能够将直射光或衍射光相位延迟 $1/4\lambda$，使直射光与衍射光相位同步或相差 $1/2\lambda$，两束光发生干涉合成，表现为比背景直射光更强或更弱，提高了明暗差，增强了标本的对比度。

（二）使用方法

操作方法见文前二维码“视频 1 相差显微镜的原理及应用”。

（1）将标本放到载物台上固定好。

（2）将标识为“0”的光阑旋入光路，按普通显微镜的用法对光、调焦及调整放大倍数至图像清晰、大小适宜。

（3）将与物镜放大倍数对应的环状光阑旋入光路，如选择使用 40×的物镜，同时应该将转盘激光器上标识为 40×的环状光阑旋入光路。

（4）合轴调整。取下一侧目镜，换上合轴调节望远镜，调整环状光阑（亮环）与相板上的共轭面圆环（暗环）完全重叠吻合。具体做法：①对焦。旋转合轴调节望远镜使亮环清晰。②调大小。升降聚光器使两环大小相等。③合轴。利用按压或旋动聚光器后面两侧调节钮的方式，调节环状光阑的位置，使其上的亮环与相板成像的暗环（位置固定）轴心一致（图 3-2）。三步调节不必完全按这个次序，应根据实际情况决定先调节哪一步。

（5）相差观察。取下合轴调节望远镜，换回目镜，并放上绿色滤光片即可进行观察。

（三）注意事项

（1）样品厚度。进行相差观察时，样品厚度应该为 5μm 或者更薄。当采用较厚的样品时，样品的上层虽然清楚，但深层则会模糊不清并且会产生相位移干扰及光的散射干扰。

图 3-2　合轴调节时显微镜中的亮环和暗环

（2）盖玻片和载玻片的影响。样品一定要加盖玻片，否则环状光阑的亮环和相板的暗环无法调重合。相差观察对载玻片和盖玻片的玻璃质量也有较高的要求，当有划痕、厚薄不均或凹凸不平时会产生亮环歪斜及相位干扰。另外，玻片过厚或过薄时会使环状光阑亮环变大或变小。

三、倒置荧光显微镜使用

倒置荧光显微镜为可见光照明系统和物镜与普通显微镜位置颠倒，并带有荧光观察所需结构的显微镜。可用于直接观察培养瓶或培养皿中培养的细胞，也可用于制片标本的观察。

（一）主要组成

倒置荧光显微镜的组成有：目镜、镜筒、底座、调焦旋钮、可见光光源开关、荧光挡板、载玻片托板、载物台、平台移动尺螺杆、物镜、普通光光源箱、光源中心调节钮、视场光阑（FS）调节杆、聚光镜、孔径光阑（AS）调节杆、聚光镜升降调节钮、汞灯灯箱、挡光插板、荧光模块调节拉杆。

光阑为限制光束通过光学系统的光孔。视场光阑（FS）限制成像范围，孔径光阑（AS）限制成像光束。

涉及荧光观察的结构有：汞灯灯箱、荧光模块调节拉杆、挡光插板和荧光挡板，另有一个独立于显微镜存在的高压汞灯电源箱。汞灯灯箱内的高压汞灯，是装有汞和惰性气体的石英玻璃灯管，通电时内部汞蒸发，产生数倍于大气压的压力；并因汞的不断解离和还原，可发射包括紫外光在内的多波长光；高压汞灯电源箱起到镇流器的作用，提供高压汞灯需要的电源；荧光模块调节拉杆与荧光激发模块相连，可通过推拉拉杆使不同激发光滤光片进入荧光光路（通常，蓝色激发光产生绿色荧光，绿色激发光产生红色荧光，紫外激发光产生蓝色荧光）；挡光插板的作用是，进行可见光观察时中断来自高压汞灯光源的光线；荧光挡板的作用是减轻紫外线对眼睛的伤害。

（二）使用方法

1. 明视场观察

（1）打开可见光电源开关。

（2）清洁显微镜。

（3）调试显微镜。将 10×物镜旋入光路，视场光阑开至最大，调节亮度适可，调节目镜间距。

（4）放置细胞标本。先将载玻片托板放到载物台上的卡槽里，再将细胞标本放入载玻片托板。

（5）画“调焦辅助线”。用记号笔在盖玻片一侧的载玻片上画一道线。

（6）预调焦。将“调焦辅助线”移入光路，先向内旋转粗调焦旋钮，使物镜升至最高点，再向外缓慢旋转粗调焦旋钮，使物镜逐渐下降，直至看到“调焦辅助线”；微转细调焦旋钮，使记号线清晰。

（7）调节视度。右眼看向右侧目镜，微转微调焦旋钮，使图像清晰；左眼看向左侧目镜，旋转左侧目镜上部视度调节装置，使左眼所观察图像清晰。

（8）标本调焦。将细胞标本移入光路，微转细调焦旋钮，使观察目标清晰。

（9）放大观察。将 40×物镜旋入光路，调高亮度，微转细调焦旋钮，使观察目标清晰。

2. 荧光观察

（1）关闭可见光光源。

（2）打开高压汞灯电源并预热。打开高压汞灯电源箱开关，按“TRIGGER”激发，预热 5～10min。

（3）移动挡光插板。将挡光插板移至允许光通过的位置。

（4）调节荧光模块。推拉荧光模块调节拉杆至所需激发光位置。

（5）观察标本荧光。

（三）注意事项

（1）正确使用高压汞灯。①不能随意开关汞灯电源。开启后至少应在 15min 后关闭，以免水银蒸发不全；关闭 30min 后才可再次开启，要等水银完全冷却。②荧光观察前预热汞灯 5～10min，使汞完全挥发、达到最高亮度的稳定工作状态。

（2）减少紫外光引起的标本荧光猝灭。荧光观察之前先在可见光下对标本调焦和放大；不进行荧光观察时及时将挡光插板拉至不通光位置。

四、透射电子显微镜

透射电子显微镜（TEM）是以电子束为光源、以透过样品的电子束成像显示超薄切片超微结构的显微镜，具有远高于光学显微镜的分辨率，目前 TEM 的分辨率可达 0.2nm，用于观察细胞超微结构的组成及变化（图 3-3）。

（一）组成及成像工作原理

透射电子显微镜主要由三大部分组成，包括：镜筒放大成像系统（图 3-4）、真空系统、电源系统。

（1）镜筒放大成像系统包括：电子枪、聚光镜、样品室、透镜组（物镜、中间镜、投影镜）、样品观察室、照相记录装置。

样品室位于中间部分，用于放置铜网样品。

电子枪、聚光镜属照明系统，在样品室上方。电子枪的作用在于产生足够的电子，形成一定亮度以上的束斑，从而满足观察的需要。电子束的波长取决于发射电子束的电压，与电

图 3-3　透射电子显微镜外观照片

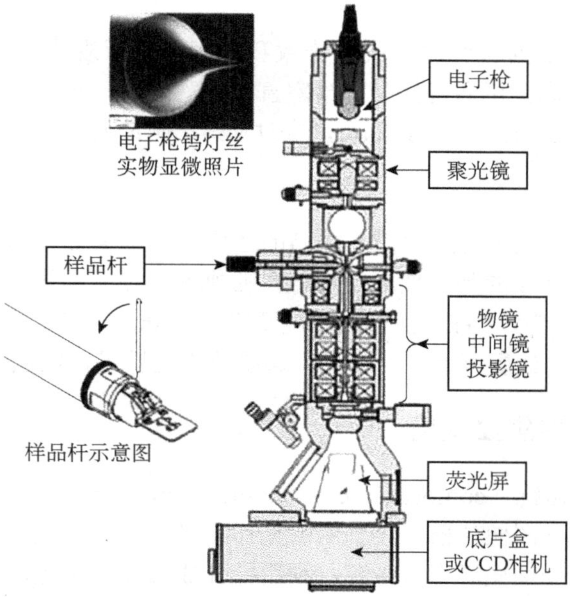

图 3-4　透射电子显微镜镜筒放大成像系统内部结构

压的平方根成反比，电压越高波长越短。因此，可通过调节电压来调节电子显微镜的分辨率及放大倍数。

透镜组为放大系统，在样品室下方。作用完全与光学显微镜中的透镜一样，在于将电子束汇聚到样品上，然后将从样品上透射出来的电子束进行多次放大、成像。现代 TEM 基本上都是使用磁透镜，这样，只要适当调整磁场强度，就可以得到不同的工作模式。

照相系统（CCD 数码成像系统）在观察室下面。在得到所需图像后，可以利用相机照相的方法把图像记录下来。新一代 TEM 装备了数字记录系统，可以将图像直接记录到计算机中去，这样可以大大提高工作效率。

在镜筒的左侧面板上还有高压按钮、放大钮、亮度旋钮及左侧样品移动钮，在镜筒右侧的面板上有聚焦钮和右侧样品移动钮。

（2）真空系统由机械泵和扩散泵组成，用于为镜筒提供一个高真空的环境，以便于高能电子束的运行。

（3）电源系统由两大部分组成，一是供给电子枪的高压部分，二是供给电磁透镜的低压稳流部分。

（二）使用操作

操作方法见文前二维码“视频 2 透射电子显微镜的原理及应用”。

操作流程：开机预热→放置样品→抽真空→样品入位→调节电压电流→观察及拍照→图片采集与处理。

（1）开机预热。在准备观察样品前，需要提前打开机器和电源，预热至少 30min 抽真空。

（2）放置样品。将做好的铜网样品放在样品杆上，再插入到镜筒样品室中。

（3）抽真空。打开旋钮抽真空，大约 45s，直至指示灯提示完成。

（4）样品入位。当指示灯提示变绿时，将样品杆转入样品室。

（5）调节电压电流。打开灯丝钮，加高压和灯丝电流，生物样品一般电压 80kV，加电流至饱和值。

（6）观察及拍照。根据需要调整放大倍数和亮度后进行观察。一般先将放大倍数调为 1000 倍，后面可适当调高。可通过样品观察室直接观察样品，再利用照相系统拍照留存。

（7）图片采集与处理。打开软件，联机，实时观察，确定观察点，采集照片，保存数据。

（三）注意事项

（1）样品要求。由于电子穿透力低，样品的密度、厚度等都会影响到最后的成像质量。因此，透射电子显微镜样品的基本要求是：样品必须对电子束是透明的，厚度一般以 100～200nm 为宜，但对于高分辨力 TEM，样品厚度要求 5～10nm。

（2）使用时严禁瞬间让屏幕上亮度太高。调整放大倍数时，应从低倍到高倍。

五、激光扫描共聚焦显微镜

激光扫描共聚焦显微镜（confocal laser scanning microscope，CLSM）是 20 世纪 80 年代兴起的一种重要生物医学图像仪器，其利用激光作为光源，在传统光学显微镜基础上采用共轭聚焦的原理和装置，变场光源为点光源，利用针孔成像和共聚焦，排除了标本邻近结构的杂光干扰，使观察点的图像更为清晰；并且利用激光扫描配合计算机图像重建，实现了三维成像，立体感增强。其中，共聚焦的含义是，标本焦平面上的光点同时聚焦在照明针孔和探测针孔上。其与普通荧光显微镜的光路对比见图 3-5。

激光扫描束通过针孔形成点光源，在焦平面上逐点扫描，采集点的光信号通过探测针孔聚集后，被光电倍增管（PMT）探测收集，经过信号处理，输出到计算机上成像。

CLSM 高分辨的荧光成像能力也正是来源于这种双共轭的成像方式，即照明针孔与探测针孔相对于物镜焦平面是共轭的，焦平面上的点同时聚焦于照明针孔和探测针孔，以此屏蔽焦平面外点的荧光信号。

CLSM 的主要功能是观察荧光染色的细胞结构和成分，此外还有以下 2 个功能。

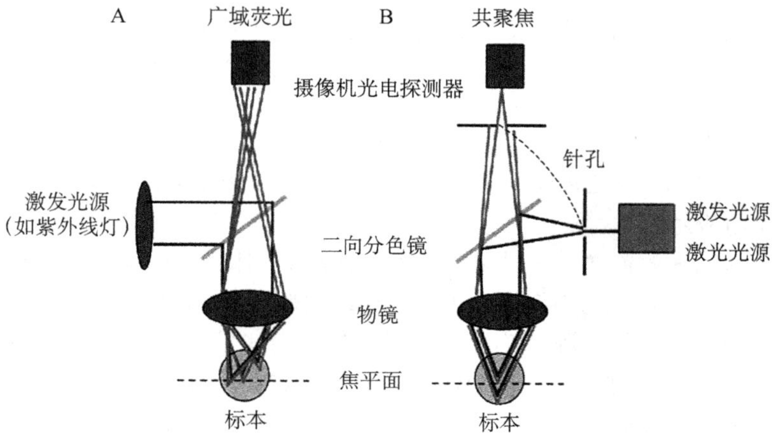

图 3-5 普通荧光显微镜（A）和 CLSM（B）光路对比图

（1）细胞形态学研究。CLSM 在不损伤细胞的前提下，产生组织细胞的光学切片，对活组织、活细胞不同层次进行观察和测量。这一功能就是所谓的“细胞 CT”。由共聚焦显微镜的组织光学切片功能采集获得的二维图像数据，经计算机图像处理和三维重建软件重组，可得到标本的三维立体结构，揭示亚细胞结构的空间关系，从而能十分灵活直观地进行形态学研究。

（2）黏附细胞分选。分选方法包括激光切割和激光消除。前者首先将细胞贴壁培养在特制培养皿上，然后用高能量激光在预选细胞四周切割成八角形，而非选择细胞则因在八角形之外而被去除，该分选方法特别适用于选择数量少的细胞，即使百万分之一概率也非常理想，如突变细胞、转移细胞和杂交瘤细胞。激光消除法是基于细胞形态及荧光特性，用高能量激光自动杀灭不需要的细胞，留下完整活细胞亚群继续培养。

（一）共聚焦显微镜的组成及工作原理

以 Olympus FV1000 激光共聚焦显微镜为例，组成主要有 4 部分：①显微镜光学系统，采用 Olympus IX81 型倒置荧光电动显微镜；②扫描装置；③激光光源，整合在激光器整合器中；④图形处理软件。

传统的光学显微镜使用的是场光源，标本上每一点的图像都会受到邻近点的衍射光或散射光的干扰（图 3-5A）；激光共聚焦显微镜利用激光束经照明针孔（pinhole）形成点光源对标本内焦平面上的每一点进行扫描，标本上的被照射点在探测针孔处成像，由探测针孔后的光电倍增管（PMT）或冷电耦器件（cCCD）逐点或逐线接收，迅速在计算机监视器屏幕上形成荧光图像。由于部分散光没有被 PMT 探测器探测到，从而提高了成像效果。通过对样品在 x-y 方向上的逐点扫描，可以形成二维图像。如果调节焦平面在 z 方向的位置，连续扫描多个不同 z 位置的二维图像，则可以形成一个 3D 图像。图 3-5B 为激光共聚焦显微镜光路图。

其与普通荧光显微镜相比，在结构和功能上的主要改变包括：①在载物台上加了一个微量步进马达，可使载物台上下步进移动，步进距离小（最小步进距离为 0.1μm），使细胞或组织各个横断面的图像都能清楚地得以显示，实现了“光学切片”的目的。这就是“细胞 CT”名称的由来。“细胞 CT”功能通过狭缝扫描技术将我们对细胞的研究由多层叠加影像推进到真正的平面影像水平，使图像更加清晰。②将断层图像与三维重建图像有机地结合了起来，不但能揭示细胞内部的结构和提供细胞的长、宽、厚、断层面积、细胞体积等参数，而且可以给人以三维立体的概念，如可以使细胞旋转起来从而能随意观察细胞各个侧面的表面结构。

（二）使用操作

以 Olympus FV1000 激光共聚焦显微镜为例，操作方法见文前二维码“视频 3 激光共聚焦显微镜的操作与应用”。

操作流程：开机→放置样品→显微镜观察→样品的图像采集→刻录数据→关机。

1. 开机 打开扫描单元控制器电源，并将钥匙旋转到 On 位置；依次打开显微镜电源、荧光汞灯电源和激光器电源，然后，根据需要用钥匙打开相应的开关；打开电脑，登录系统，双击打开共聚焦软件 FV10-ASW 应用软件。注意：先开硬件，后开软件；先开电源，后开钥匙；汞灯开启后，30min 内勿关，汞灯关闭 30min 以后才能再次开启。

2. 放置样品 共聚焦显微镜样品主要有两类，组织切片样品和细胞标本。组织切片要切得薄些，切片厚度一般在 4～35μm，细胞标本则要求细胞密度适中，形态完整。

放置样品时，将制备好的样品放上载物台，组织切片样品须使用载玻片，安放时，盖玻片向下，倒扣在载物台上；观察活细胞样品时，必须使用共聚焦专用培养皿。

如果使用油镜，按下显微镜或软件中的 Escape（物镜会自动下降）将载物台移到加油位，在油镜镜头上滴一滴专用无荧光浸油，将载物台移到样品需要观察的位置再按下显微镜或软件中的 Escape（物镜会自动上升回到原来的焦面）。

3. 显微镜观察

（1）DIC（微分干涉差）明场立体图。使用手控面板选择物镜；插入起偏镜；插入微分干涉滑块；FV10-ASW 软件中点击透射光观察按钮，打开卤素灯快门，使用 TD 滑块控制卤素灯的光强。根据样品需要可旋转 DICT 旋钮实现对比度的调节；标本聚焦。

（2）荧光图。使用手控面板选择物镜；拉出检偏镜（DIC 滑块），打开汞灯机械快门（Shutter）；FV10-ASW 软件中点击汞灯观察按钮，打开汞灯快门；使用手控面板选择荧光滤色片（WU 为紫外激发/蓝色荧光；NIBA 为蓝色激发/绿色荧光；WIG 为绿色激发/红色荧光）；标本聚焦。

4. 样品的图像采集

（1）点击 FV10-ASW 软件中的汞灯观察按钮，关闭汞灯快门；或点击透射光观察按钮，关闭卤素灯快门。

（2）点击染料选择按钮，点击 All Clear，清除前一实验设置；在染料列表中，双击添加荧光染料。

（3）点击 Apply 按钮。关闭染料选择面板可以用 Close 按钮。

（4）选择 TD1。

（5）点击序列扫描，并选择线序列方式。双染以上一定要选上，可避免激发光串色。

（6）点击 XY Repeat 按钮开始扫描，也可点击 Focus×2 或 Focus×4 按钮进行快速扫描，点击聚焦按钮，寻找焦平面。

（7）调节探测器的灵敏度（HV）、共聚焦的孔径大小（C.A.）和激光器输出（Laser），使图像清晰尖锐。

（8）点击 Stop 按钮，停止扫描。

（9）选择 AutoHV，并选择扫描速度。

（10）点击 XY 按钮取得一幅图像。

（11）保存图像。

5. 刻录数据　图像保存后，退出 FV10-ASW 软件，然后刻录数据，刻录数据时注意：必须用新的光盘，严禁使用 U 盘、移动硬盘等。

6. 关机　依次关闭计算机、扫描单元控制器钥匙和电源，接着关闭显微镜电源、汞灯电源、激光器电源。关闭激光器电源时要注意：先关钥匙，千万别马上关闭电源，等待 10min 左右，当激光器温度降低后再关电源。等待期间，用擦镜纸蘸取适量擦镜液，擦拭物镜镜头。待仪器冷却后，盖上防尘罩。

（三）注意事项

（1）标本厚度。最佳样品应是单层散在排列的单细胞或单层贴壁细胞。目前激光共聚焦显微镜最大有效解析厚度为 0.45μm，最小扫描距离为 0.1μm，因此可适用于较厚的组织切片、细胞涂片等方面的研究，实现三维重建图像。

（2）染色用荧光染料。所用荧光染料颜色最好不同于细胞自发荧光。

（3）激发光强度不可太强，扫描时间不可太长，避免引起“染料的光漂白”及荧光染料分子分解产生单态氧或自由基等细胞毒素。

（4）封裱剂。必须无自发荧光、无色透明。常用甘油和 0.5mol/L、pH9.0～9.5 的碳酸盐缓冲液等量混合后用作封裱剂。

（5）观察所用器皿要干净，底部不能太厚且无划痕。激光共聚焦显微镜的载物台设计灵活，可以放置载玻片、35mm 平皿、培养皿、活细胞观察及灌流系统等多种器皿。常用的器皿有盖玻片、载玻片及 Petri 皿等。进行活细胞长时间观察时，可以采用专门的灌流系统。

六、超高分辨荧光显微镜

超高分辨荧光显微镜是指能够突破“光学成像的衍射限制”、达到纳米级分辨率的光学显微镜。因其分辨率较高，广泛用于研究细胞膜蛋白分布、细胞骨架、线粒体、染色质和神经元突触等。

所谓“光学成像的衍射限制”最早由 Ernst Abbe 于 1873 年第一次发现，即光学成像具有衍射限制现象，导致物体在显微镜下的图像显著扩散，使它永远不可能获得比所用光的半波长更高的分辨率。后来，物理学界公认：显微镜的分辨率具有极限，该极限与光源的波长有关，被称为“阿贝衍射极限”。为了打破该极限以提高光学显微镜的分辨率，多国科学家进行了大量的探索与努力，最后打破了这一极限，将光学显微镜带入纳米尺度。其中以美国弗吉尼亚州霍华德 • 休斯医学研究所的埃里克 • 白兹格（Eric Betzig）、美国加利福尼亚州斯坦福大学的威廉 • 莫尔纳（William E. Moerner）和德国马克斯 • 普朗克生物物理化学研究所的物理学家斯蒂芬 • 黑尔（Stefan W. Hell）的贡献最为突出，他们三人因此获得了 2014 年的诺贝尔化学奖。

目前，最新一代光学显微镜技术具有高级多模超高分辨率系统。代表性的如由美国 GE 公司 2008 年推出的 DeltaVision OMX 超高分辨率显微镜系统。

（一）超高分辨原理

现有超高分辨率显微镜主要基于受激发射损耗显微术（stimulated emission depletion

microscopy，STED）、随机光学重建显微镜（stochastic optical reconstruction microscopy，STORM）技术、光敏定位显微镜（photoactivated localization microscopy，PALM）技术和单分子显微镜（single molecule microscopy）技术等构建。总的工作原理是，利用单分子荧光成像突破光学分辨率的极限。这项技术可以将单个分子的荧光打开或者关掉；对同一区域反复成像，每次只允许几个分散的分子发光；将这些图像叠加就获得了分辨率达到纳米尺度的图像。

以美国通用公司开发的 DeltaVision OMX 为例，组成主要包括：显微镜操作系统、数据图像处理系统、显微镜系统、激光器系统。该系统提供 2D 和 3D 结构光照明显微镜（structure illumination microscope，SIM）技术、单分子定位显微镜及快速宽场采集高分辨率成像模式。Blaze SIM 模块实现了高速 SIM 成像，使活细胞超高分辨率成像成为现实。

（二）使用操作

操作方法见文前二维码“视频 4 超高分辨荧光显微镜”。

操作流程：开机→放置样品→图像采集→图像处理→图像保存。

1. 开机

（1）硬件。①打开显微镜柜和激光器柜总电源开关；②打开激光器柜 OMXIC 电脑电源开关；③打开激光器柜 Camera 电源开关；④打开激光器柜激光器电源开关；⑤打开激光器柜 Nanomotion Chassis 电源开关；⑥打开激光器柜 OMX Instrument Controller-Blaze 电源开关；⑦打开激光器柜 Galvo 开关；⑧打开显微镜柜 Galvo 开关；⑨打开照相机制冷开关；⑩打开照相机电源开关。

（2）软件。①启动 Workstation；②输入用户名；③输入密码；④启动 Master Workstation；⑤点击 RDP 检查 OMXIC 和 Camera1、Camera2 是否连接上（自检）；⑥点击 DeltaVision OMX 启动软件；⑦点击 Instrument→Status→Restart Hardware，进行硬件和照相机初始化（依次点击菜单）。

2. 放置样品

（1）打开显微镜柜门。

（2）将镜油滴加在镜头上。

（3）将待检样品倒置在载物台上。

（4）调整载物台，使镜头位于待检样品中间。

（5）关闭显微镜柜门，至门上红色三角灯亮起。

3. 图像采集

（1）粗聚焦。

（2）点击 Spiral Mosaic 广范围搜寻样品。

（3）点击选中的样品。

（4）精聚焦，确定被选样品的中心位置。

（5）预览图像，调整曝光度和曝光时间。

（6）设立样品的扫描上限和下限。

（7）点击 Experiment 设定扫描间距、扫描层数和每个扫描层的厚度。

（8）建立文件保存位置。

（9）点击 Run 开始扫描拍照。

4. 图像处理

（1）点击 Process 选择批处理程序，加载重构处理、校准处理和重叠处理（建立任务 Task Builder）。

（2）点击 Data Folder 选取要分析的文件。

（3）将文件拖入批处理程序中进行图像处理。

（4）点击 View 选取 Volume Viewer 进行图像旋转处理。①将重构图拖入其中；②设定重叠参数；③设定旋转角度；④处理图像（Do It）（需准备荧光样品，现成的图片文件）。

5. 图像保存　处理后的图像用图片模式或动画模式保存。

（三）注意事项

（1）开机时先开硬件后开软件。

（2）关机时先关软件后关硬件。

（3）放置样品时要轻拿轻放，严禁向载物台施压。

（4）操作环境要保持 19～22℃，以保证激光器工作正常。

拓展阅读　超高分辨显微技术的发展过程

20 世纪 90 年代，罗马尼亚物理学家斯蒂芬·黑尔（Stefan W. Hell）推翻了“阿贝衍射极限”这一观点。他是首位不仅从理论上论证了，而且用实验证明了使用光学显微镜能达到纳米级分辨率的科学家。他的研究起始于 20 世纪 80 年代中期，先后于 1994 年和 2000 年分别在 *Optics Letters* 和 *PNAS* 上发表了他关于 STED 的理论文章。STED 技术同时使用两束激光，其中一束激发荧光分子发光，另外一束将除了一个纳米尺寸之外的荧光全部猝灭掉。（意思是：如果使用一种合适的激光，仅激发一个点的荧光基团使其发光，然后再用一个面包圈样的光源抑制那个点周围的荧光强度，这样就只有一个点发光并被观察到了。）这样，通过逐个纳米地扫描样品，我们可以获得分辨率高于“阿贝衍射极限”的图像。

随后，多个研究小组开展了相关研究。2006 年，美国的 Eric Betzig、Harald Hess、Lippincott-Schwartz 小组、Samuel Hess 小组及庄晓威（音译）小组几乎同时报道了他们提高显微镜分辨率的科研成果。其中，哈佛大学霍华德休斯医学研究所（Howard Hughes Medical Investigator at Harvard University）的研究员庄晓威等的科研成果在 *Nature Methods* 杂志上发表，他们将这项成果命名为 STORM，使用 STORM 能够以 20nm 的分辨率看到 DNA 分子和 DNA-蛋白质复合体分子。美国马里兰州贝塞斯达美国国立卫生研究院（NIH）的 Jennifer Lippincott-Schwartz 等在 *Science* 杂志上发表了他们的 PALM 研究成果，使用 PALM 可以清楚地看到细胞黏着斑和特定细胞器内的蛋白质。美国缅因州立大学（University of Maine）物理系助理教授 Samuel Hess 等在 *Biophysical Journal* 上发表了其研究小组的荧光光敏定位显微镜（fluorescence photoactivation localization microscopy，FPALM）技术，2007 年，Hess 小组证明了 FPALM 可以分辨细胞膜脂筏上的蛋白质簇。

另一项工作来自埃里克·白兹格（Eric Betzig）和威廉·莫尔纳（William E. Moerner），他们各自独立地建立了单分子显微镜技术。GSDIM 和超高分辨显微镜 Leica SR GSD 3D 正是基于这项技术。2006 年，埃里克·白兹格首次使用了这种方法。

为了表彰他们为发展超高分辨率荧光显微镜所做的贡献，2014 年的诺贝尔化学奖授予了埃里克·白兹格（Eric Betzig）、斯蒂芬·黑尔（Stefan W. Hell）和威廉·莫尔纳（William

E. Moerner)。

STORM、PALM 等技术的问世，使得超高分辨显微镜的诞生成为可能。早在 2004 年，徕卡显微系统（Leica Microsystems）就与 Stefan Hell 合作推出了第一台商业化超高分辨率显微镜 Leica TCS 4Pi，开启了超高分辨产品商业化的先河。目前，已有多家国际公司生产超高分辨率显微镜。

美国 GE 公司的 DeltaVision OMX 超高分辨率显微镜系统基于 3D-SIM 的技术原理。它代表了光学显微镜技术的高级多模块超高分辨率系统。

七、高内涵细胞成像和分析系统

高内涵细胞定量成像分析系统，也被称为高内涵筛选（high content screening，HCS），是通过自动化细胞成像，综合生物信息学，对群体细胞表型进行定量分析，将细胞图像转化为数值数据。该系统高度整合全自动高速成像、自动活细胞监测系统及全自动图像分析和数据管理系统，能在短时间内生成大量的图像。高内涵意味着丰富的信息，包括：①单个细胞图像和各项指标；②细胞群体的统计分析结果；③细胞数量和形态的改变；④亚细胞结构的变化；⑤荧光信号随时间的变化；⑥荧光信号空间分布的改变等。另外，活细胞工作模块可以对细胞进行长期动态监测。

市场上有多家公司提供该类产品，包括 GE Healthcare（通用医疗）、Thermo Fisher（赛默飞世尔）、PerkinElmer（珀金埃尔默）、TTP Labtech 等。这些仪器可以分为三大类：宽场荧光显微镜型高内涵（PerkinElmer Operetta）、共聚焦荧光显微镜型高内涵（PerkinElmer Opera、GE Healthcare 的 IN Cell 6000、Thermo Fisher 的 ArrayScan Infinity）和激光扫描型高内涵（TTP Labtech 的 Acumen eX3 和 Acumen hci）。几种类型的超高分辨显微镜各有特点：①宽场型高内涵光源发射全波段光线，因光速能量较低、光束较宽，不能用于人工荧光猝灭类的实验，优点是成本较低。②共聚焦型高内涵采用针孔成像，能够屏蔽掉焦平面外的散射光从而得到清晰的图像。③激光扫描型高内涵以激光作为光源、针孔成像并通过计算机程序控制自动改变观察的焦平面，进行“光学切片”和图像叠加，重构出样品的三维结构。由于可将激发光的照明点限制在很小的区域，可用于漂白实验；但因为采用激光光源，所以波长受限、光速转换慢、图像获取速度也变慢，并且系统组成复杂，设备成本和使用成本高。

（一）组成及工作原理

以 PerkinElmer Operetta 高内涵细胞分析系统（图 3-6）为例，该系统紧凑且经济实惠，可作为高内涵筛选应用的入门仪器。它使用氙灯光源，有一个照相机和滤光片转轮，可选择激发波长，支持各种荧光染料。

该系统包括三大部分：光源、显微观察成像系统、图像分析系统。

（1）光源包括常规明场光源（整合主机内）为明视场观察提供照明，以及高能氙灯（外置光纤连接）为荧光成像提供稳定、高功率的激发光源。

（2）显微观察成像系统主要为高度整合的倒置显微成像装置。主要组成包括：自动型条形码识别滤光片系统、高规格成像物镜、明场照明系统、大动态范围的成像 CCD（整合）及精准控制的细胞培养室。各部件高度整合，均可以通过软件进行自动化管理和使用。系统提供普通明场、DPC 明场、宽场荧光成像和共聚焦四种成像方式。

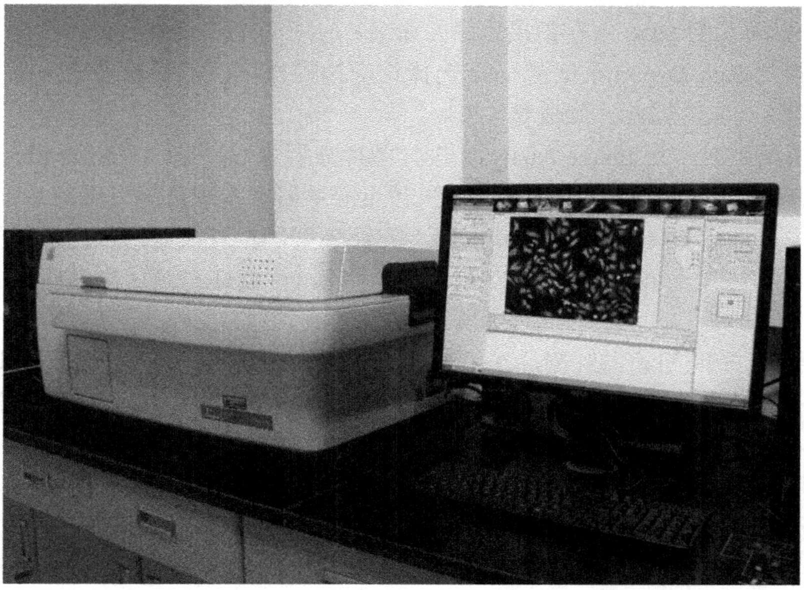

图 3-6　PerkinElmer Operetta 高内涵细胞成像和分析系统外观

（3）图像分析系统内装 Columbus 分析软件，可在电脑上直接登录，对数据进行全自动图片处理分析并导出数据。

（二）PerkinElmer Operetta 高内涵细胞成像和分析系统使用操作

操作方法见文前二维码“视频 5 高内涵细胞成像和分析系统”。

操作流程：打开仪器电脑和显示器→登录 Operetta→打开 Operetta 主机电源→登录账号进入 Harmony 软件→开启氙灯光源（若只用明场可不开）→设置各相关参数→保存拍摄程序并命名→成像拍摄→图片分析→关机。

（1）打开仪器电脑主机和显示器电源。

（2）登录 Operetta 用户。

（3）打开 Operetta 主机电源，仪器指示灯闪烁显示自检，直至停止闪烁。

（4）打开 Harmony 软件，用账号登录进入，即在右上角显示 Operetta Connected。

（5）开启氙灯光源，预热约 30min。

（6）点击 Set Up 菜单左侧（拍摄参数设置菜单），依次按要求设置成像板类型、物镜类型、荧光光源和透射光源功率、成像方式及荧光通道参数。以观察 DRAQ5^{TM} 和 CellMask^{TM} Blue 双染的 HeLa 细胞为例，设置成像板类型为 384 PE Cell Carirrer Plate，物镜类型为 40×WD（物镜设置后仪器灯闪烁自检，按提示框调整镜头校正环的大小，打开样品仓用牙科镜观察校正），荧光光源功率为 50%，透射光源功率为 0（不进行明场成像），成像方式一般为非共聚焦（也可选择转盘式共聚焦成像模式），荧光通道参数为仪器预设的 CellMask^{TM} Blue 和 DRAQ5^{TM} 的双通道。

（7）在界面右侧设置所需要的拍摄样品孔位置，以及各孔中的视野位置和数量。

（8）点击软件界面右上 Open 打开仪器，按正确方式放进拍摄孔板，合上仪器，待仪器稳定后，选定一个视野对拍摄各通道的曝光时间和焦面高度进行调整，以找到最合适的拍摄参数（多个通道可以单独设置各自的拍摄参数）。

（9）点击界面左侧 Save 保存拍摄程序并命名。

（10）切换至 Run Experiment 界面，选择相应拍摄程序，然后按要求设置 Standby 选项及拍摄样品名称，点击 Start 开始成像实验。

（11）拍摄结束后，在 Image Analysis 进行图片分析参数设定，点击 Evaluation 界面的批量分析，或通过 Setting→Date Management 上传至服务器或本地电脑以进行后续处理分析。

（12）点击右上角 Open，仪器灯显示向上的箭头后，打开仪器，取出样品板，依次关闭软件、Operetta 主机电源和主机电脑，等待约半小时，待氙灯光源后出风口出凉风后关闭氙灯光源。

如果需要进行长时间动态监测，在第 6 步设置参数时还需设置时间系列，以及在界面右上角 Setting→TCO 设置 CO_2 浓度和温度，并打开 CO_2 高压气体钢瓶阀门；在第 12 步取出样品后再进行 Setting→TCO 关闭 CO_2 浓度和温度，关闭 CO_2 高压气体钢瓶阀门。

若需要对厚样本进行多扫描成像分析，则需要在第 6 步设置参数时设置 Stacks 参数。

若有分析程序，也可在第（8）步设定拍摄程序时选择添加。

（三）注意事项

（1）正确关联仪器的各部分。

（2）开、关机顺序要正确。

（3）减少高能氙灯的启动次数，并且在开启氙灯后不可立即关闭，须待光源彻底冷却之后才可关闭。

（4）严禁在仪器指示灯闪烁时打开仪器，严禁在仪器指示灯为红色时进行操作。

（5）按规定使用 CO_2 高压气体钢瓶。

第二节　细胞分选设备

细胞分选（cell sorting）技术是通过一定方法和仪器从混合细胞样品中筛选出特定种类细胞的技术。常用设备有流式细胞仪和细胞磁分选仪。

一、流式细胞仪

流式细胞仪（flow cytometer）是对细胞进行自动分析和分选的装置，它可以快速测量显示悬浮状态的分散细胞的一系列生物物理、生物化学的特征参量，并可以把其中特定的细胞亚群从中分选出来。广泛应用于血液学、免疫学、肿瘤学、药物学、分子生物学等学科。

其中，细胞分选原理是：利用超高频电晶体使细胞流断裂为均匀的小液滴，其中含有荧光标记拟分选细胞的小液滴被检测并充电后，可经高压偏转板的作用落入特定位置的收集器中；而未标记细胞和空白液滴则不被充电，则落入中间废液容器。

目前，流式细胞仪的生产公司主要有 3 家：美国的 Beckman Coulter 公司、Becton-Dickinson 公司（简称 BD 公司），以及德国默克公司的默克密理博。

前两家主要生产传统流式细胞仪（图 3-7），默克密理博可生产新一代 guava 微毛细管流式细胞仪。

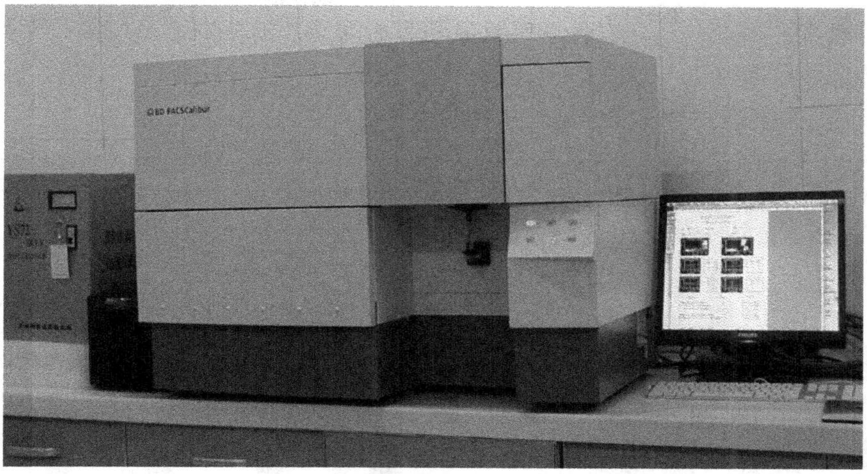

图 3-7　BD FACSCalibur 流式细胞仪外观

（一）流式细胞仪组成及工作原理

流式细胞仪可同时进行多参数测量，信息主要来自非荧光散射信号和特异性荧光信号。散射信号的强度主要取决于细胞的大小、形态和细胞的内部结构。根据接收信号探测器的不同角度，分为前向散射光和侧向散射光，其中前向散射光的强度与细胞大小相关，侧向散射光与细胞的形态和内部精细结构复杂程度相关。特异性荧光信号来自与细胞组分结合的特异性荧光抗体或荧光探针。在细胞生物化学等测量中，根据这两种信号强度的测定，对细胞群进行定量或定性分析。具体组成及作用如下所示。

（1）液流系统。液流系统包括流动室及液流驱动系统。流动室是流式细胞仪的核心部件，由石英玻璃制成。单细胞悬液在流动室里被鞘流液包绕下，成单行排列依次通过流动室内一定孔径的孔，此处为检测区，细胞在此与激光垂直相交。

（2）光学系统。光学系统包括激光光源、若干组透镜、滤光片等。流式细胞仪通常以激光作为发光源。常用的激光管是氩离子气体激光管，它的发射光波长 488nm；还可配备氦氖离子气体激光管（波长 633nm）和（或）紫外激光管。

在激光光源和流动室之间，有两个圆柱形透镜，将激光光源发出的横截面为圆形的激光光束聚焦成横截面较小的椭圆形激光光束（22μm×66μm），使通过激光检测区的细胞受照强度一致，最大限度地减少杂散光的干扰。在流动室后，有多组滤光片，可通过变化组合，将不同波长的荧光信号送到不同的光电倍增管（PMT）。如接收绿色荧光（FITC）的 PMT 前面配置的滤光片是 LP550 和 BP525，接收橙红色荧光（PE）的 PMT 前面配置的滤光片是 LP600 和 BP575，接收红色荧光（CY5）的 PMT 前面配置的滤光片是 LP650 和 BP675。

来自光源的激光，经过聚焦整形后，垂直照射在荧光染色的成单行排列依次通过激光检测区的细胞时，产生散射光和激发荧光（透射光）。

（3）信号检测与转换系统。该系统为电子系统，包括光电管和检测系统，完成信号处理。组成仪器包括 PMT、光电二极管、放大器、A/D 转换器等。荧光信号由光电接收器接收后转变为电信号，电脉冲信号经 A/D 转换器转换成数字信号。

激光光源照射细胞产生前向角散射光（forward scatter，FSC）和侧向角散射光（side scatter，SSC）（图 3-8）。前向角散射光被前向光电二极管接收，基本上反映了细胞体积的大小；侧向角散射光经过一系列双色性反射镜和带通滤光片的分离，形成多个不同波长的信号，由与激光束垂直的 90°方向的光电倍增管接收后将其转变为电信号。电脉冲信号经 A/D 转换成数字信号再传送到与流式细胞仪相连的计算机。

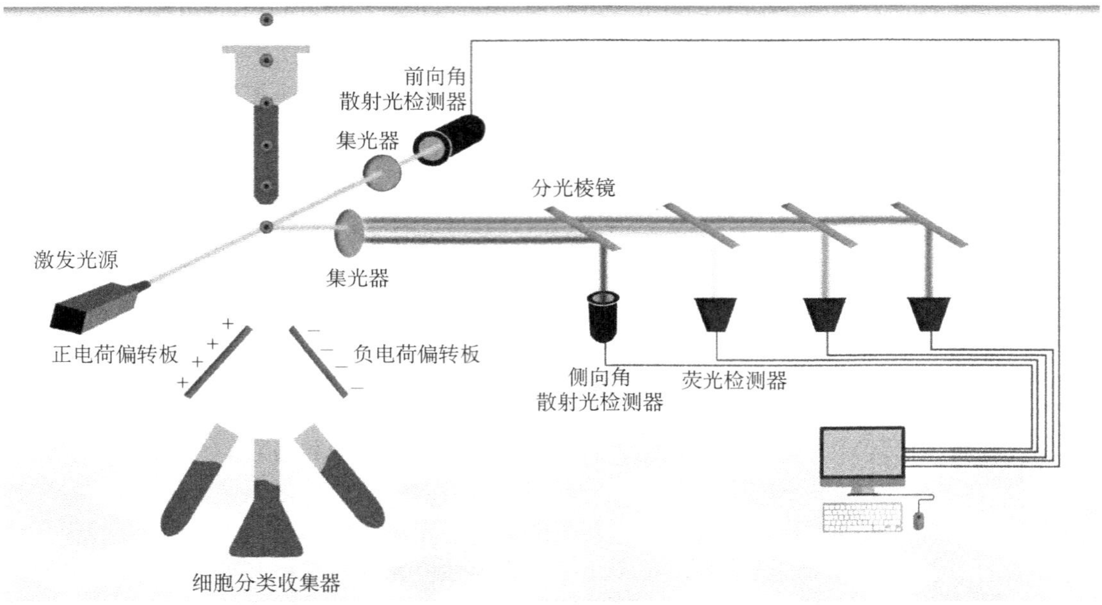

图 3-8　流式细胞仪光路及细胞分选原理

注：该图片由制作本教材视频的南京天马行空多媒体科技有限公司制作

（4）信号存储、显示、分析系统。该系统由与主机连接的计算机完成。

（5）细胞分选系统。细胞的流式细胞仪分选是指在流式细胞仪中将标记荧光的细胞和未标记荧光的细胞分开的技术。

（二）Accuri C6 流式细胞仪操作过程

操作方法见文前二维码“视频 6 BD Accuri C6 流式细胞仪的使用”。

1. 开机流程

（1）开启电脑，打开操作软件。

（2）放置一管双蒸水在上样针处，并检查所有液流瓶中的液面高度，确认可以维持仪器正常运行。

（3）按下电源键开启机器，仪器自动执行启动流程，时间大约 5min。

（4）启动流程完成后，仪器状态显示“Cytometer Connected and Ready”即仪器连接成功并已准备可用。

（5）检测样品前运行双蒸水 15min，润洗仪器管路。

2. 采集样品

（1）依次放置对照样品和实验样品于上样针处。

（2）设置采样条件。采样数目常规为 10 000 个细胞，上样速度常规为中速（Medium）；分别选择样品位置，命名样品名称；建立横纵坐标分别为前向散射光（FSC）和侧向散射光（SSC）散点图。

（3）点击 Run 按钮，开始采样，采样结束后数据会自动保存。

3. 数据分析

（1）采集结束后，有三种分析方式进行分析，包括直方图、散点图和密度图。常规使用散点图进行分析，建立横纵坐标分别为两种荧光强度的散点图。

（2）设门。在 FSC 和 SSC 散点图（图 3-9）中，根据颗粒的大小，利用多边形圈中图中的细胞，排除在外的小颗粒多为细胞的碎片等。

（3）建立图 3-9 中“圈内”细胞的 FL1-AnnexinV-FITC 和 FL3-PI 的散点图（图 3-10），根据荧光信号强度设立十字门，PI 和 FITC 荧光信号双阴性细胞群位于十字门的左下象限，代表了未被染色的正常细胞；荧光信号双阳性细胞群位于十字门的右上象限，代表了凋亡晚期细胞；PI 单阳性细胞位于左上象限，代表了坏死细胞；FITC 单阳性细胞位于右下象限，代表了早期凋亡细胞。

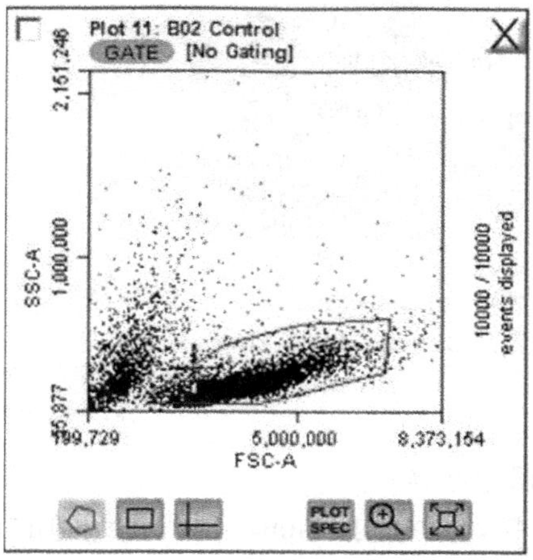

图 3-9　流式细胞散点图

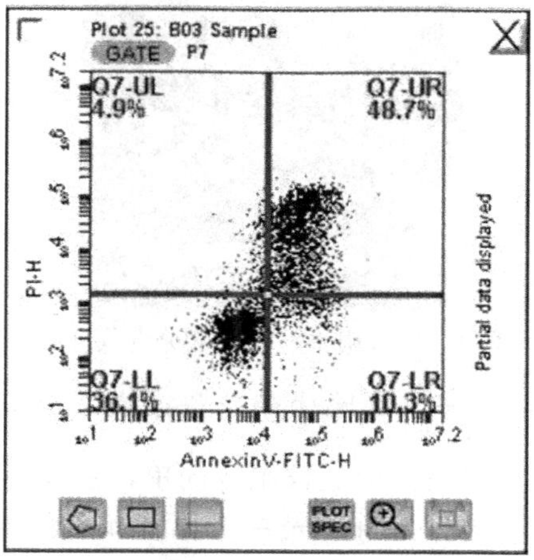

图 3-10　凋亡细胞流式分析图

4. 实验结果保存　点击 File 工具栏，选择“Export File”工具输出原始实验结果；同时也可以直接拖动画好的散点图至桌面保存分析后实验结果。

5. 关机流程

（1）仪器清洗。取下样品管，依次放置一管双蒸水，高速运行 2min；更换为一管有效氯浓度 0.5%～1%的次氯酸钠溶液，高速运行 5min；再更换为一管双蒸水，高速运行 5min。

（2）退出软件，关闭电脑；按下电源键，仪器会自动执行关机清洗流程，时间约为 13min，完成后仪器会自动关机。

（三）注意事项

（1）注意开机顺序，正确关联机器和电脑。

（2）当 C6 启动时，不要打开仪器的盖子，因为打开盖子会干扰激光预热的过程，并延长启动时间。

（3）上样前确认样本已过滤去除细胞团块，防止管路堵塞；上样时需混匀样本。

二、细胞磁分选仪

细胞磁分选仪是一种借助磁场分离磁珠标记细胞与非磁珠标记细胞的仪器。分选原理是：磁珠标记细胞和非标记细胞经过磁场中的分离柱时，标记细胞被滞留在磁场中，而非标记细胞流出分离柱从而达到磁珠标记细胞和非标记细胞的分离。

应用最广的细胞磁分选仪为德国美天旎生物技术公司（Miltenyi Biotec）的系列产品，包括手动和自动两大类。前者组成简单（图 3-11），所有操作均为手动，如美天旎的 MiniMACS 和 MidiMACS，分别用于小量和大量细胞样本分选。后者如 autoMACS Pro（图 3-12），是一个由计算机控制的全自动细胞磁分选设备，分选速度高，每秒可达 10^7 个细胞；细胞回收率高（90%）；所分选细胞纯度高（95%）；所分选生物细胞力强，可直接用于后续各种实验；并能顺序处理 6 个标本。

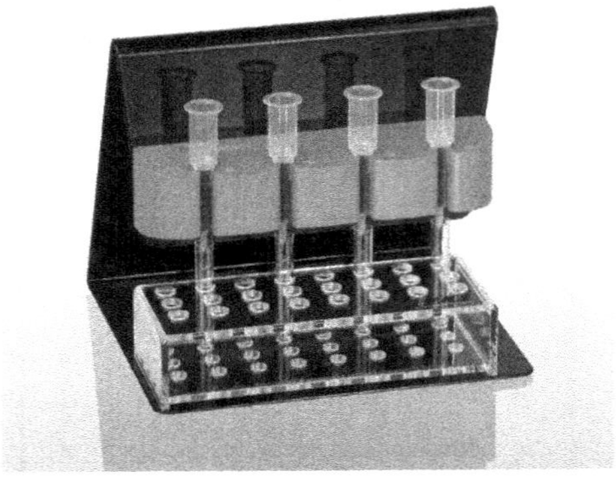

图 3-11　美天旎手动细胞磁分选仪（MACS）

图 3-12　autoMACS Pro 磁分选仪外观

（一）细胞磁分选仪组成及磁分选原理

手动磁分选仪组成简单，主要包括：磁珠、分选柱和分选器。

（1）磁珠。是由多聚糖和氧化铁组成的超顺磁化微粒，直径约 50nm，体积是细胞的百万分之一，标记后不损伤细胞，可被细胞生物降解。

（2）分选柱。是一类填充有不同规格磁珠的柱形塑料容器，在磁场外 MACS 分选柱没有磁性，当置于永磁铁的磁场中，磁性标记细胞从分选柱通过时受到磁力作用，在磁场中悬浮，不凝聚不沉淀，而未标记的细胞在重力作用下流出。柱式设计类似层析式，逐级分离有效提高纯度和回收率。

（3）分选器。由可 270°紧贴包围分选柱的永磁铁与吸附永磁铁的特制铁架组成。

全自动分选仪组成相对复杂，不作详细介绍。

磁分选原理：因磁珠在磁场中的磁力作用，磁珠标记细胞和非标记细胞经过磁场中的分离柱时，标记细胞被滞留在磁场中，而非标记细胞流出分离柱从而达到磁珠标记细胞和非标记细胞的分离。

（二）手动磁分选操作

操作方法见文前二维码“视频 7 细胞磁分选原理及应用”。

1. 准备分选样品　将分选试剂从冰箱冷藏室（2～8℃）取出，平衡到室温（15～25℃）。振荡混匀磁珠，按产品说明书要求的剂量加入细胞；用旋转混合器孵育磁珠，在室温下保持超过 10min。

2. 准备分选装置　先将分选柱放到磁力架上，再将有废液收集管、阴性对照细胞收集管、磁珠标记细胞收集管的试管架放在磁力架上的分选柱下面。

3. 细胞分选

（1）移动试管架，使废液收集管在分离柱正下面；向分离柱中加入一定量的平衡缓冲液（一般为 PBS），让液体分散布满分离柱装柱物后流出，收集至废液管中。

（2）移动试管架，使阴性对照细胞收集管在分离柱正下面；至装柱物上面的缓冲液即将完全进入装柱物时，向分离柱中轻轻加入标记了磁珠的样品混合液，让液体流入阴性对照细胞收集管。

（3）加入缓冲液洗涤分离柱两次，去除未标记磁珠的细胞。

（4）从磁场中取下分选柱，置磁珠标记细胞收集管上；向其中加入缓冲液，装上活塞并快速推动，靠冲力将分选柱上吸附的细胞样品冲洗下来。

4. 细胞纯度鉴定 可利用流式细胞仪鉴定细胞分选的纯度。

（三）注意事项

（1）待分选细胞中如有贴壁细胞，建议在分选前先贴壁培养去除，或者提高 EDTA 浓度。

（2）抗体包被磁珠对死细胞常有非特异性结合。因而分选前去除死细胞。

（3）分选细胞量、孵育时间和温度等应遵照说明书。

（4）加缓冲液及细胞样品时避免产生气泡。应用真空抽滤水可减少水中气泡。

（5）上分离柱前，充分振荡，混悬细胞，打散细胞团块。

（6）细胞悬液加入分离柱中时，应将滴管伸至底壁后加入，避免将细胞悬液沿管壁流入而使管壁残留未分选细胞，以致后继洗柱过程中，因疏忽未被洗下，最后导致纯度不高。

（7）保持细胞湿润。

第三节 细胞制片设备

制备良好的细胞标本是研究细胞形态、结构与化学组成的基础。细胞制片方法分两大类：非切片法和切片法。切片法都需要用到切片设备，冰冻切片、石蜡切片、电镜超薄切片分别用到冰冻切片机、石蜡切片机、电镜超薄切片机；非切片法中的涂片法也可用设备制备，所用设备如离心涂片机。

其中，冰冻切片机是对组织进行快速冷冻和切片的仪器，因从冷冻到切片结束用时较短，可用于学生实验，下面详细介绍。

石蜡切片机是用于制备石蜡包埋组织切片标本的仪器，超薄切片机是制备透射电子显微镜观察用厚度 50nm 以下超薄切片的必备精密仪器。两种仪器切片前的材料处理过程都非常烦琐费时（见第一章第一节“细胞制片方法”），一般不用于学生实验，在此不作详细介绍。

一、细胞冷冻切片机

冷冻切片机是用于制备冰冻组织细胞标本的仪器，先物理降温使柔软的组织材料硬化，再利用切片机锋利的切面，将材料按照一定的厚度切成适合于显微观察的标本。其广泛用于制备人与动物柔软组织的切片标本，制作省时、抗原保存效果好。

品牌产品有德国徕卡（Leica）、德国美康（Microm）、德国赛利（Slee）等，其中以徕卡的应用最多，其中一款见图 3-13。

图 3-13 Leica CM1950 冷冻切片机外观

（一）组成及工作原理

冷冻切片机主要由以下几部分组成：①操作室；②冷冻台；③标本台（组织包埋座）和标本头；④防卷板；⑤厚度调节旋钮；⑥切片刀架；⑦切片刀；⑧操作室和冷冻头温度调节；⑨手转轮；⑩标本头冷冻回缩键。

冷冻切片机的工作原理很简单，就是利用物理降温法使柔软的组织材料硬化，然后利用切片机锋利的切面，将材料按照一定的厚度切成适合显微观察的薄片。

（二）使用操作

操作方法见文前二维码“视频 8 冷冻切片机原理及应用”。

操作流程：开机并设定冷冻温度→切片刀安装及调节→准备组织包埋座→材料包埋及冷冻→安装标本头→设定切片厚度→切片及观察。

1. 开机并设定冷冻温度 开机后根据需要切片的材料特点，利用“+”键和“−”键分别设定箱体和标本头的温度。工作室一般−18℃，标本头温度一般低于操作室温度 1～2℃。本次将操作室温度调到−20℃，标本头温度调至−22℃。

2. 切片刀安装及调节 将刀片固定锁钮向上扳动，取下旧刀片，从刀片盒中取出一枚新刀片，将新刀片安装在刀座上，再将刀片固定锁钮向下扳动，锁紧刀片。

3. 准备组织包埋座 将干净的组织包埋座插入座槽内，在其上均匀滴加适量的水或组织包埋剂，使冰冻后形成小平台。

4. 材料包埋及冷冻 获取新鲜组织切成 0.5cm^3 大小的组织块备用。将样品材料平铺在组织包埋座的平台中央，然后尽快在样品上滴加 OCT 包埋剂，使包埋剂均匀地包埋住样品；继续在冷冻台上冷冻约 30min。尽量避免产生气泡。

5. 安装标本头　将包埋有样品的组织包埋座安装到标本头上，旋紧组织包埋座锁钮。

6. 设定切片厚度　用厚度调节旋钮设定切片厚度，一般先设定较厚的厚度，等切到组织后再调为适宜的厚度（手转轮微调）。本次先设定 40μm，实际切时用 6μm。

7. 切片及观察

（1）用标本头前进、回缩键调节标本和刀片距离到合适距离。

（2）转动右手侧手转轮修整标本至待切平面，用刷子将切下碎片清扫干净。

（3）放下防卷板。

（4）均匀旋转手转轮，每转动一周，切下一片，用手转轮固定锁将手转轮卡住。

（5）用防脱载玻片正面向下扣向切下的样品薄片，并粘起一片样品薄片。

（6）显微观察。用显微镜观察切片效果，主要观察厚度及完整性。观察可先进行简单染色使观察效果更好，如用乙酸洋红对切好的脾脏进行染色。

（三）注意事项

（1）放置防卷板时要小心轻放，用毛笔随时保持防卷板清洁。

（2）切片时要均匀旋转手转轮，不可倒转，否则厚度不均；不用时将手转轮卡住，防止意外。

（3）切片完毕要将废物槽和标本台拿出工作室，自来水冲洗、晾干后再放入操作箱。

（4）切片结束后要将机器调回待机状态，即工作室温度调节至−10～−5℃，然后按压面板锁键约 5s，锁住控制面板。

二、细胞离心涂片机

细胞离心涂片机是一种借助离心力制备细胞涂片的设备。可用于制备任何细胞悬液的涂片标本，具有操作简单、制片均匀、能够客观反映样品细胞组成等优点。

常用的如赛默飞世尔的 Shandon Cytospin 4 细胞离心涂片机。方法原理是：离心力作用下，安装于样品室细胞漏斗中的细胞可通过紧贴载玻片的漏斗口沉淀在载玻片上，残留液体则被样品室的过滤卡吸收。

（一）主要组成

低速离心机、涂片离心转子、样品室（带有过滤卡）、细胞漏斗、载玻片。

（二）使用方法

以赛默飞世尔 Shandon Cytospin 4 细胞离心涂片机为例。

（1）准备细胞样品。先用生理盐水洗涤细胞，1000r/min 离心 10min，弃上清液。

（2）加细胞保存液。向细胞沉淀物中加入适量 Cytospin 通用细胞保存液，涡旋混匀至少 10s 或用一次性吸管吹打混匀，计数后调浓度至 1×10^6 个/mL。

（3）取出细胞漏斗和载玻片，向漏斗中加 1mL 细胞悬液，盖严离心漏斗，将漏斗及玻片插入塑料夹。

（4）设置离心参数并启动离心。离心速度设定为 1250r/min，离心时间设定为 5min。

（5）取出玻片进行后续固定与染色。

（三）注意事项

注意平衡离心头并将重量相同的离心头放在对称位置。

第四节　细胞破碎设备

许多生化物质存在于细胞内部，必须借助于外力破坏细胞膜和细胞壁，使细胞内容物释放出来然后进行提取。细胞破碎方法可分为机械法和非机械法两大类。机械破碎需借助于细胞破碎设备，如组织样品匀浆仪、超声波细胞破碎仪等。

一、组织样品匀浆仪

组织样品匀浆仪可以对样品组织进行均质化，破碎或裂解，以珠子研磨方式较为常见，研磨珠在高速旋转下对样品进行研磨。组织样品匀浆仪能够有效地破碎样品中的细胞和组织，释放出其中的核酸、蛋白质等生物分子。

品牌产品有中国上海净信（Jingxin）、美国 Next Advance、德国莱驰（Retsch）等。

（一）主要组成

研磨仪主要由以下几部分组成：①触控显示屏；②舱；③研磨杆连带研磨轴承；④驱动电机；⑤制冷压缩机组。

（二）使用方法

（1）仪器插上电源，打开仪器开关、制冷开关，设定温度预冷（常用−20℃）。

（2）取用适量样本置于研磨管底部，放入研磨珠，盖好管盖，插入碎冰中。

（3）待研磨舱内温度降至设定温度后，打开自动舱门，将研磨管迅速移入相应适配器中，用螺母固定旋紧在研磨杆上，关闭舱门。

（4）设定好研磨单次时间、频率、间隔时间、研磨次数等参数，启动研磨程序。

（5）待研磨结束停止后，关闭操作屏制冷开关，取出适配器，将研磨管打开，加入提取试剂，涡旋振荡、离心后，用移液器吸取上清液，待下一步实验。

（6）用清洁干布或者实验用纸蘸取适量 75%乙醇，及时擦拭研磨舱壁冰晶，静置半小时后，关闭舱门，依次关闭制冷开关、仪器开关、电源。

（三）注意事项

（1）研磨仪应放置在干燥、清洁、平整、稳固的实验台上，避免强磁场和强光直射，出风口离障碍物保持 20cm 以上的距离。

（2）为提升效果，样品研磨前须预破碎到适配研磨管口径、并选用合适材质、尺寸、数量的研磨珠。

（3）对于质地坚硬、韧性强、湿黏的样本，如骨头、植物块状根茎、皮肤等，先液氮预冻至发脆状态。

（4）研磨前应配平研磨管，卡住研磨杆底部凹槽，拧紧固定螺母。

（5）为延长使用寿命，建议按照如下顺序开关机。仪器通电，打开仪器开关，打开制冷开关，打开操作屏制冷开关，关闭操作屏制冷开关，关闭制冷开关，关闭仪器开关，仪器断电。

二、超声波细胞破碎仪

超声波细胞破碎仪是一种利用超声波在液体中产生空化效应的多功能、多用途的仪器。它能用于各种动植物细胞、病毒细胞、细菌及组织的破碎，也可用于各类无机物质的破碎重组，同时可用来乳化、分离、匀化、提取、消泡清洗及加速化学反应等。该仪器已被广泛用于生物化学、微生物学、药理学、物理学、动物学、农学、医学、制药等领域的教学、科研与生产。国产品牌中用得较多的为宁波新芝，进口品牌中美国的 SONICS 推荐较多。

（一）工作原理

超声波细胞破碎仪的电源变换器把 50～60Hz 的市电电压变换成高频电能。把这种高频电能输送到变换器内的压电换能器，在压电换能器中转换成机械振动。探头加强变换器发出的机械振动，在液体中产生压力波。这个作用形成成千上万的微泡（空穴），这些微泡在负压程时膨胀，而在正压程时爆聚。这种现象称为空化作用，它在爆聚点释放大量的能量，并且在探头端上产生强大的剪切作用，而起到破碎细胞等物质的作用。

（二）使用方法

（1）打开电源开关，指示灯亮。

（2）设定超声频率、间隔时间、超声时间、全程时间、保护温度等参数。

（3）开始超声粉碎，全程时间到后，显示窗闪烁跳动并自动报警停止工作。

（4）如需重复上述过程，先按超声波细胞粉碎仪的清零再按启动键。如工作中需要暂停，再次按启动/暂停键。

（三）注意事项

（1）注意安全保护。电源部分存在高电压，除非合格技术人员不得打开机壳；确保超声波细胞破碎仪用三芯插头正确地接地；插电源线之前，请检测电源插座地线是否接地良好；电源部分未连接变频器时不得接通电源开关；没有装好端头前不得开动可更换端头的探头；不得触摸振动的探头；操作超声波细胞破碎仪时建议使用耳朵防护罩。

（2）切忌空载。一定要将超声变幅杆（超声探头）插入样品后才能开机。

（3）超声探头入水深度 1.5cm 左右，液面高度最好有 30mm 以上；探头要居中，不要贴壁。超声波为垂直纵波，插太深不容易形成对流，影响破碎效率。

（4）超声参数设置。①时间应以超声时间短、超声次数多为原则。这样做可以延长超声机及探头的寿命。每次超声最好不要超过 5s，间隔时间应大于或等于超声时间。②功率不宜太大，以免样品飞溅或起泡沫。

（5）超声时间不可太长，功率不可太高，否则对蛋白活性会有影响。如果超声时出现黑色沉淀，说明超声功率太强。

（6）容器选择。一般选择与样品量对应体积的烧杯，如有 20mL 样品就选择 20mL 烧杯，这样有利于样品在超声中对流，提高破碎效率。若样品放在 EP 管里，一定要将 EP 管固定好。以免冰浴融化后液面下降导致空载。

（7）用完后要用乙醇擦洗探头或用清水进行超声。

第五节 细胞活力检测设备

细胞活力指的是细胞的能量水平和代谢活动的整体程度，包括细胞的生长、分裂、分化、运动、代谢等生物学过程。细胞活力通常受到许多内外部环境因素的影响，如能量供给、温度、养分、氧气等。细胞活力高的细胞，通常具有更强的生存能力、适应能力和再生能力，而低的细胞，在一定程度上代表着细胞的功能失调或受到部分损伤。因此，细胞活力的评估和调节，对于维持细胞的健康和功能具有重要意义。在医学、生命科学、营养学等领域都有与细胞活力相关的研究。

细胞活力检测包括以下几种方法。

（1）代谢活性检测法。测定细胞内代谢产物的含量或分泌物的释放量，如 MTT 法、SRB 法、LDH 脱氢酶活性测定法等。

（2）流式细胞术。利用染色或荧光标记的抗体与特定的细胞表面分子结合，通过流式细胞术检测细胞状态。

（3）荧光显微镜。利用荧光探针或染色剂染色，通过显微镜观察细胞内部结构、代谢活性等。

（4）内源性酶活性测定法。测定细胞内特定酶的活性，如蛋白酶、酸性磷酸酶等。

（5）表型分析。通过观察细胞外形、大小、颜色等特征，评估细胞的生长状态。

（6）细胞周期分析。通过检测细胞的 DNA 含量，确定细胞的周期阶段。

（7）活细胞成像技术。如实时荧光成像技术，能够非侵入性地记录细胞活力变化的动态过程。

（8）噻唑盐比色法。这是一类通过检测细胞代谢活性间接反映细胞增殖的方法。

总之，细胞活力检测方法有多种，可以根据具体需要选择合适的方法。

一、酶标仪

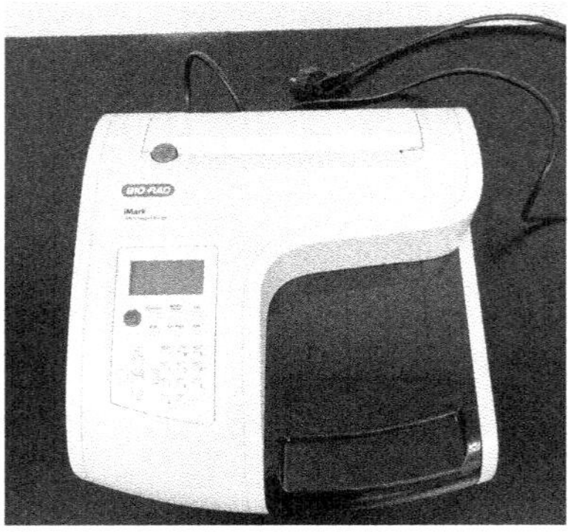

图 3-14 Bio-Rad iMark 型酶标仪外观

酶标仪是一种与光电比色计原理相似、用于检测 96 孔反应板板孔中液体样品光密度的仪器。其可用于酶联免疫吸附试验（ELISA）及其他需要在 96 孔反应板上反应并显示出色度变化的检测。目前用得比较多的仪器品牌为 Bio-Rad 公司的酶标仪，如 iMark 型酶标仪（图 3-14）。

（一）酶标仪结构组成与工作原理

酶标仪主要组成有：读数室、设置键盘、操作界面、内置打印机和滤片室。

酶标仪基本工作原理与光电比色计类似。光源灯发出的光线经过滤光片或单色器后，成为一束单色光束；光线经过微孔板中的待测标本，被吸收掉一部分后，到达光电检测器；光电检测器检测光信号。电信号经放大、模数转换等处理后，送入微处理器进行数据处理和计算。

Bio-Rad 公司的 iMark 型酶标仪是 8 通道垂直路径光度仪，它可施行单个或双波长测量并以三个小数位值报告。iMark 型酶标仪可以通过膜键盘来编辑程序，设置读板及分析条件，选择打印报告类型，并可以通过内置的热敏打印机打印结果。

（二）使用操作

操作方法见文前二维码“视频 9 Bio-Rad iMark 型酶标仪的使用”。

（1）打开仪器电源，让它进行 30s 自检。在读数前，仪器需预热 3min。

（2）加电时，登录屏显示。输入登录密码（初始密码：000000），按 Enter 键。

（3）在操作界面设置检测程序，以“终点法检测未知中性红浓度”为例进行设置。

1）在操作界面选择“程序”选项，出现“程序编辑界面”，包括阈值设置、报告类型设置、限值设置、标准品设置、试验模式设置、酶标板布局设置。

2）在“程序编辑界面”选择“报告种类设置”，按 Enter 键进行报告类型设置，里面包括原始数据、吸光度、限值、矩阵值、阈值、曲线、浓度和差异 8 个分项，本实验中选择原始数据报告、吸光度报告、浓度报告和曲线报告四类。

3）返回“程序编辑界面”，选择“标准品设置”，按 Enter 键进行标准品设置，其中包括标准品信息的设置，即标准品的数量、浓度和单位，以及标准曲线设置即曲线种类的设置和坐标轴的设置。

标准品设置：数量可设置 0～12 个标准品；在浓度选项里填入已给定浓度的大小；在单位选项里备有几十个单位可供选择，根据已知浓度的单位选择与之相一致的单位。

曲线种类设置：机器里备有多种曲线可供选择用于标准品的拟合，本试验中选择线性关系。

坐标轴的设置：在选项里可对坐标轴的 X 轴、Y 轴进行线性或非线性的设置，本试验中选择线性。

4）返回“程序编辑界面”，选择“试验模式设置”，按 Enter 键进行试验模式设置，其中包括波长选择、振动选择和读数设定。本试验中选择 450nm 单波长，振动关闭状态，读数设定选择默认设定。

5）返回“程序编辑界面”，选择“酶标板布局设置”，按 Enter 键进入设置菜单，选择手工排板，按 Enter 键。排板方法：当屏幕的左上角字母是“F”时。则只需把光标移到该孔，可对其性质进行设置，如空白（BLK 键）、标准品（STD 键）、质控（QC 键）、样品（SMP 键）、阳性对照（CP 键）、阴性对照（CN 键）等；在屏幕的左上角字母是“N”的情况下可对该孔的数字编号进行修改，范围为 0～96。字母“F”和“N”可通过 FUNC 键来回切换。酶标板布局设置完成后，按 Enter 键即可。

（4）设置全部完成后按“Main”键，操作界面回到主屏幕。

（5）仔细把微孔板放进读数室。按“Start/Stop”键开始读数。

（6）打印机输出检测结果。

（三）注意事项

（1）机器开启后，在读数前须预热 3min。

（2）放入酶标板要小心轻放，水平放入读数室。

（3）如果多次试验均用一种排板布局，则可以把该模板保存下来，用时即可调出直接使用，排板设置标准品的数量必须和前面标准品信息里的标准品个数相符合，否则无法保存。

二、多功能酶标仪

多功能酶标仪也被称为多用途微孔板检测仪，通常可提供“吸收光”“荧光”“发光”三种不同的检测模式，一些高端多功能酶标仪还可完成“荧光偏振”“荧光共振能量转移”和“时间分辨荧光”等荧光检测。

高端酶标仪采用光栅和滤光片的组合，提供所需的灵活性和高性能，滤光片系统可提供灵敏度，光栅系统可提供灵活性。滤光片系统是采用滤光片来进行波长的选择，光源发出的全波谱光经过滤光片后，大部分被过滤，只剩下滤光片本身允许的波长通过，这样就可通过滤光片来获得稳定来源的特定的波长，可以用于荧光偏振、时间分辨荧光、滤光发光检测。光栅式系统采用光栅进行分光，可以获得任意波长的光，波长连续可调，一般递增量为1nm，同时具有带宽可选的功能，也可以进行全波长的扫描，通过全波长扫描可以获得未知样品的吸收峰，从而可以达到检测未知样品的目的。

吸收光是最普遍最常用的检测模式，使用特定波长的光照射样品微孔，微孔底部的光检测器测量有多少初始的光透过了样品，透射光的量通常与目标分子的浓度有关，称为样品的光密度或吸光度，常用的实验有酶联免疫吸附测定、蛋白定量、核酸定量、化合物检测、细胞活性分析、内毒素检测、酶活性分析、细胞、细菌生长密度测定等。

荧光检测是使用最灵活的检测方式，具体方式包括荧光强度检测、荧光偏振检测、荧光能量共振转移检测和时间分辨荧光等。荧光强度检测，指使用特定波长激发光照射带有荧光探针的样品，使样品发出不同波长的荧光并由光电倍增管测量。荧光偏振检测，微孔板中的样品加入荧光小分子后使用偏振光激发，如荧光小分子可以和样品中的大分子结合，因结合物体积较大旋转相对较慢，在被偏振光激发时发出偏振光。而如果荧光小分子没有和样品中大分子物质结合，荧光小分子则在样品中自由移动并快速旋转导致信号消偏并发出非偏振光。荧光偏振检测广泛用于分子结合或解离事件研究，以及筛选实验室候选药物。荧光能量共振转移检测，指在两个不同的荧光基团中，如果一个荧光基团的发射光谱与另一个基团的吸收光谱有一定的重叠，当这两个荧光基团间的距离合适时（一般小于10nm），就可观察到荧光能量由供体向受体转移的现象，即以前一种基团的激发波长激发时，可观察到后一个基团发射的荧光。荧光能量共振转移检测可用于检测某一细胞中两个蛋白质分子是否存在直接的相互作用。时间分辨荧光，是以具有独特荧光特性的镧系元素及其螯合剂作为示踪物，建立的一种新型的非放射性微量分析技术。标记抗原、抗体、多肽、生物活性细胞或核酸探针，待反应体系中的抗原抗体形成免疫复合物，或发生生物亲和素反应、核酸探针杂交反应后，测定该体系的荧光强度从而确定待分析物的含量。

化学发光是指在化学反应过程中样品发出可见光，样品不需要任何光源照射，而是通过吸收化学能从基态激发至激发态，退激时通过跃迁释放能量产生光子，以光形式放出能量从而导致发光现象。化学发光是检测方法最新、发展最快同时也是检测灵敏度最高的方法，如ATP检测、细胞凋亡检测、发光共振能量转移、细胞毒性检测、报告基因检测等。

多功能酶标仪品牌产品有：美国安捷伦旗下的BioTek、美国美谷（Molecular Devices）、德国博托（Berthold）及美国PE（PerkinElmer）等。

（一）主要组成

多功能酶标仪主要由以下几部分组成：①光源；②光栅；③滤色片；④进样系统；⑤检测器；⑥连接电脑与应用软件等。

（二）使用方法

（1）上机检测前准备，确认检测方法与相应参数。

（2）开关机顺序，开机时先打开仪器，再打开桌面软件；关机时先关闭软件，再关闭仪器电源。

（3）设置程序，选择使用模块的相关参数，也可以保存程序，下次使用直接调用。

（4）放置微孔板，注意摆放位置对应无误。当程序开始运行时，载板台将自动弹出，无须提前手动弹出载板台。检测结束后，载板台会自动弹出。

（5）进行检测。

（6）将读出的数据导出。

（三）注意事项

（1）需要对多功能酶标仪进行常规的维护和保养，才能保持酶标仪较好的性能，使其处于正常的工作状态，延长其使用寿命。

（2）多功能酶标仪安放工作台表面要平坦，稳固，无震动，无阳光直射，无大量灰尘，通风良好。其周围无大的噪声源和电磁设备的干扰，交流电源必须接地良好，禁止与大功率用电器共用电源。

（3）为了使酶标仪保持一个良好的工作状态，必须做好日常的清洁工作。

（4）如果使用当天使用较为密集，最后使用者关闭仪器即可。若长时间无人使用，请关闭电源。

第四章　基础性实验

第一节　细胞制片及染色观察

细胞制片指将细胞材料制备成适合显微观察的玻片标本的过程。有非切片法和切片法两大类。非切片法可用于组织标本或细胞标本，不需要用刀片切割组织，方法相对简单、快速，具体方法有：装片法、涂片法、压片法、印片法、爬片法、铺片法、磨片法等；切片法适用于组织标本，制备标本需用刀或切片机将组织切割成薄片，操作较复杂，常用方法有：徒手切片法、冰冻切片法、石蜡切片法、电镜超薄切片法等。各种具体方法制备方法及应用范围详见第一章第一节“细胞制片方法”。

实验 1　血细胞涂片的制备及染色观察

涂片法是用一张载玻片将细胞悬液均匀地涂布在另一张载玻片上制备细胞标本的方法。该法广泛用于血细胞及其他各种悬浮细胞材料标本的制备。

一、实验原理

一定浓度的细胞悬液，用一张载玻片涂布于另一张载玻片后，可在载玻片上形成密度适可的单层细胞标本。

二、实验材料、试剂及用品

（一）材料

抗凝牛蛙血。

（二）试剂

（1）瑞氏染液。
（2）pH6.4 的 PBS 缓冲液。

（三）用品

普通光学显微镜，酒精棉球缸，载玻片，吸水纸，蜡笔，吸管，废液缸等。

三、实验步骤

操作方法见文前二维码“视频 10 血细胞涂片制备与染色观察”。
（1）清洁载玻片。用酒精棉球反复擦拭清洁载玻片；用吸水纸吸干表面水分等。

（2）加样。将载玻片平放在实验台上，用吸管吸取血液后与载玻片长轴一端距离边缘约 1cm 处接触，挤出 1 小滴血液。

（3）涂片。另取一张载玻片，用其一侧短边接触加有血滴的载玻片；向后拖动使与血滴前沿接触；稍等片刻，让血滴沿边缘展开；单方向匀速推动血样至载玻片另一侧。

（4）干片。在空气中晃动细胞涂片，使其迅速干燥。

（5）镜检涂片效果。显微镜下细胞应呈均匀分布的单层，密度适可。

（6）瑞氏染色。用蜡笔在血涂片上画一个约 3cm×2cm 的椭圆形圈，作为堤防；向圈内连续快速滴加瑞氏染液至液面呈拱凸形；静置 1min，使细胞固定；向瑞氏染液中缓慢滴加相同滴数的 PBS 缓冲液；水平轻轻旋动载玻片，至液面浮现一层黄色金属样物质；静置染色 15～20min；蒸馏水冲洗标本除去浮液；用吸水纸吸干表面水分。

（7）细胞显微观察。理想的涂片结果：细胞呈单层且密度适可，瑞氏染色正常的细胞核呈深浅不同的紫色，嗜酸性粒细胞胞质颗粒呈红色，嗜碱性粒细胞胞质颗粒呈蓝色，有核细胞核质分明。有问题或者不理想的结果包括：①细胞密度偏大或偏小；②瑞氏染色偏淡、偏红、偏蓝或染料沉积。

人血或哺乳动物各类血细胞特点：①红细胞：圆饼状无核，中间薄，周围厚；数量最多。②淋巴细胞：基本圆形，比红细胞稍大；核深染且几乎占据整个细胞，一侧常有小凹陷；胞质很少，仅在细胞核外有一薄圈，色淡。③单核细胞：基本圆形，常有突起；直径是红细胞的两倍左右；胞核常偏位，形态多样，有卵圆形、肾形、马蹄形等，着色比淋巴细胞核稍浅；核质比<淋巴细胞，细胞质着色浅。④中性粒细胞：形态基本圆形，大小与单核细胞接近，外周常有突起；核腊肠状或分叶状（2～5 叶），胞质有颗粒，着色浅。⑤嗜酸性粒细胞：胞体圆球形，大小与单核细胞接近；胞质充满粗大的红色嗜酸性颗粒。⑥嗜碱性粒细胞：胞体呈球形，比单核细胞和另两种粒细胞小；胞质内有大量小的嗜碱性颗粒（蓝紫色），分布于整个细胞，覆盖细胞核。⑦血小板：多角形，很小，染成淡紫色，常聚集成群。

牛蛙各类血细胞特点：①红细胞椭圆形有核。②淋巴细胞：最小，形态特征同哺乳动物淋巴细胞。③单核细胞：核偏向一边，核质比比哺乳动物单核细胞小。④嗜酸性粒细胞：胞质分布粗大的红色颗粒，常见于细胞一端、两端或外周。⑤嗜碱性粒细胞：胞质充满紫红或黑色圆形颗粒，常掩盖核。⑥中性粒细胞：细胞圆形或卵圆形；核偏位，多样（肾形、带状、弯月状或分成两叶至多叶），染成紫红色；胞质颗粒状物质不明显。各类细胞具体形态见实验结果图 4-1、图 4-2、图 4-3。

实验结果
图 4-1～
图 4-3

四、注意事项

（1）血量需适宜，太多导致标本过厚、细胞重叠，不便观察；也会因干燥过慢、缓慢失水造成细胞皱缩变形；太少导致血膜太薄、细胞太稀、不便寻找各类白细胞。

（2）血涂片需干透后再进行染色，否则细胞在染色过程中容易脱落。

（3）干片尽量快。避免慢干时，胞外渗透压随水分挥发而升高，引起细胞皱缩变形。

（4）用蜡笔作堤防时画的圈要完整，以免染料从缺口处流失。

（5）滴加瑞氏染液时要快速连续，并且一定要形成拱凸液面，以免因溶剂挥发至干而导致染料颗粒沉积在血膜上。

（6）缓冲液加样要慢。避免混合时反应剧烈而溢出。

（7）冲洗时不能先倒掉染液，以防染料沉着在血涂片上；冲洗时间不能过久，以防脱色。如血涂片上有染料颗粒沉积，可滴加甲醇溶解，然后立即用流水冲洗。

（8）注意染液及冲洗液的 pH。瑞氏染液染色适宜 pH 为 6.4～6.8，染色液偏酸或偏碱均可使细胞染色反应异常，不好辨认。

五、作业及思考题

（1）根据观察结果，画图显示小鼠各种血细胞。

（2）若制备细胞涂片的细胞悬液样品浓度过小，制片前需要作何预处理？

六、拓展实验

分别用等量 1mol/L 盐酸和 1mol/L NaOH 溶液与 pH6.4 的 PBS 混合后再稀释瑞氏染液染色血细胞涂片，观察染色环境偏酸和偏碱对于染色效果的影响。

实验2　植物叶片组织徒手切片的制备及观察

一、实验原理

徒手切片法是一种用手持刀片进行组织切片制作的方法。该法简便易行，广泛应用于植物根、茎、叶等材料的细胞标本制作。

使用刀口薄而锋利的刀片可以将植物材料切割成厚度适于显微观察的标本。

二、实验材料、试剂及用品

（一）材料

新鲜青菜，土豆。

（二）试剂

蒸馏水。

（三）用品

水果刀，双面刀片，尖头镊子，载玻片，盖玻片，吸管，9cm 平皿，吸水纸等。

三、实验步骤

（1）准备漂浮用水。向 6cm 平皿中加入适量蒸馏水。

（2）准备展片用载玻片。向载玻片中间位置加 1 滴蒸馏水。

（3）准备夹持材料。用水果刀将土豆切成长 2～3cm、底面正方形边长约 3mm 的长方体；用双面刀片从一侧底面中间纵切开深度约 1cm 的夹缝。

（4）准备切片材料。撕取小片青菜叶，放到载玻片上，用双面刀片在避开叶脉处切取宽度不超过 3mm、长度不超过 1cm 的细条，将其夹入土豆条缝隙中。

（5）修整组织块。用左手拇指和食指在拟切片端稍下部夹持土豆条；用右手拇指和食指横握双面刀片，让刀片紧贴土豆条上表面，从左前方向右后方斜滑连续切割土豆条，至表面平齐，用吸水纸擦除刀片上的组织。

（6）切片。连续切割数次，将刀片浸入水中，轻轻摆动，使切片落入水中。

（7）制备装片。用镊子夹取透明切片，放到载玻片上的水滴里，展开，加盖玻片。

（8）显微观察。

理想切片：细胞呈单层且组织结构完整。植物叶片上下表皮细胞、栅栏细胞、海绵层细胞等清晰可辨。

不良切片：①切片过厚：细胞重叠，难以分辨；②切片结构不完整：组织边界模糊，细胞有破坏。

四、注意事项

（1）材料要新鲜。

（2）防止被切片刀划伤。切片时持材料的左手拇指和食指要稍低于材料上表面；刀片不用时要放到合适的位置。

（3）夹持材料不能太用力，以免挤压破坏材料原有结构。

五、作业及思考题

查阅文献，了解可以用哪些材料作为夹持物进行徒手切片。

实验3 动物组织冰冻切片的制备及染色观察

一、实验原理

冷冻组织可使其硬化，再利用冰冻切片机的锋利刀片可将组织切成适合于显微观察的薄片。

二、实验材料、试剂及用品

（一）材料

小鼠。

（二）试剂

（1）OCT包埋剂（optimal cutting temperature compound）。

（2）乙酸洋红染液，配制方法见附录一。

（三）用品

冷冻切片机，防脱载玻片，一次性塑料吸管，盖玻片等。

三、实验步骤

（1）组织取材。小鼠处死后30min内，取脾脏组织，横切为0.2～0.3cm厚的块。

（2）包埋。先在冷冻切片机标本托盘上平铺一层 OCT 包埋剂，待包埋剂即将变白时，把处理好的脾脏组织块放在托盘中央的包埋剂上，再沿标本周围均匀滴加包埋剂直至使标本深埋其中。

（3）冷冻。至组织完全硬化。

（4）切片。厚度 6～7μm。

（5）室温平衡 5～10min。

（6）染色。滴加乙酸洋红染液覆盖切片，室温染色 5min。

（7）显微观察。观察重点：切片完整性及厚度。要求细胞呈单层且连续，见实验结果图 4-4。

实验结果
图 4-4

四、注意事项

（1）组织取材要及时。

（2）材料不能太厚。

（3）操作过程标本不能干燥。

五、作业及思考题

植物组织为什么难以用冰冻切片的方法制备切片标本？

第二节　细胞获取与分离

获取和分离纯化细胞是研究特定种类细胞代谢与功能、对细胞进行遗传改造与利用的基础。一般做法是先获得细胞悬液，再对其进行分离纯化。相关知识详见第一章第三节“细胞获取与分离方法”。

实验 4　研磨低渗法分离小鼠脾脏单个核细胞

单个核细胞是指外周血和外周免疫器官中具有单个核的细胞，主要包括单核细胞和淋巴细胞等密度相近的几种免疫细胞。

一、实验原理

脾脏是重要的外周免疫器官，富含单个核细胞和红细胞，可作为从小鼠等小动物体内分离单个核细胞的材料。

研磨脾脏可使其中包括单个核细胞在内的细胞游离，再通过低渗破坏红细胞，可获得以单个核细胞为主的细胞悬液。

二、实验材料、试剂及用品

（一）材料

6～8 周龄健康小鼠。

（二）试剂

（1）D-Hanks 液。配制方法见附录一，高压蒸汽灭菌。

（2）0.83%的氯化铵红细胞裂解液。需用 0.22μm 滤膜过滤除菌。

（3）75%乙醇。

（4）0.4%台盼蓝染液。

（三）用品

超净工作台及配套用品（酒精灯、酒精棉球缸、试管架、火柴、记号笔、废物缸、废液缸等），灭菌的 2mL 玻璃注射器内芯，200 目细胞滤网，10mL 聚丙烯离心管，眼科剪，尖头镊子，5mL 一次性注射器，一次性 6cm 平皿，一次性 9cm 平皿，1mL 微量加样器，枪头，一次性吸管，EP 管，10mL 低速离心机；托盘天平；40mL 小烧杯；水浴锅；不锈钢棉球缸等。

三、实验步骤

下面是无菌获取单个核细胞的操作，如分离细胞无须培养，可以不采取无菌操作，即不进行消毒、不使用灭菌用品和试剂、无须在超净台内操作。

（1）小鼠处死。用脱颈法处死小鼠。

（2）小鼠消毒。将小鼠放入不锈钢棉球缸中，向其中加入 75%乙醇至覆盖小鼠，消毒 3～5min。

（3）剖取脾脏。将装有小鼠的不锈钢棉球缸用酒精棉球擦拭消毒后转入超净工作台；吸取 5mL D-Hanks 液，注入 6cm 平皿中；再吸取 5mL D-Hanks 液，放置备用；取出已消毒的眼科剪和镊子，将小鼠转入 9cm 平皿中，使其腹部朝上；沿腹中线剪开小鼠腹部皮肤和腹膜；用手将腹部皮肤和腹膜向左右两侧拉开，使腹部内脏暴露；将小鼠腹部左侧肠道向右上方向翻开，暴露暗红色长条状脾脏；剪开与脾脏连接的组织，将脾脏放入 D-Hanks 液。

（4）研磨游离脾脏细胞。取出 200 目细胞滤网，滤网一侧在上放入 9cm 平皿内；加盖；将脾脏放到滤网上，用眼科剪剪成大小约 $1mm^3$ 的小块；取出 2mL 已消毒玻璃注射器内芯，逐块轻轻按压研磨，游离其中细胞，用 D-Hanks 液将细胞冲至滤网下。

（5）离心收集脾脏细胞。拿走滤网；将细胞过滤液转入离心管，加盖；拿出超净台；平衡；1500r/min 离心 5min，使细胞沉淀；吸弃上清液。

（6）低渗裂解红细胞。向细胞沉淀加入 5mL 0.83%的氯化铵溶液；轻轻吹打混匀；加盖后拿出超净工作台，放入 37℃水浴锅中；静置 10min，使红细胞溶解。

（7）离心收集单个核细胞。平衡离心管；1500r/min 离心 5min，使单个核细胞沉淀；吸弃上清液；用 2mL D-Hanks 液重悬细胞。

（8）台盼蓝染色。吸取 2 滴细胞悬液加入 EP 管，将 EP 管转出超净台，再向其中加入 2 滴台盼蓝染液，染色 3min。

（9）镜检细胞活率。制备细胞装片，显微观察。

四、注意事项

（1）防止微生物污染。凡与组织和细胞接触的用品和溶液均应预先灭菌，操作过程严格避免微生物污染。

（2）不可研磨过度。避免用力过大或在同一位置反复研磨；研磨下来的细胞要及时用 D-Hanks 液冲下。

（3）台盼蓝染色时间不可太长，太长会因为染料毒性引起活细胞破坏而着色。

五、作业及思考题

1. 低渗法为什么只裂解红细胞而不裂解单个核细胞？

2. 分离脾脏单个核细胞，除了低渗除去红细胞法，还有一种密度梯度离心法，请思考哪种方法所得细胞纯度更好。

实验 5　酶解法制备植物原生质体

一、实验原理

植物原生质体是指脱去细胞壁只留细胞膜包裹的细胞。因其无细胞壁障碍，是进行细胞工程遗传操作和植物育种的良好材料。

植物细胞壁的主要成分为纤维素，细胞间质则主要为果胶质。因此，用含有相关酶的复合酶液处理植物组织，可破坏植物细胞之间的果胶质，使细胞从组织中游离，并破坏细胞壁使原生质体得以释放。因游离原生质体和其他组织成分存在密度差异，可利用蔗糖等密度介质对其进一步纯化。

二、实验材料、试剂及用品

（一）材料

新鲜青菜或水培一周的绿豆幼苗。

（二）试剂

（1）75%乙醇。

（2）3%次氯酸钠。

（3）CPW 盐液。配方：KH_2PO_4 27.2mg/L，KNO_3 101.0mg/L，$CaCl_2 \cdot 2H_2O$ 1480.0mg/L，$MgSO_4 \cdot 7H_2O$ 246.0mg/L，$CuSO_4 \cdot 5H_2O$ 0.025mg/L。

（4）复合酶液 400mL。配方：CPW 盐中含 1.5%纤维素酶、0.75%果胶酶、0.5%离析酶、13%甘露醇。

（5）原生质体洗液 1000mL。配方：含 13%甘露醇的 CPW 盐液。

（6）原生质体漂浮液。CPW25S 和 CPW20S，分别为含用 CPW 盐液配制的 25%蔗糖溶液和 20%蔗糖溶液，各配 100mL。

（7）10μg/mL 荧光素二乙酸酯（FDA）20mL。先用丙酮溶解并配成 10%的母液，装棕色瓶内，保存于 4℃冰箱中。使用时以 CPW 盐液稀释 10 倍，使浓度为 10μg/mL。

（三）用品

9cm 平皿，镊子，解剖刀，10mL 刻度离心管，载玻片，托盘天平，40mL 小烧杯，吸管，200 目细胞过滤器，1mL 枪及枪头，恒温摇床，离心机，荧光显微镜等。

三、实验步骤

（1）取材。分别称取 1g 青菜叶柄、青菜叶和绿豆茎放入 9cm 平皿内，用酒精棉球消毒平皿外部后将其转入超净工作台。

（2）材料消毒。先放入 75%乙醇中消毒 30s；无菌水洗 3 次；再放入次氯酸钠溶液中消毒 15min；无菌水洗 3 次。

（3）材料分割。将材料转入预先放有消毒载玻片的灭菌 9cm 平皿中，用消毒解剖刀将材料划切成 0.5～1mm 宽的细条。

（4）酶解。取出载玻片，加入 20～25mL 复合酶液覆盖材料；将平皿转入恒温摇床；设定摇床温度为 25℃、转速为 60r/min；启动酶解。

（5）检查酶解效果。酶解 2h 后，每隔 1h 将平皿移入超净台，用吸管反复吹打酶解液使细胞脱落；制备装片显微观察酶解效果，可看到大量带有细胞壁、形态不规则的完整细胞和一些无细胞壁、基本呈圆球形的原生质体（实验结果图 4-5）；至有较多原生质体游离出来，并随着酶解时间延长不再明显增加时，终止酶解。

实验结果图 4-5

（6）收集细胞。将细胞过滤器放入灭菌一次性 9cm 平皿中；过滤酶解液去除组织残渣；将酶解液转入离心管；1000r/min 离心 5min 使细胞沉淀。

（7）漂浮法纯化原生质体。吸弃上清液；加入 3mL 原生质体洗液，吹打混匀；另取一支消毒离心管，向其中加入 2mL 原生质体漂浮液；用吸管将细胞悬液沿管壁叠加在原生质体漂浮液上；1000r/min 离心 5min；可看到在两液中间出现原生质体带。

（8）洗涤原生质体。将两液中间的原生质体小心转入另一支消毒离心管；向其中加入 5mL 原生质体洗液，充分混匀；1000r/min 离心 5min，使原生质体沉淀；倒掉上清液；另加 1mL 原生质体洗液重悬。

（9）制片检查纯化效果。制备装片，显微观察。

（10）FDA 染色检测原生质体活力。取离心管，在其中混合 100μL 原生质体漂浮液和等体积 10μg/mL FDA 染液，避光染色 10min；制备装片，荧光显微镜或激光共聚焦显微镜观察；分别拍摄白光和荧光下原生质体并计数，计算发荧光的原生质体百分率。

四、注意事项

（1）酶解时间要合适。过短，影响原生质体获取量；过长，引起原生质体破坏。

（2）原生质体漂浮液的密度要适合。通过调整蔗糖浓度，使其既能有效漂浮原生质体，又不会导致太多其他组织成分漂浮混杂。

（3）FDA 为荧光染料，要避光保存和避光染色。

五、作业及思考题

改变实验材料，复合酶液的组成需要调整吗？

实验6　密度梯度离心法分离外周血单个核细胞

一、实验原理

外周血中含有密度不同的各种血细胞，其中，红细胞密度最大，粒细胞次之，单核细胞、淋巴细胞等再次，血小板最小。其中，单核细胞及与其密度相近的淋巴细胞、NK细胞等统称为外周血单个核细胞。

密度梯度离心法是一种借助密度梯度介质分离不同密度细胞的方法。选择适合密度的梯度介质，如针对某种动物的淋巴细胞分离液，利用适当的离心速度和时间，即可从中分离单个核细胞。

二、实验材料、试剂及用品

（一）材料

肝素抗凝血。

（二）试剂

（1）D-Hanks液。配制方法见附录一。

（2）淋巴细胞分离液。直接购买，密度与血液来源物种配套。

（三）用品

普通光学显微镜，10mL低速离心机，托盘天平，10mL聚丙烯离心管及离心套管，1mL移液器及对应枪头，试管架，40mL小烧杯，胶头吸管等。

三、实验步骤

（1）稀释血液。在一支聚丙烯离心管内，混合1mL血液和等体积D-Hanks液。

（2）加样。取一支空的聚丙烯离心管，先向其中加入2mL淋巴细胞分离液；再用吸管吸取稀释血液，沿管壁缓慢加在淋巴细胞分离液上，形成分层。

（3）平衡离心。将两只40mL烧杯放到托盘天平上，拨动游码调平；取一支空离心管，向其中加入4mL水；将分别装有分层液和水的两支离心管放入天平两侧的烧杯中；取2支离心套管，放入两侧烧杯；给轻的一侧套管中加水，使天平平衡；将两侧离心管插入同侧套管；清空离心机中多余套管；将平衡好的离心管连同套管放入离心机中对角线的位置；设置离心机转速为2000r/min、离心时间为20min；启动离心。

（4）收集单个核细胞。对光观察离心管，可看到两液交界处有白色不溶物，即单个核细胞聚集物；用吸管吸取白色不溶物，转入一支空的聚丙烯离心管中；加入5mL D-Hanks液，用吸管反复吹打，使充分混匀；用托盘天平平衡离心管，1500r/min离心10min沉淀细胞；吸弃上清液，另加1mL D-Hanks液，吹打重悬细胞。

（5）制备装片及显微观察。

四、注意事项

（1）血液样品要新鲜。

（2）最好用防黏附的聚丙烯试管，减少单个核细胞损失；如用普通试管，尽可能缩短操作时间。

（3）吸取单个核细胞时尽量少吸取白色沉淀层上下液体，避免过多混入其他细胞。

（4）如有条件，用水平离心机离心收集单个核细胞，可减少细胞在离心管壁的沉积而导致细胞损失。

五、作业及思考题

（1）梯度离心结束，在两液交界处如未出现白色沉淀物，如何知道离心速度是偏大了还是偏小了？

（2）血液采集后如果不及时分离，有可能产生什么后果？

实验 7 小鼠腹腔巨噬细胞的富集与分离

一、实验原理

作为重要的固有免疫细胞，巨噬细胞广泛分布于人和动物体内各组织。

向腹腔注射淀粉肉汤，可激活腹腔原位巨噬细胞，活化后的巨噬细胞则可分泌包括趋化因子在内的多种细胞因子，从腹腔血管及组织募集更多巨噬细胞到达腹腔；再向腹腔注入生理盐水后抽取腹腔液体，即可获得经过富集的腹腔巨噬细胞。

二、实验材料、试剂及用品

（一）材料

6～8 周龄健康小鼠。

（二）试剂

0.9%氯化钠（生理盐水）。

（三）用品

普通光学显微镜，10mL 低速离心机，托盘天平，解剖盘，解剖剪，10mL 聚丙烯离心管，40mL 小烧杯，5mL 一次性注射器，吸管，载玻片，盖玻片等。

三、实验步骤

（1）脱颈处死小鼠。

（2）向腹腔注射生理盐水。将小鼠腹部朝上放到解剖盘里；吸取 2mL 生理盐水；提起小鼠腹中部的皮肤和腹膜；让针头从提起处扎进小鼠腹腔；缓缓推出生理盐水；轻揉小鼠腹部数次；静置 3～5min。

（3）解剖暴露腹膜。用镊子从下腹部腹中线处提起皮肤，使与腹膜分开；先在镊子提起处将皮肤剪开一个小口，再向上、向下剪开整个腹部皮肤；用双手拇指和食指分别在腹中部捏住两侧皮肤，慢慢向两边撕开，使腹膜暴露。

（4）抽取腹腔液。左手拇指和食指夹住小鼠一侧皮肤，中指由外向内挤压内脏，在腹腔内形成空隙；将注射器针头插入空隙处，抽取腹腔液；拔下针头，将腹腔液注入离心管。

（5）制备装片。

（6）显微观察。

四、注意事项

尽量避免被小鼠咬伤或吸过小鼠腹腔液的针头扎伤；一旦被咬伤或扎伤，要到专门机构尽快注射狂犬疫苗或同时注射狂犬免疫球蛋白，不能超过24h。

五、作业及思考题

（1）用普通试管装腹腔液，腹腔液中巨噬细胞随时间会发生什么变化？

（2）如果不预先向腹腔注射淀粉肉汤，获得的巨噬细胞和注射了淀粉肉汤的相比有什么变化？

第三节　细胞器和细胞组分显示

细胞器是细胞的结构组成，细胞组分则是细胞的化学组成。显示观察细胞器和细胞组分是研究细胞的重要手段。

制作良好的细胞玻片标本，并利用直接染色法、反应显色法、酶细胞化学技术、免疫细胞化学技术等细胞化学方法可实现对细胞器及细胞组分的显示。相关内容详见第一章第二节“细胞化学技术”。

实验8　植物细胞线粒体和液泡的超活染色及观察

一、实验原理

将撕取的植物叶下表皮制备成装片可看到气孔及保卫细胞、副卫细胞、栅栏细胞等，栅栏细胞内的叶绿体较多而大，可不经染色而在普通光学显微镜下直接观察。细胞内的线粒体可被线粒体特异活体染料詹纳斯绿B染色呈现蓝绿色，液泡可被液泡系特异活体染料中性红染色而呈红色。两种染料染色的原理是：中性红为弱碱性染料，专一在酸性的细胞器中积累。在中性或微碱性环境中，活细胞的液泡吸收中性红，中性红在液泡内酸性环境中解离出阳离子而呈红色。詹纳斯绿B可被线粒体的细胞色素氧化酶氧化成蓝绿色。

二、实验材料、试剂及用品

（一）材料

青菜。

（二）试剂

（1）0.04%中性红水溶液。先配成 1%中性红水溶液，再用蒸馏水将 1%中性红水溶液稀释成 0.04%溶液，盛棕色瓶中，暗处保存。

（2）0.02%詹纳斯绿 B 生理盐水液。先配成 1%詹纳斯绿 B 水溶液，再用 0.9%氯化钠溶液将 1%詹纳斯绿 B 水溶液稀释成 0.02%溶液，盛棕色瓶中，暗处保存。

（三）用品

普通光学显微镜，单面刀片，圆头牙签，胶头吸管，载玻片与盖玻片等。

三、实验步骤

（1）加染液。取 5 张载玻片，分别标记 1～5 号；给 1 号片滴加蒸馏水；给 2 号片滴加中性红染液；给 3 号、4 号、5 号片各滴加 2 滴詹纳斯绿 B 染液。

（2）撕片。左手拇指和食指夹住叶片，使所需表皮面朝向自己，用右手拇指和食指夹住叶片向内、向下随意撕下表皮。

（3）修片。将表皮用剪刀剪成（或放在载玻片上，用刀片切成）边长为 3～5mm 的小片。

（4）展片。用镊子夹取修好的表皮放于水或染液中展开。

（5）盖片。1 号片中表皮直接加盖玻片；2 号片中表皮（中性红）等染色 5～10min 后加盖玻片；3 号片（詹纳斯绿 B 染液）染色 15min 后加盖玻片；4 号片中表皮等詹纳斯绿 B 染液染色 10min 后再滴加中性红染液，然后再染色 8min 后加盖玻片；5 号片中表皮等詹纳斯绿 B 染液染色 10min 后再滴加中性红染液，然后再染色 38min 后加盖玻片。

（6）显微观察。线粒体呈深蓝色，液泡呈红色。5 号片因染色时间过长，导致细胞脱水出现质壁分离，可清楚地看到线粒体和液泡在细胞内的分布，见实验结果图 4-6。

实验结果图 4-6

四、注意事项

（1）染料使用浓度。中性红体外一般为 1/3000～1/1000，动物注射可达 1%～2%；詹纳斯绿 B 为 1/5000～1/3000。

（2）配染液所用溶剂的渗透压及 pH 应尽量接近观察材料生活环境的液体。

（3）詹纳斯绿 B 染色时应尽量处于有氧状态。

五、作业及思考题

（1）描述叶下表皮各种细胞的叶绿体、线粒体及液泡的形态、大小及分布。

（2）通过观察，分析植物细胞叶绿体、线粒体和液泡的相对位置。

六、拓展实验

用适当的方法致植物细胞死亡，然后分别用詹纳斯绿 B 和中性红染液染色，观察染色结果。

实验9　酸性磷酸酶法显示巨噬细胞溶酶体

一、实验原理

酸性磷酸酶（acid phosphatase）是动物细胞溶酶体的一种标志酶，也是植物细胞液泡中的一种水解酶，与动物细胞的溶酶体发挥水解功能及植物的磷代谢有关。

其能分解磷酸酯（常用β-甘油磷酸钠）而释放出磷酸基。在pH5.0的环境中，磷酸基能与铅盐（硝酸铅，捕捉剂）反应形成无色的磷酸铅（微细沉淀，可在电镜下观察），再经过与硫化铵作用，形成棕黑色的硫化铅沉淀（可在光镜下观察），以此显示酸性磷酸酶在细胞内的存在与分布。

二、实验材料、试剂及用品

（一）材料

6～8周龄小鼠。处理1：小鼠实验前2d，腹腔注射4%淀粉肉汤1mL诱导及活化巨噬细胞；处理2：小鼠实验前2d，腹腔注射生理盐水1mL。活小鼠腹腔注射方法见文前二维码“视频11 小鼠腹腔注射与腹腔液的抽取”。

（二）试剂

（1）4%淀粉肉汤：牛肉膏0.3g，蛋白胨1.0g，氯化钠0.5g，可溶性淀粉4.0g，蒸馏水100mL，高压蒸汽灭菌20min，保存于4℃冰箱中。

（2）10%中性福尔马林（pH6.8～7.1）：配制方法见附录一。

（3）0.2mol/L乙酸缓冲液（pH4.6）：0.2mol/L乙酸25.5mL，0.2mol/L乙酸钠24.5mL。

（4）酸性磷酸酶作用液：蒸馏水90mL，0.2mol/L乙酸缓冲液（pH4.6）12mL，5%硝酸铅2mL，3.2% β-甘油磷酸钠4mL。配制方法：先将蒸馏水和乙酸缓冲液混合，随后分成大致相等的2份，其中1份中加硝酸铅溶液混匀，另1份加甘油磷酸钠溶液混匀；然后再将其中1份溶液缓缓加入另1份溶液，且边加边用玻璃棒搅匀。若pH不到5.0，可加少量乙酸调整。注意：配好后的作用液应透明无絮状悬浮物和沉淀；最好在临用前配制，不能贮存。

（5）1%～2%的硫化铵溶液。

（三）用品

恒温水浴锅（50℃，37℃），低温冰箱，普通光学显微镜，小剪刀，5mL一次性注射器，10mL玻璃离心管，9cm平皿，试管架，胶头吸管，载玻片染色盒（缸），5片装玻璃染色缸，载玻片等。

三、实验步骤

（1）收集巨噬细胞。小鼠腹腔注射生理盐水1mL，3min后抽取腹腔液。抽取腹腔液方法见文前二维码“视频11 小鼠腹腔注射与腹腔液的抽取”。

（2）细胞黏附及酶灭活。每人3片，标示1、2、3。在1和2中央位置滴加处理1小鼠腹腔液 2～3 滴，在 3 中央位置滴加处理 2 小鼠腹腔液 2～3 滴；将 1 和 3 置 4℃冰箱黏附 30min，将 2 置湿盒（铺有数层湿纱布的不锈钢饭盒）内，于 50℃恒温水浴锅或恒温箱内反应 30min，灭活酸性磷酸酶。

（3）洗涤除未黏附细胞。用胶头吸管吸取生理盐水冲洗除去未黏附物。

（4）固定。将载玻片插入预先放在 4℃冰箱的、盛有 10%中性福尔马林的染色缸或载玻片染色盒内，4℃固定 30min。

（5）洗涤。取出载玻片，用自来水冲去固定液，再在 9cm 平皿中用自来水浸泡 5min；将水甩干。

（6）加酸性磷酸酶作用液反应。加足量预热至 37℃的酸性磷酸酶作用液，使其完全覆盖样品并超出样品范围；然后将载玻片置湿盒（铺有数层湿纱布的不锈钢饭盒）内，放入 37℃恒温水浴锅或恒温箱中反应 30min。

（7）用自来水漂洗冲去酸性磷酸酶作用液。

（8）加硫化铵反应。通风橱中，滴加 1%～2%硫化铵溶液反应，时间不少于 10min。

（9）自来水冲洗除去硫化铵。通风橱中进行。

（10）加盖玻片镜检。在样品处滴加 1 小滴水，加盖玻片用普通光学显微镜观察。阳性标本细胞质中，出现许多棕色或棕黑色的颗粒和斑块，见实验结果图 4-7。

实验结果
图 4-7

四、注意事项

（1）巨噬细胞一定要预先用淀粉肉汤激活，否则酸性磷酸酶活性差，染色浅。

（2）作用液应在临用时现配，储存一段时间后会产生絮状沉淀，影响反应效果。

（3）孵育时间过长也可发生酶扩散。

（4）避免酸性磷酸酶作用液在反应过程中干燥，否则其中的铅离子可与随后加入的硫化铵作用形成胞外沉淀影响结果观察。

五、作业及思考题

（1）比较不同温度处理巨噬细胞标本的酸性磷酸酶观察结果。

（2）准备预先注射和不注射淀粉肉汤的小鼠巨噬细胞，比较细胞内酸性磷酸酶的分布与活性差异并分析原因。

实验 10 牛蛙胸骨剑突软骨细胞高尔基体的中性红染色

一、实验原理

真核细胞的高尔基体是一个重要的细胞器，与细胞的分泌功能有关，富含液泡（vacuole），可被液泡系特异活体染料中性红染色而呈红色。

软骨细胞能分泌软骨黏蛋白和胶原纤维等，因而粗面内质网和高尔基体都比较发达。用其制片后再用中性红超活染色，可清楚地显示出其中的高尔基体。

二、实验材料、试剂及用品

（一）材料

牛蛙。

（二）试剂

（1）乙醚。

（2）Ringer 液。氯化钠 0.65g，氯化钾 0.25g，氯化钙 0.03g，蒸馏水溶解并加至 100mL。

（3）1%、1/3000 中性红溶液。称取 0.5g 中性红溶于 50mL Ringer 液，稍加热（30～40℃）使之很快溶解，用滤纸过滤，即 1%中性红原液，装入棕色瓶中于暗处保存，否则易氧化沉淀，失去染色能力。临用前，取 1%中性红溶液 1mL，加入 29mL Ringer 液混匀，装入棕色瓶备用。

（三）用品

普通光学显微镜，剪刀，胶头吸管，载玻片，盖玻片等。

三、实验步骤

（1）麻醉牛蛙。将牛蛙放入密闭容器中，用乙醚麻醉处死。

（2）取材。剪取胸骨剑突最薄的部分一小块，放入 6cm 平皿中的 Ringer 液中。

（3）染色。给载玻片上滴加 2～3 滴中性红染液，将胸骨剑突标本放入中性红染液中，染色 8～10min；吸弃染液。

（4）加液观察。滴加 Ringer 液，加盖玻片进行观察。在高倍镜下，可见软骨细胞为椭圆形，细胞核及核仁清楚易见，在细胞核一侧的细胞质中，有许多被染成玫瑰红色大小不一的泡状体。

四、注意事项

（1）中性红染液使用浓度。体外一般 1/3000～1/1000。

（2）材料要新鲜，并且在染色前后要保持湿度。

五、作业及思考题

（1）能用青蛙或蟾蜍做本实验吗？

（2）如果材料不新鲜，能用该法显示高尔基体吗？

实验 11　细胞中过氧化物酶体的显示

生物体内存在超氧化物歧化酶（superoxide dismutase，SOD）、过氧化物酶（peroxidase，POD）等酶类组成的保护酶系统，这些酶广泛参与机体的生理过程，在维持自由基平衡，保护机体免受损伤方面起着重要作用。过氧化物酶是保护酶系统中重要的保护酶之一，是细胞过氧化物酶体的标志酶，可以催化分解过氧化氢，保护生物体组织免受其毒害。

一、实验原理

过氧化物酶可分解 H_2O_2 产生氧，后者将联苯胺氧化为蓝色的联苯胺蓝，联苯胺蓝很不稳定，可自然转变为棕色的联苯胺棕，从而显示出细胞内过氧化物酶的存在和分布。

二、实验材料、试剂及用品

（一）材料

小鼠，马铃薯，绿豆芽。

（二）试剂

（1）3%过氧化氢。市售过氧化氢（30%），用水稀释成 3%（*V*/*V*）溶液。

（2）0.5%硫酸铜溶液。称取硫酸铜 0.5g，溶于 100mL 蒸馏水中，再加 3%的过氧化氢溶液 2 滴。

（3）联苯胺混合液。0.2g 联苯胺研磨溶于 100mL 蒸馏水中，过滤，然后于滤液中滴加 3%过氧化氢溶液 2 滴，储存于棕色瓶中。

（三）用品

染色缸，刀片，胶头吸管，载玻片，盖玻片等。

三、实验步骤

（一）小鼠骨髓细胞过氧化物酶显示

（1）制备细胞涂片。按照实验 1 方法制备细胞涂片，晾干。

（2）固定。向细胞样品上滴加 0.5%硫酸铜溶液固定 30s。

（3）染色。取出涂片，直接转入盛有联苯胺混合液的染色缸中，处理 3min。

（4）清洗除染液。自来水冲洗，晾干。

（5）显微观察。光镜下可见细胞中存在一些被染成蓝色或棕色的颗粒，便是过氧化物酶存在的部位。

（二）植物组织细胞过氧化物酶显示

（1）制备马铃薯或绿豆芽徒手切片，平铺于载玻片上，晾干。

（2）后面操作同步骤一“小鼠骨髓细胞过氧化物酶显示”。

四、注意事项

植物标本注意取材。

五、作业及思考题

（1）过氧化物酶为细胞过氧化物酶体的标志酶，约占细胞过氧化物酶体总量的 40%。这是否意味着只有过氧化物酶体含有该酶？

（2）如何用简单的检测方法从几个供试材料中选择过氧化物酶含量高的材料用于实验？

实验 12　细胞中多糖和游离脂的显示

一、实验原理

细胞中多糖和脂类不仅参与构成细胞的基本结构，还是细胞储存的营养物质，能够提供细胞代谢需要的能源。细胞中多糖与脂肪的量，可以显示细胞的代谢、发育及功能状态，也与某些细胞病理有关。例如，糖原累积病患者肝细胞中有大量糖原及精子发育过程中的顶体含有大量糖原，肝细胞脂肪变性时肝细胞中有大量脂肪。

细胞中多糖（包括糖原）的检测常用过碘酸希夫反应，简称 PAS 反应。原理是利用过碘酸作为强氧化剂，使糖分子中的乙二醇变成乙二醛，醛基再与希夫试剂反应形成紫红色的化合物。

脂溶性染料可以溶解于细胞中的脂肪而使其显示染料的颜色。如用苏丹Ⅲ乙醇溶液可使脂肪显示为橙红色，油红 O 可使脂肪显示为红色。

马铃薯富含多糖，而花生富含脂肪，过碘酸希夫反应和脂溶性染料苏丹Ⅲ可分别将其显示为紫红色或红色。

二、实验材料、试剂及用品

（一）材料

马铃薯块茎，泡涨的花生。

（二）试剂

（1）1%的过碘酸溶液。

（2）希夫试剂。将 0.5g 碱性品红加入 100mL 沸水中，不停搅拌，煮 5min，使之充分溶解；室温冷却至 50℃，过滤，加入 10mL 1mol/L 盐酸；冷却至 25℃时加入 0.5g 偏重亚硫酸钠，室温放置 24h，其颜色为褐色或淡黄色。加活性炭 0.5g 摇 1min，过滤，滤液应为无色。置棕色瓶中密封，4℃保存。一般可保存数月。

（3）0.5%偏重亚硫酸钠。称取 0.5g 偏重亚硫酸钠，溶于 95mL 水中，再加入 5mL 1mol/L 盐酸，临用前配制。

（4）苏丹Ⅲ染液。用 95%乙醇配成 0.5%的溶液。或先用 95%乙醇配成 1%溶液，再加等体积甘油。

（三）用品

水果刀，双面刀片，尖头镊子，载玻片，盖玻片，吸管，9cm 平皿，吸水纸等。

三、实验步骤

（一）多糖的显示

（1）准备切片材料。将马铃薯块茎及花生切成长、宽、高适合的小块（便于手握制备徒手切片）。

（2）加过碘酸溶液反应。将组织块置1%的过碘酸溶液中反应5～10min。

（3）水洗组织。蒸馏水洗3次，每次浸泡1～2min。

（4）加希夫试剂反应。在希夫试剂中反应10～15min，至马铃薯块显紫红色。

（5）用0.5%偏重亚硫酸钠漂洗。漂洗3次，每次1min，除去背景色。

（6）制备徒手切片。制备显色部位的徒手切片，方法见实验2。加水，再加盖玻片。

（7）水洗。加自来水稍加冲洗。

（8）盖片、显微观察。马铃薯淀粉粒（多糖）呈现紫红色，见实验结果图4-8。

实验结果图4-8与图4-9

（二）脂类的显示

（1）制备马铃薯块茎条和花生（已预先泡涨）的徒手切片。

（2）捞取足够薄的切片，平铺于盖玻片中央，晾干。

（3）将盖玻片置于密闭容器中的苏丹Ⅲ染液中染色30min以上。

（4）显微观察。可看到标本中染成橙红色的脂肪，见实验结果图4-9。

四、注意事项

（1）淀粉的福尔根法显示时染色后水洗时间不可过长，避免将细胞中淀粉粒洗掉。

（2）苏丹Ⅲ染液用乙醇配制，染料必须封闭保存，染色时也要在密闭容器中进行，以免乙醇挥发而致染料颗粒沉淀。

五、作业及思考题

为什么显示多糖时用组织块进行显色处理后再切片而显示游离脂时却可先切片后染色？

实验13 经典细胞化学法显示细胞DNA和RNA

一、实验原理

核酸定位和细胞化学染色是生命科学，特别是遗传学研究的重要手段。细胞DNA显示的经典方法为Feulgen和Rossenbeck创建于1924年的福尔根反应，该法是一种用希夫试剂显示酸解产生的脱氧核糖上游离醛基的方法，可以进行DNA定位，还可用于DNA的化学计量测定、区分肿瘤性质和判断病变程度等。该法基于DNA是由许多单核苷酸聚合成的多核苷酸，每个单核苷酸又由磷酸、脱氧核糖和碱基构成。DNA在60℃条件下经1mol/L盐酸水解后，其上嘌呤碱和脱氧核糖之间的双键打开，使脱氧核糖第一碳原子上形成游离醛基，游离醛基可与希夫试剂原位反应形成紫红色的化合物。

可以同时进行细胞DNA和RNA显示的经典方法为Brachet创建于1940年的甲基绿-派洛宁染色法（methyl green-pyronin stain）。染色原理是：甲基绿和派洛宁（吡罗红）均为碱性染料，在pH4.6时可以竞争结合核酸，甲基绿较易和DNA结合，派洛宁较易和RNA结合，用混合的甲基绿-派洛宁染液就可同时染出细胞的DNA和RNA。选择结合原因：①甲基绿与聚合程度高的DNA优先结合呈绿色，派洛宁优先与RNA结合呈红色；②甲基绿和派洛宁在水中电离后都带正电荷，但甲基绿碱性较派洛宁要强，更易与细胞核极性吸附而染色，派洛宁则易与细胞质吸附结合。

二、实验材料、试剂及用品

（一）材料

洋葱，新鲜采集的抗凝牛蛙血。

（二）试剂

（1）1%的过碘酸溶液。

（2）希夫试剂。将 0.5g 碱性品红加入 100mL 沸水中，不停搅拌，煮 5min，使之充分溶解；室温冷却至 50℃，过滤，加入 10mL 1mol/L 盐酸；冷却至 25℃时加入 0.5g 偏重亚硫酸钠，室温放置 24h，其颜色为褐色或淡黄色。加活性炭 0.5g 摇 1min，过滤，滤液应为无色。置棕色瓶中密封，4℃保存。一般可保存数月。

（3）0.5%偏重亚硫酸钠。0.5g 偏重亚硫酸钠，溶于 95mL 水中，再加入 5mL 1mol/L 盐酸，临用前配制。

（4）1mol/L 盐酸。浓盐酸 8.5mL，加蒸馏水至 100mL。

（5）70%乙醇。

（6）甲基绿-派洛宁染液。A 液为 2%的甲基绿水溶液。B 液为 2%的派洛宁 G 水溶液。C 液为乙酸-乙酸钠缓冲液（pH4.8）：乙酸钠 410mg，冰醋酸 0.3mL，蒸馏水 50mL。

甲基绿-派洛宁染液：A 液 8mL+B 液 5mL+C 液 30mL，临用前混合。

A 液和 B 液在临用前应分别用等体积氯仿反复抽提几次，直至抽提过的氯仿中无颜色为止，否则影响染色效果。甲基绿中氯仿抽出物为甲基紫或结晶紫，派洛宁中氯仿抽出红色物成分不清楚。抽提完后分装于棕色瓶中保存在 4℃冰箱待用，也可在保存时加入等体积氯仿。

（7）95%乙醇。

（8）5%三氯乙酸，0.1% RNA 酶。

试剂（1）～（4）用于福尔根反应法显示细胞中的 DNA，试剂（5）～（7）用于甲基绿-派洛宁染色法显示细胞中的 DNA 和 RNA。

（三）用品

普通光学显微镜，水果刀，双面刀片，尖头镊子，载玻片，盖玻片，吸管，6cm 平皿，9cm 平皿，吸水纸，EP 管，恒温水浴锅等。

三、实验步骤

（一）福尔根反应法显示洋葱鳞茎内表皮细胞 DNA

（1）取材。撕取洋葱鳞茎内表皮，裁剪成 0.5cm×0.5cm 的小块。

（2）盐酸水解。将表皮组织放入 1mol/L 盐酸中，60℃恒温水浴中水解 8～10min。

（3）水洗。蒸馏水漂洗 2 次，每次浸泡 3min。

（4）染色。在 6cm 平皿中用希夫试剂遮光染色 30～60min，至呈紫红色。

（5）用 0.5%的偏重亚硫酸钠漂洗。在 6cm 平皿中用新鲜配制的 0.5%的偏重亚硫酸钠水溶液漂洗 3 次，每次浸泡 1min。

（6）水洗。在 6cm 平皿中浸泡水洗 5min。

（7）制备装片。

（8）显微观察。细胞中的 DNA 应呈现紫红色的阳性反应，见实验结果图 4-10。

实验结果
图 4-10

观察对照标本：①先将材料放在 5%三氯乙酸中 90℃水浴 15min，把 DNA 抽提掉；②材料不经盐酸水解，直接染色。

（二）甲基绿-派洛宁染色法显示牛蛙血红细胞中的 DNA 和 RNA

（1）制备 50%牛蛙血细胞悬液。在 EP 管中加入牛蛙血，1500r/min 离心 5min，吸弃部分血浆，留与细胞沉淀体积相当的血浆，吸管吹打悬浮细胞。

（2）制备血涂片。用实验 1 的方法制备 2 片血涂片，自然晾干。

（3）预处理。其中 1 片用 0.1% RNA 酶 37℃处理 15min，作为去 RNA 对照。

（4）固定。将标本置于 9cm 平皿中，用 70%乙醇密闭固定 10min；取出，甩去乙醇后晾干。

（5）染色。滴加甲基绿-派洛宁染液于血膜上，或将标本插在盛有甲基绿-派洛宁染液的载玻片染色盒中，室温静置染色 15min。

（6）水洗。蒸馏水冲洗除浮液。

（7）分色。标本放在显微镜载物台上，调好焦距和放大倍数，滴加 1 滴 95%乙醇溶液，显微观察至除去过染的颜色，使染色层次分明；用水冲去 95%乙醇溶液；晾干。

（8）显微观察。正常处理标本的细胞核中 DNA 被甲基绿染成绿色，核仁和胞质 RNA（主要在粗面内质网）被派洛宁染成红色；去 RNA 对照标本中不显示 RNA 染色。

四、注意事项

（1）淀粉的福尔根法显示时染色后水洗时间不可过长，避免将细胞中淀粉粒洗掉。

（2）福尔根法显示 DNA 水解时间。

（3）甲基绿-派洛宁染色时的 pH，过酸甲基绿染色效果差，过碱则派洛宁染色不好。

（4）注意分色程度。避免分色过度褪去应有的颜色。分色过程应在显微镜监测下进行，一旦层次出现，就应立即用水冲掉 95%乙醇。

五、作业及思考题

（1）为什么 PAS 法显示的主要是多糖而非单糖？

（2）比较显示 DNA 的福尔根法与显示多糖的过碘酸希夫反应有何异同。

实验 14　考马斯亮蓝染色法显示细胞骨架

细胞骨架（cytoskeleton）是细胞内以蛋白纤维为主要成分的网络结构。在细胞形态维持、细胞运动、物质运输、能量转换、信息传递、细胞分裂等一系列方面均有重要作用，所以，对于细胞骨架的研究是近代细胞生物学最活跃的领域之一。研究意义主要有：①了解细胞骨架与细胞各种功能行使之间的关系；②了解一些理化因素是否通过影响细胞骨架对细胞功能产生影响，以便趋利避害；③鉴定发育中的细胞及肿瘤的来源。

显示细胞骨架的常用方法有三种：考马斯亮蓝染色法、免疫荧光染色法和鬼笔环肽标记法。

考马斯亮蓝染色法是用蛋白染料考马斯亮蓝对骨架蛋白进行的染色显示，具有成本低、可用普通光学显微镜观察结果的优点；缺点是不能区分骨架蛋白的组成，并且因染色前要用去污剂破坏细胞膜及其他非骨架蛋白，使骨架结构缺少周围支撑而易断裂、破坏，难以观测到完整结构。

一、实验原理

用去污剂 Triton X-100 处理细胞，可以溶解膜脂，并与大部分非骨架蛋白疏水区结合而将其溶解掉，剩下细胞骨架系统的蛋白不被溶解，然后用蛋白染料考马斯亮蓝染色即可显示骨架结构。

二、实验材料、试剂及用品

（一）材料

（1）洋葱。

（2）小鼠。提前 2d 腹腔注射淀粉肉汤，淀粉肉汤配制方法见附录一。

（3）鸡血。制成 5%细胞悬液。

（二）试剂

（1）M-缓冲液。咪唑 60mmol/L，KCl 50mmol/L，$MgCl_2$ 0.5mmol/L，乙二醇二乙醚二胺四乙酸（EGTA）1mmol/L，乙二胺四乙酸（EDTA）0.1mmol/L，巯基乙醇 1mmol/L，pH7.2。

配制方法：800mL 水中，加咪唑 3.404g，KCl 3.728g，$MgCl_2$ 0.102g，EGTA 0.203g，EDTA 0.037g，搅拌溶解，加巯基乙醇 71μL，用 1mol/L 盐酸调 pH 至 7.2，再补水至 1000mL。

（2）6mmol/L 磷酸盐缓冲液（PBS），pH6.8。

A 液：0.2mol/L NaH_2PO_4；

B 液：0.2mol/L Na_2HPO_4；

C 液：A 液 15.3mL+B 液 14.7mL+NaCl 8.6g，加水至 1000mL，即 6mmol/L PBS（pH6.8）。

（3）含 1% Triton X-100 溶液。用 M-缓冲液配制。

（4）3.0%戊二醛。用 M-缓冲液配制。

（5）0.2%考马斯亮蓝 R250 染液。考马斯亮蓝 R250 0.2g，乙醇 50mL，冰醋酸 7mL，加蒸馏水至 100mL。

（6）0.9%氯化钠生理盐水。

（三）用品

普通光学显微镜，荧光显微镜，恒温水浴锅（37℃），小剪刀，镊子，5mL 一次性塑料注射器，胶头吸管，1.5mL EP 管，1.5mL 试管架等。

三、实验步骤

（一）考马斯亮蓝染色法显示洋葱鳞茎内表皮细胞骨架

（1）材料准备。撕取洋葱鳞茎内表皮，裁成大小约 0.5cm×0.5cm 的小片。

（2）PBS 平衡。放入盛有 1mL 6mmol/L 磷酸盐缓冲液（pH6.8）的 EP 管（或小烧杯）中，静置使材料下沉（完全浸透）；然后用胶头吸管吸弃液体。

（3）Triton X-100 处理。加 1mL 1% Triton X-100 溶液处理 20min，然后用胶头吸管吸弃液体。对照样品省去该步骤。

（4）用 M-缓冲液洗涤。洗涤 3 次，每次加 1.5mL 溶液浸泡 5min，然后用胶头吸管吸弃液体。

（5）用戊二醛固定。加 1mL 3.0%戊二醛固定 30min，然后用胶头吸管吸弃液体。

（6）用 PBS 洗涤。洗涤 3 次，每次浸泡 5min，然后用胶头吸管吸弃液体。

（7）染色。加 0.5～1mL 0.2%考马斯亮蓝 R250 染液染色 10min。

（8）用蒸馏水洗涤。洗涤数遍。

（9）制备装片。给载玻片中央加 1 滴水，用镊子夹取样品在其中展开，然后加盖玻片。

（10）显微观察。在普通光学显微镜下，正常处理样品细胞骨架为布满细胞的蓝色细网状结构，看不到蓝染的细胞膜和细胞质内的膜泡样结构，见实验结果图 4-11；对照处理样品细胞骨架不清晰，可见蓝染的细胞膜和细胞质内的膜泡样结构，见实验结果图 4-12。

实验结果图 4-11～图 4-13

（二）考马斯亮蓝染色法显示小鼠腹腔巨噬细胞吞噬鸡红细胞前后细胞骨架分布的变化

（1）脱颈处死小鼠。

（2）获取巨噬细胞。向腹腔注射 2mL 生理盐水（0.9%氯化钠），参照文前二维码“视频 11 小鼠腹腔注射与腹腔液的抽取”获取含有巨噬细胞的腹腔液。

（3）制备细胞铺片。滴加 2～3 滴腹腔液于载玻片中央，置 4℃冰箱中黏附 30min。

（4）除去未黏附细胞。用带针头注射器吸取 PBS 冲洗。

（5）Triton X-100 处理。将载玻片置 9cm 平皿中，滴加 1% Triton X-100 溶液覆盖样品，加盖，室温放置 20min。

（6）用 M-缓冲液洗涤。在 9cm 平皿中，用 M-缓冲液浸洗 3 次，每次 5min。

（7）固定。在染色缸中，用 3.0%戊二醛固定 30min。

（8）用 PBS 洗涤。在 9cm 平皿中，用 PBS 浸洗 3 次，每次 5min。

（9）染色。在染色缸中，用 0.2%考马斯亮蓝 R250 染液染色 10min。

（10）用水洗涤。用蒸馏水洗涤数遍。

（11）显微观察。在普通光学显微镜下，可见巨噬细胞骨架纵横交错分布于细胞内，见实验结果图 4-13。

四、注意事项

（1）防止洋葱鳞茎内表皮标本卷曲、折叠。

（2）Triton X-100 处理及处理完冲洗应充分，否则细胞内会存在膜泡状结构及其他杂蛋白，干扰骨架染色及观察。

（3）Triton X-100 处理洋葱鳞茎内表皮后各步操作应轻柔，避免容器剧烈振荡及吸管吹打过猛引起骨架蛋白束断裂。

（4）向小鼠腹腔注射鸡红细胞悬液时避免注入皮下或将针头插进小鼠内脏。进针部位宜选在下腹部距离生殖器约 1cm 处腹中线两侧，针头与皮肤保持 30°～45°角，针头进入皮肤约 1cm；可用一只手的拇指和食指将下腹部皮肤及腹膜夹起，然后将针头插入空腔。

五、作业及思考题

（1）比较用与不用 1% Triton X-100 处理洋葱鳞茎内表皮及处理后洗涤与否的实验结果。

（2）比较巨噬细胞吞噬鸡红细胞前后的骨架分布。

（3）查阅资料说明 M-缓冲液中咪唑、$MgCl_2$、EGTA、EDTA、巯基乙醇或二硫苏糖醇（DTT）在稳定细胞骨架中的作用。

第四节　细胞大小测量与细胞计数

细胞长度、面积、体积的测量是描述细胞形态的基础，一般用显微测微计进行测量后经计算确定。

细胞计数是了解体内细胞数量及体外培养细胞、进行相关研究的基础工作。体内细胞如血细胞数量变化与机体功能状态关系密切，人医临床经常需要对其检测；体外进行细胞培养时，为了有利于细胞生长，一般需要将细胞调整为合适的浓度；体外用细胞进行研究时，为了使细胞数量更适宜于理想结果的得出及保持不同标本及处理细胞数量的一致性，也需要对细胞计数后调整为合适的浓度。

常规用血细胞计数板进行细胞计数。

实验 15　细胞大小的显微测量

一、实验原理

在显微镜下用来测量细胞长度的工具叫显微测微计，由目镜测微计（尺）（ocular micrometer）和镜台测微计（尺）（stage micrometer）组成。

目镜测微计是放在目镜内的一个直径 2cm 的圆形玻片，其上有 100 等分格的刻度尺，每一小格表示的实际长度随不同的显微镜、不同放大倍数的物镜而不同；镜台测微计是一块特制的载玻片，在它中央由一片圆形盖片封固着一个具有精细刻度的标尺，标尺全长为 1mm，分为 100 等份的小格，每小格的长度为 0.01mm（10μm），标尺的外围有一小黑环，便于找到标尺的位置。显微测量时，先用镜台测微计标定目镜测微计每小格所表示的实际长度。在测量细胞时，移去镜台测微计，换上被测标本，用目镜测微计即可测得观察标本的实际长度。

二、实验材料、试剂及用品

（一）材料

牛蛙血。

（二）试剂

（1）瑞氏染液。
（2）pH6.4 的 PBS 缓冲液。

（三）用品

普通光学显微镜，目镜测微计，镜台测微计，载玻片等。

三、实验步骤

1. 牛蛙血涂片制备 方法见实验 1。

2. 目镜测微计的标定

（1）放置目镜测微计（尺）。取出目镜，旋开接目透镜，将目镜测微计放入目镜内的视场光阑上（有刻度一面向下），然后旋上接目透镜，插入镜筒。

（2）放置镜台测微计（尺）。将镜台测微计放在载物台上，刻度朝上。

（3）校准目镜测微计的长度。调焦→重合→数格→计算。

1）先用低倍物镜观察，调节焦距，至看清镜台测微计的刻度。

2）移动镜台测微计和转动目镜测微计，使两者“0”刻度重叠。

3）向右寻找第二个重叠的刻度。

4）数出两条重合线之间的格数。

5）用同样的方法分别测出用高倍物镜和油镜观察时目镜测微计每格的相对长度。

6）计算目镜测微计每格的长度。目镜测微计每格实际长度（μm）=两个重叠刻度间镜台测微尺的格数/两个重叠刻度间目镜测微尺的格数×10μm。

3. 测量细胞大小 程序：拿掉镜台测微计→放样→调焦→测量→计算。

4. 清洁镜台测微计 镜台测微计刻度是用加拿大树胶和圆形盖玻片封合的。当去除香柏油时，不宜用过多的二甲苯，以免使盖玻片下的树胶溶解。

四、注意事项

每个标本至少测 5 个视野，每个视野测 5 个细胞，用平均数代表细胞的大小范围。

五、作业及思考题

（1）测量牛蛙血红细胞的长短轴范围。
（2）如何计算圆球形细胞、椭球形细胞的体积及核质比？

实验 16 细胞计数

一、实验原理

由于计数室容积一定，只要浓度适合的待测细胞标本均匀悬液加入计数室中并在显微镜下计数，就可算出单位体积内的细胞总数目。

二、实验材料、试剂及用品

（一）材料

1000 倍稀释的抗凝绵羊血，分装成 5 管，每管 1mL。

（二）试剂

0.9%氯化钠溶液，75%乙醇。

（三）用品

血细胞计数板，细口胶头吸管，酒精棉球，计数用盖玻片，质量较好的吸水纸等。

三、实验步骤

（一）流程

清洁血细胞计数板及盖玻片→镜检计数室→稀释细胞样品（根据情况）→加样→计数→计算细胞浓度→清洗血细胞计数板。

（二）操作

操作方法见文前二维码“视频 12 单个核细胞分离与细胞计数”。

1. 清洁计数板及盖玻片 计数板和盖玻片先用流水冲洗，然后用棉球蘸取 75%（或 95%）乙醇擦洗后，自然晾干或用质量较好的吸水纸吸干水分。

2. 镜检计数室 先在 10×物镜下调好焦距，将计数室正中由双线围成的大方格（内有双线围成的 4×4 或 5×5 中方格）移到视野中央，观察计数室是否干净，线条是否清晰。若不干净，须重新清洁。

3. 检查细胞浓度 混匀样品，制备普通装片，置显微镜下观察，大致检查细胞浓度是否适宜计数。

4. 稀释细胞样品 若细胞密度过大，须加液稀释。

5. 加样 先将盖玻片盖在计数室上，用吸管或 10μL 微量加样器吸取少许混匀的细胞悬液，使带有液滴的吸管口或微量加样器枪头接触盖玻片沿计数板中间平台靠外侧的边缘，让悬液通过毛细作用渗入计数室；等待 2min，使细胞全部沉降到计数室底部。

6. 计数

（1）找计数室。先在 10×物镜下调好焦距并找到计数板上的中间大方格，移至视野中央。适当缩小光圈、降低聚光器，使视野变暗，便于观察计数板上的线。

（2）选择计数区域。如需获得比较准确的计数结果，需计数 2 个或 4 个周围大方格。如果想大致了解细胞密度，也可采取计数几个中方格的方法。对于 16×25 计数板，计数中间大方格内对角线位上的 4 个中格（即 100 个小方格）计数；25×16 计数板，计数中间大方格内 4 角和中央的一个中格（即 80 个小方格）。

（3）转高倍镜。物镜转至 40×，适当调节光度，使细胞和计数室线条均清晰为止。

（4）计数。每个样品至少加样和计数 2 次，结果取其平均值；2 次计数误差不应大于 10%；压线细胞不重复计数。

7. 计算原始细胞样品浓度

（1）计数大方格的计算公式：

细胞浓度（个/mL）=4 大格细胞总数/4×10^4×稀释倍数

（2）16×25 计数板计数中方格法计算公式：

细胞浓度（个/mL）=4 中格内细胞总数/4×16×10^4×稀释倍数

（3）25×16 计数板计数中方格法计算公式：

细胞浓度（个/mL）=5 中格内细胞总数/5×25×10^4×稀释倍数

四、注意事项

（1）用等渗液稀释细胞。

（2）加样量要准确。

五、作业及思考题

（1）计数并计算所给细胞样品的浓度（个/mL）

（2）比较计数中央中方格法和计数大方格法的差异。

（3）用血细胞计数板计数时，哪些步骤易造成误差？如何尽量减少误差？

第五节 细 胞 生 理

细胞具有多种生理活动，包括与外界的物质、能量及信息交换，代谢、运动、增殖、分化、衰老、发育等。研究细胞的生理活动对于深入了解细胞意义重大。

实验 17 哺乳动物红细胞膜的通透性检测

细胞膜对细胞的生命活动起保护作用，为细胞的生命活动提供相对稳定的环境。细胞膜最基本的性质是具有半透性，不允许细胞内外的分子和离子自由出入，可选择性地进行物质跨膜运输、调节内外物质和离子的平衡及渗透压平衡。

多种因素如衰老、病毒侵袭、重金属污染、辐射、超声波处理、细胞不良代谢物（如超氧阴离子）、化学固定剂处理等可致细胞膜通透性改变，继而影响细胞的功能状态。

一、实验原理

红细胞膜为选择性通透性膜，容许某些分子进出细胞，若进入细胞的液体多于细胞外渗的液体，就会造成红细胞胀大，体积增加 67%时，红细胞膜破裂、溶血（胀破，血红蛋白释放到介质中）；而当细胞外渗的液体多于进入细胞的液体时则会引起红细胞皱缩。

根据红细胞在不同溶液中的表现可以判断溶液的穿膜速度。

二、实验材料、试剂及用品

（一）材料

抗凝绵羊血。

（二）试剂

（1）不同浓度的氯化钠溶液：0.15mol/L、0.5mol/L 及 0.065mol/L 的氯化钠溶液。

（2）0.8mol/L 甲醇，0.8mol/L 乙醇，0.8mol/L 正丁醇，0.8mol/L 乙二醇，0.8mol/L 丙二醇，0.8mol/L 丙三醇（甘油）。

（3）0.9%氯化钠生理盐水。

（三）用品

10mL 低速离心机，普通光学显微镜，10mL 刻度试管，10mL 刻度离心管，试管架，胶头吸管，载玻片，盖玻片等。

三、实验步骤

（1）血细胞样品的准备。取 1 支 10mL 的刻度离心管，加入 5mL 血液，1000r/min 离心 5min，弃上清液；再向细胞沉淀加 5mL 0.9%氯化钠生理盐水重悬细胞，1000r/min 离心 5min，弃上清液；视细胞沉淀体积，加等体积生理盐水重悬细胞，使成 50%的细胞悬液。

（2）检测不同溶液对细胞的影响。取 12 支 10mL 刻度试管，分别加入不同浓度的氯化钠溶液及相同浓度、不同种类的醇溶液 1.5mL，然后加入 1 滴红细胞悬液，摇匀、肉眼观察，并记录观察到的现象及溶血时间。

（3）制片并显微观察各氯化钠溶液组红细胞形态的变化。

四、注意事项

（1）统一溶血现象判断标准。

（2）准确计时。

五、作业及思考题

描述各种溶液引起的红细胞悬液及红细胞的变化，解释引起变化的原因。

六、拓展实验

先制备 10%中性福尔马林固定液固定过的红细胞悬液，然后进行相关实验。

（1）固定细胞制备方法。离心 50%细胞悬液，向沉淀中加入 5mL 10%中性福尔马林（配制方法见附录一），室温固定 30min；1000r/min 离心 8min，弃上清液；重新用原体积的生理盐水悬浮红细胞。

（2）固定前后红细胞在不同溶液中的表现检查。按表 4-1 进行实验及观察记录。使用固定及未固定的红细胞进行如下实验，肉眼观察细胞悬液浑浊情况、滴片显微观察红细胞形态并解释原因。

表 4-1　细胞膜透性拓展实验设计

处理	细胞悬液透明度	细胞形态
1.5mL 0.15mol/L 氯化钠+1 滴未固定细胞		
1.5mL 0.065mol/L 氯化钠+1 滴未固定细胞		
1.5mL 0.2% Triton X-100 溶液（生理盐水配制）+1 滴未固定细胞		
1.5mL 0.065mol/L 氯化钠溶液+1 滴固定细胞		
1.5mL 0.2% Triton X-100 溶液（生理盐水配制）+1 滴固定细胞		

实验 18　植物细胞质壁分离现象观察及质壁分离法测定基态渗透势

植物活细胞的细胞膜具有选择通透性，将植物细胞置于高渗透压溶液（渗透压大于细胞内液）中时，胞内水分渗出，引起原生质体收缩。而与此同时，由于细胞壁的全透性及相对刚性，细胞形态变化不大，导致原来紧贴细胞壁的细胞膜与细胞壁分离，称为质壁分离。

渗透势是指由于细胞内溶质颗粒的存在而使水势下降的数值，纯水的渗透势为零，溶液的渗透势为负值。植物细胞的渗透势是植物的一个重要生理指标，对于植物的水分代谢、生长及抗性都具有重要的意义。常用于测定植物细胞与组织渗透势的方法有质壁分离法、冰点降低法、蒸汽压降低法等。质壁分离法不需要仪器，操作简单。

一、实验原理

质壁分离能够发生的外界条件是外界溶液的浓度大于细胞液的浓度。因此通过具有一系列浓度梯度的溶液依次做质壁分离实验，观察植物细胞发生质壁分离的临界浓度，即可测得细胞液的浓度。植物的基态渗透势与细胞的等渗浓度线性相关，根据公式可算出基态渗透势。

二、实验材料、试剂及用品

（一）材料

紫皮洋葱，鸭跖草。

（二）试剂

1mol/L 蔗糖溶液。

（三）用品

普通光学显微镜，10mL 刻度试管，6cm 小培养皿等。

三、实验步骤

（1）稀释蔗糖溶液。将 1mol/L 蔗糖溶液分别稀释成浓度为 0.30mol/L、0.35mol/L、0.40mol/L、0.45mol/L、0.50mol/L、0.55mol/L、0.60mol/L、0.65mol/L、0.75mol/L 的溶液各 5mL，分别倒入 6cm 小培养皿中。

（2）制备表皮并浸泡处理。制备大小约 0.5cm×0.5cm 的紫皮洋葱内表皮或鸭跖草上表皮，分别放入上述溶液中，每皿放 4～5 片，浸泡 10min。

（3）观察并统计质壁分离情况。每次取出一张叶片放在加有一滴相同浓度蔗糖溶液的载玻片上展开，加盖玻片，显微观察并统计质壁分离细胞百分率。每片观察细胞不应少于 100 个，观察要迅速。

（4）进一步观察质壁分离。

（5）细胞液等渗浓度判定。以引起 50%细胞发生初始质壁分离（即原生质体刚从细胞壁的角隅处发生分离）的溶液浓度作为细胞液的等渗浓度。如果在两个相邻浓度的装片中，一个没有达到 50%，另一个超过 50%，可用两浓度的平均值作为其等渗浓度的粗略值，也可用插值法准确测定其等渗浓度。

（6）计算细胞液的渗透势（Ψs）。

$$\Psi s=-ICRT$$

式中，Ψs 为溶液的渗透势；I 为溶液的等渗系数，蔗糖为 1，氯化钙为 2.6，氯化钠为 1.8；C 为溶液的质量摩尔浓度；R 为气体常数，即 0.008314；T 为绝对温度，即（273+t）（K）（t 为实际测量当时室温，以摄氏温度表示）。

四、注意事项

（1）取材。紫皮洋葱最易于观察质壁分离，其他材料如紫鸭跖草、紫甘蓝也可代替。
（2）观察时要在载玻片上滴一滴相同浓度的蔗糖溶液。

五、作业及思考题

测定并计算洋葱鳞茎内表皮细胞液的浓度及渗透势。

实验 19　小鼠腹腔巨噬细胞吞噬现象观察及吞噬活性检测

吞噬作用（phagocytosis）也称为胞吃作用（cellular eating），是细胞通过质膜内陷形成内吞泡的方式吞入不能渗透过膜的较大固体物质（直径一般大于 500nm）的过程。许多原生动物通过吞噬作用摄取营养；高等动物体内的巨噬细胞和中性粒细胞的吞噬作用成为动物体非特异性免疫的重要组成部分。不同动物来源的巨噬细胞或同一动物来源的不同巨噬细胞吞噬功能强弱不同，个体吞噬细胞的平均吞噬能力是机体非特异性免疫功能强弱的重要反映。

一、实验原理

吞噬细胞的细胞膜上有识别某些病原体相关分子及凋亡细胞磷脂酰丝氨酸等配体的受体，可借此识别表面有相应配体的细胞或其他颗粒，引起受体胞内区活化，进而导致与其相连的细胞骨架重排，引发吞噬作用。

鸡红细胞和大肠杆菌对小鼠巨噬细胞而言分别为异种动物细胞和病原体，可被其吞噬。由于鸡红细胞较大且有核，其被巨噬细胞吞噬后的现象易于观察，常用于吞噬现象观察实验及形态学检测巨噬细胞功能的研究。吞噬功能一般用吞噬百分率和吞噬指数两个指标反映。

吞噬百分率=吞噬有鸡红细胞的巨噬细胞数/巨噬细胞总数×100%

吞噬指数=吞噬的鸡红细胞总数/吞噬有鸡红细胞的巨噬细胞数

二、实验材料、试剂及用品

（一）材料

（1）健康小鼠。6～8 周龄健康小鼠，实验前 1～2d，每只腹腔注射 4%淀粉肉汤 1mL。活细胞腹腔注射方法详见文前二维码“视频 11 小鼠腹腔注射与腹腔液的抽取”。

（2）抗凝鸡血。

（3）培养过夜的大肠杆菌 DH5α 菌液。

（二）试剂

（1）4%淀粉肉汤：牛肉膏 0.3g，蛋白胨 1.0g，氯化钠 0.5g，可溶性淀粉 4.0g，蒸馏水 100mL，高压蒸汽灭菌 20min，保存于 4℃冰箱中。

（2）D-Hanks 液：配制方法见附录一。

（3）180IU/mL 肝素钠生理盐水溶液。

（4）0.067mol/L 的 PBS（pH6.8）：配制方法见附录一。

（5）甲醇。

（6）吉姆萨染液贮存液：配制方法见附录一。

（7）吉姆萨染液应用液：将贮存液用 0.067mol/L 的 PBS 进行 1∶20 稀释。

（8）0.2%的亚甲蓝生理盐水染液。

（三）用品

普通光学显微镜，10mL 低速离心机，托盘天平，恒温水浴锅（37℃），5mL 一次性注射器，10mL 玻璃离心管，10mL 聚丙烯试管，试管架，胶头滴管，载玻片染色盒等。

三、实验步骤

（一）悬液观察法

（1）配制 5%（*V*/*V*）鸡红细胞悬液。肝素抗凝采集鸡静脉血 2mL，用 D-Hanks 液洗 2 次，第一次 1000r/min 离心 5min，弃上清液；第二次 2000r/min 离心 10min，弃上清液。按压积红细胞体积用 D-Hanks 液调成 5%（*V*/*V*）的混悬液。

（2）大肠杆菌 DH5α 菌液准备。培养过夜的大肠杆菌 DH5α 菌液，用 D-Hanks 液洗 2 次，每次 4000r/min 离心 8min，弃上清液，最后用原液 2 倍体积的 D-Hanks 液重悬细胞。

（3）巨噬细胞收集。脱颈（颈椎脱臼法）处死小鼠，随即向腹腔注入 2mL D-Hanks 液，揉匀。3min 后沿腹部中线剪开皮肤并向两边撕开，暴露腹膜，然后用带针头的注射器扎进腹腔，从空隙处抽取小鼠腹腔液，去掉针头，将腹腔液注入聚丙烯试管。操作细节见文前二维码“视频 11 小鼠腹腔注射与腹腔液的抽取”。

（4）体外吞噬。取 2 支聚丙烯试管，各加入适量腹腔液，再分别向其中加入等体积步骤 1 和 2 准备的鸡红细胞悬液和大肠杆菌细胞悬液，混匀，然后将试管放在 37℃恒温水浴锅中。

（5）制备装片及显微观察。分别在混合后的 0min、15min、30min、45min 制备细胞悬液装片，显微观察巨噬细胞对红细胞的黏附和吞噬。

（6）染色。取吞噬 45min 的细胞混合液少量，加入等体积 0.2%的亚甲蓝生理盐水染液，混匀，静置染色 10～15min，使核染色。

（7）显微观察染色细胞。部分巨噬细胞内可见染成深蓝色的红细胞核。

（二）涂片染色法

（1）制备铺片。取（一）中吞噬 45min 的巨噬细胞和鸡红细胞混合液 0.2～0.3mL 滴于载玻片中央，将载玻片放入自制湿盒（铺有数层湿滤纸的 9cm 平皿、铺有数层湿纱布的不锈钢饭盒或其他可保持湿度又传热较快的封闭容器），置 37℃恒温箱温育 30min，使巨噬细胞黏附；用带针头的注射器吸取 5mL PBS 冲洗除去未黏附的细胞及腹腔液。

（2）甲醇固定。将标本放入 9cm 平皿中，滴加甲醇覆盖细胞所在区域，加盖固定 3min。

（3）吉姆萨染液染色。吉姆萨染液染色 20min。可采取正面朝下的扣染方法或用载玻片染色盒染色。扣染的具体操作如下：在平皿或托盘中，将牙签摆放成平行的两行，将染色体制片的细胞面朝下架在牙签上，向载玻片下加染色液进行染色。染色结束后不能先倒掉染液，应直接用流水冲洗除去多余染液。

（4）流水冲去浮液，晾干。

（5）显微观察并统计吞噬百分率和吞噬指数。

染色后可以看出，巨噬细胞的核远大于红细胞核并且染色较淡，常被吞入的鸡红细胞覆盖而不易看清全貌；鸡红细胞的核较小而被深染、清晰可见。一个核代表一个细胞，可通过计数核的方式计数吞入的鸡红细胞数。

计数 100 个巨噬细胞，按实验原理中的公式计算吞噬百分率和吞噬指数。

四、注意事项

（1）向小鼠腹腔注射 D-Hanks 液时避免注入皮下或将针头插进小鼠内脏。进针部位宜选在下腹部距离生殖器约 1cm 处的腹中线两侧，针头与皮肤保持 30°～45°角，针头进入皮肤约 1cm；可用一只手的拇指和食指将下腹部皮肤及腹膜夹起，然后将针头插入空腔。

（2）涂片染色法检测吞噬百分率和吞噬指数时，吞噬时间长短应适合。过短，鸡红细胞尚未被吞入；过长，吞入的鸡红细胞已被消化。一般时间控制在 45～90min。

（3）细胞黏附过程应防止液体干掉；黏附完要将未黏附细胞冲洗干净。

（4）甲醇固定细胞时间不应超过 5min，否则会引起细胞皱缩。

（5）吉姆萨染液染色时避免在样品处形成氧化膜。

五、作业及思考题

（1）画图显示巨噬细胞吞噬鸡红细胞过程各个阶段。

（2）计数并计算所用实验小鼠腹腔巨噬细胞的吞噬百分率与吞噬指数。

（3）为什么用聚丙烯试管装腹腔液及进行体外吞噬实验？

（4）如不预先洗涤鸡红细胞会影响实验结果吗？为什么？

实验 20　细胞运动观察实验

一、实验原理

细胞运动是生物体最基本的生命现象之一，是单细胞生物趋食避害的基础，也在多细胞生物的发育、损伤修复、免疫应答等有生命活动过程中发挥重要作用。

细胞运动包括细胞内的运动和细胞的迁移。细胞内的运动一般指细胞内的物质运输过程，即显微镜下可以观察到的有形结构的位移过程，如胞质环流、细胞分裂染色体的运动等。细胞的迁移如草履虫等单细胞生物的运动、精子细胞的运动、免疫细胞到达炎症部位及肿瘤细胞的定向迁移等。

体外采取适当方法保持细胞活性，即可观察到细胞运动现象。

二、实验材料、试剂及用品

（一）材料

（1）新鲜的黑藻。实验前将黑藻分装在2000mL的大烧杯中，放在阳光充足处继续培养。
（2）大白菜。
（3）草履虫。
（4）6～8周龄雄性小鼠。

（二）试剂

（1）小鼠精子非获能缓冲液HM和获能缓冲液HMB。
（2）生理盐水。

（三）用品

普通光学显微镜，镊子，双面刀片，载玻片，盖玻片，胶头滴管，恒温水浴锅等。

三、实验步骤

（一）大白菜叶脉表皮细胞胞质环流观察

（1）取新鲜大白菜内层叶片，撕取宽大的中脉部分表皮，放在载玻片上，用双面刀片切成适当大小的小片，给其上滴加1滴水，加盖玻片制成饱含水分的临时装片。

（2）显微观察。表皮细胞内有很多质体及其他颗粒沿壁环流。除了环流还可见质体颗粒沿“管道”微丝束流动。

（二）小鼠精子运动观察

（1）颈椎脱臼法处死小鼠。

（2）获取精子细胞。解剖获取双侧附睾尾部，放入1×HM非获能缓冲液，剪碎附睾，37℃、5% CO_2的培养箱孵育15min；吸取上层精子悬液，500×g离心5min，加入1×HMB获能缓冲液，调整为适合显微观察的浓度。

（3）制备装片。

（4）显微观察。低倍镜下，可看到许多精细胞像小蝌蚪一样不断地游动；高倍镜下，可看清精子分头、颈、尾3个部分，头部较粗，呈长棒状，颈部很短，尾部细长，呈鞭毛状，能不断地摆动。

四、注意事项

保持白菜叶表皮的湿度。

五、作业及思考题

（1）如预先用抑制微丝聚合的细胞松弛素 D（cytochalasin D）处理细胞，细胞运动还会出现吗？

（2）能否通过检测精子运动检测药物的生殖毒性？

实验 21　台盼蓝染色法鉴别死活细胞

一、实验原理

检测细胞悬液中活细胞比率可以了解某些细胞实验材料能否应用于试验研究及一些理化因素是否引起活细胞发生死亡变化。一般用染料排斥试验（dye exclusion test）检测活细胞比率。

检测原理是：活细胞完整质膜对某些染料分子如普通染料台盼蓝（trypan blue）和荧光染料碘化丙啶（propidium iodide，PI）等具有不可逾越的屏障作用，可将这类染料排斥在细胞外；死细胞受损质膜却允许这类染料进入细胞。

二、实验材料、试剂及用品

（一）材料

待测细胞：研磨组织产生的细胞、抗癌物质处理过的癌细胞或沸水处理 5min 的细胞。

（二）试剂

0.4%的台盼蓝生理盐水溶液：配制方法见附录一。

（三）用品

1.5mL 塑料离心管等。

三、实验步骤

（1）待检细胞悬液与等体积的台盼蓝染液混合染色 3～5min。

（2）制备细胞悬液装片。

（3）显微观察细胞染色情况。死细胞染成蓝色，灰暗、体积大；活细胞不着色、亮、体积小，见实验结果图 4-14。

实验结果图 4-14

四、注意事项

（1）台盼蓝染料对细胞有一定的毒性，染色时间不可过长。否则会导致死细胞比率增大。如果同时检测多个细胞样品，应逐一加染液染色、计数，而不应一次对多个细胞样品同时染色。否则，过晚检查的细胞样品其测出的活细胞比率会比实际低。

（2）检测时要尽可能快，以免计数板上的细胞脱水而死。

五、作业及思考题

除了台盼蓝染液，还有哪些染液可用于动植物细胞死活鉴定？

第六节 细胞分裂

细胞分裂（cell division）是细胞增殖的方式。制备良好的细胞分裂染色体标本是进行动植物细胞遗传学研究及临床医学遗传性疾病分析的基础。

用于制备有丝分裂标本的常用材料有：高等植物的根尖、高等动物的骨髓及培养的血细胞。用于制备减数分裂标本的常用材料有：植物花药及动物精巢。

制备方法可以归纳为三大类：压片法、滴片法和去壁低渗法。

压片法主要用于细胞分裂旺盛的组织材料。最常用于植物染色体标本的制备，也可用于人和动物组织，如脑、实体瘤等结构疏松组织细胞标本的制备。先对组织进行一定的处理，使组织细胞易于分散，然后通过压片使细胞分散成单层，以观察细胞染色体。这种方法简单快速，但染色体往往分散不好。

滴片法主要用于单细胞悬液。用低渗液使细胞胀大，染色体分散，然后将细胞悬液滴在带水的玻片上使细胞瞬间破裂，染色体从细胞中出来，原位沉积在载玻片上。如果低渗、固定、滴片各步处理方法得当，制备的标本染色体分散良好，形态正常，是分析染色体的理想标本。

去壁低渗法用于制备分散良好的植物组织细胞染色体标本。先用酶解离植物组织，使细胞间质及细胞壁破坏，形成原生质体漂浮液，再用滴片法制备分散良好的染色体标本。

实验 22 压片法制备植物细胞分裂标本及显微观察

一、实验原理

盐酸处理植物组织可破坏细胞壁间果胶质，使细胞容易分散；再用碱性染料使细胞核及染色体着色，压片使细胞呈单层后就可清晰地观察到细胞分裂各期细胞及其中的染色体。

二、实验材料、试剂及用品

（一）材料

洋葱，蚕豆。

（二）试剂

（1）卡诺氏固定液。无水乙醇∶冰醋酸=3∶1（V/V）。
（2）70%乙醇。
（3）解离液：10%（V/V）盐酸。
（4）乙酸洋红染液：配制方法见附录一。

（三）用品

普通光学显微镜，刀片，镊子，恒温水浴锅，小烧杯等。

三、实验步骤

（一）准备根尖材料

（1）洋葱生根。从根基处切掉洋葱根的死毛，然后将洋葱底部朝下放在一盛满水的水杯上，使根部刚刚浸入水中。每天换水 1 次，待长到 0.5～1cm 长时将根剪下。

（2）蚕豆生根。选择饱满、大小均匀的蚕豆种子，置于蒸馏水中浸泡 1 昼夜，使其吸胀；然后将吸胀的蚕豆平铺于带水的纱布上，上面加盖湿纱布，室温或 23℃恒温培养；12h 换水 1 次，待根长至 0.5～1cm 长时用刀片切取根。

（3）根的固定及保存。用卡诺氏固定液固定 24h，置 70%乙醇中于 4℃冰箱保存备用。

（二）根尖预处理

（1）水洗除固定液。将根放在试管或小烧杯中，加满水，放置 2min 倒掉，重复 3 次。

（2）酸解。用 2mL 10%盐酸室温水解 15～20min。

（3）水洗除盐酸。方法同“水洗除固定液”。

（三）制作压片

操作方法见文前二维码“视频 13 压片法制备植物细胞分裂标本”。

（1）切除非分生区。将洋葱根尖置于载玻片上，用刀片分别切除根冠和延长区，留下乳白色生长区。

（2）染色。滴加 2 滴乙酸洋红染液于根尖生长区上；用刀片将根尖随意切成小块，染色 3～5min。

（3）压片。将盖玻片轻轻覆盖在材料上（避免气泡），左手拇指按住盖玻片一角，然后用镊子后端在组织块所在部位上方轻轻敲打盖玻片，使组织分散成雾状；覆盖吸水纸用大拇指反复按压盖玻片，使细胞分散成单层。

（四）显微观察

间期细胞：细胞核圆形、小，染色均匀。

前期细胞：细胞核变大，出现凝集、深染的染色体线，互相缠绕呈乱麻状。

中期细胞：形态清晰的染色体排列在细胞中间赤道板上。

后期细胞：染色体分开成两组，臂弯曲，朝向赤道板。

末期细胞：一个细胞中出现 2 个长方形的核，核中未完全解聚的染色体互相缠绕呈乱麻状。

实验结果图 4-15

有丝分裂各期细胞显微观察见实验结果图 4-15。

四、注意事项

（1）取材合适。

（2）水洗充分。尤其酸解后的水洗，一定要将酸洗干净，否则会导致背景着色，染色体不易观察。

（3）酸解程度适宜。酸解不够，组织偏脆，不易压片，强行压开后细胞容易破坏；酸解过度，根组织松烂，难以夹起且同样会破坏细胞。

（4）压片方法得当：切碎、敲打、直压。

五、作业及思考题

画图显示观察到的洋葱根尖各期细胞核的特征。

实验 23　花粉母细胞减数分裂标本制备

一、实验原理

适宜发育时期的植物花药中，存在正在进行减数分裂的花粉母细胞，将发育不同时期的花药同时压开，即可释放出处于减数分裂各期的细胞。

二、实验材料、试剂及用品

（一）材料

新采或用卡诺氏固定液固定后保存于 70%乙醇中的植物花蕾，如蚕豆花蕾、麦冬花蕾、槐花蕾等。

（二）试剂

（1）70%乙醇
（2）乙酸洋红染液：配制方法见附录一。

（三）用品

显微镜，尖头镊子，解剖针等。

三、实验步骤

（1）取花药。将花苞剥开，取出花药放在载玻片上。

（2）游离细胞及染色。给花药加适量乙酸洋红染液，在染液中用解剖针将花药划开，用尖头镊子镊尖侧面较平处反复挤压花药，使处于减数分裂状态的细胞脱离花药壁，游离于染液中；然后将花药壁用镊子夹走，细胞继续染色 2～3min。

（3）盖片显微观察。效果见实验结果图 4-16。

实验结果
图 4-16

花粉母细胞的核内出现染色体线标志减数分裂的开始，四分体形成标志减数分裂结束。

1）减数第一次分裂。

前期Ⅰ：花粉母细胞内细胞核变大，出现凝集、深染的染色体线，互相缠绕呈乱麻状。

中期Ⅰ：花粉母细胞内形态清晰的环形染色体排列在细胞中间赤道板上。

后期Ⅰ：花粉母细胞内染色体分开成两组，臂弯曲，朝向赤道板。

末期Ⅰ：花粉母细胞中出现 2 个长方形的核，核质不均匀，核中未完全解聚的染色体互相缠绕呈乱麻状。

二分体形成：花粉母细胞中间形成新细胞壁，将花粉母细胞分隔成 2 个连在一起的子细胞，每个子细胞内有 1 个核，这样 2 个连在一起尚未完全分开的子细胞被称为二分体。

2）减数第二次分裂。

前期Ⅱ：二分体的 2 个细胞核均表现出前期变化。

中期Ⅱ：二分体内出现 2 排中期染色体。

后期Ⅱ：二分体内出现 4 排后期染色体。

末期Ⅱ：二分体内出现 4 个末期核。

四分体形成：二分体的 2 个细胞中间均形成新壁，1 个花粉母细胞形成 4 个连在一起的子细胞。

3）不同发育时期的花粉粒：四分体的 4 个细胞逐渐分离，形成 4 个单核的幼期花粉粒。然后经过几个阶段的发育再形成成熟花粉粒。

核居中花粉粒：刚游离出来的单核花粉粒，细胞壁薄，细胞质浓厚，细胞核位于细胞中央。

单核靠边期花粉粒：继续发育的花粉粒被胞内形成的大液泡将细胞核挤到花粉粒一侧。

二细胞期花粉粒：细胞核进行一次有丝分裂，形成 2 个细胞核，且胞质在胞内分裂，形成 2 个细胞，大的为营养细胞，小的为生殖细胞。

胞中胞期花粉粒：生殖细胞从最初紧贴着花粉粒内壁，逐渐脱离开来，成为圆球形，游离于营养细胞胞质中，成为细胞中细胞。

以后生殖细胞渐渐伸长，呈纺锤形或长圆形。

四、注意事项

1. 采集花药的时期适宜

（1）蚕豆：从现蕾开始，选取 2～3mm 的花蕾或一段小花序。

（2）小麦：从开始挑旗，到旗叶与下一片的叶耳间距为 1～2cm 时进行固定较为适宜。一般花药长 2mm 左右，表现黄绿色时，为减数分裂观察的最适时期。

（3）棉花：棉花现蕾不久就开始进行减数分裂，由于花序分节着生，连续生长，所以常常按照花蕾的长度进行取材。例如，对于陆地棉，一般当三角花蕾长到 1cm 左右，花萼与花瓣等长，整个花蕾长 3～5mm 时取样较好。

（4）麦冬：7 月份的麦冬花。

2. 注意细胞分裂的同步性问题 植物细胞的减数分裂在同一个花药中往往是同步的，因此，单从 1 个花药中无法得到减数分裂各个不同时期的细胞。要制备多个不同发育时期花药的压片才能拼凑成完整的分裂过程。

五、作业及思考题

（1）画图显示麦冬花粉母细胞减数分裂过程。

（2）怎样制片才能够在同一视野里观察到不同分裂时期的细胞？

实验 24 滴片法制备悬浮细胞分裂标本

一、实验原理

滴片法是一种将低渗固定后的分裂期悬浮细胞滴在带水预冷玻片上，制备分散良好染色体标本的制片方法。

原理是处于分裂期的悬浮细胞，经低渗处理后胀大，再经固定后滴于带水的载玻片上，细胞膜瞬间胀破，细胞核及分散的染色体分布于载玻片上；再用染核的染料染色即可很好地显示细胞核及染色体。

二、实验材料、试剂及用品

（一）材料

荷腹水瘤小鼠、成年雄性小鼠精巢细胞、骨髓细胞、培养血细胞等。

（二）试剂

（1）2%柠檬酸钠溶液。
（2）0.9%氯化钠溶液。
（3）0.075mol/L 氯化钾溶液。
（4）甲醇∶冰醋酸=3∶1（*V*/*V*）。现配。
（5）甲醇∶冰醋酸=1∶1（*V*/*V*）。现配。
（6）0.067mol/L 的 PBS：配制方法见附录一。
（7）吉姆萨染液贮存液：配制方法见附录一。
（8）吉姆萨染液应用液：用 0.067mol/L 的 PBS 缓冲液将吉姆萨染液储存液稀释 20 倍。实验时现稀释。
（9）100μg/mL 秋水仙素。

（三）用品

10mL 低速离心机，普通光学显微镜，10mL 尖底离心管，一次性塑料吸管，载玻片（冰蒸馏水中预冷），载玻片染色盒（缸），一次性乳胶手套等。

三、实验步骤

（1）脱颈处死荷腹水瘤小鼠。
（2）抽取含瘤腹水。参考文前二维码“视频 11 小鼠腹腔注射与腹腔液抽取”的方法抽取含有瘤细胞的腹水。
（3）洗涤腹水瘤细胞。吸取 0.5mL 含瘤腹水，加入 6mL 2%柠檬酸钠溶液，混匀后 1500r/min 离心 5min，弃上清液。
（4）低渗处理。向细胞沉淀加 5mL 0.075mol/L 的氯化钾溶液，轻轻吹打混匀，室温静置 10min。
（5）预固定。向低渗悬液中加入 1mL 3∶1 甲醇∶冰醋酸，轻轻吹打混匀，静置 2min，1000r/min 离心 8min，弃上清液。
（6）固定。加入 8mL 3∶1 甲醇∶冰醋酸，轻轻吹打混匀，静置 10min；1000r/min 离心 8min，弃上清液。
（7）再固定。加 5mL 1∶1 甲醇∶冰醋酸，吹打混匀，静置 5min；1000r/min 离心 8min，弃上清液；加适量 1∶1 甲醇∶冰醋酸，轻轻吹打重悬细胞。
（8）滴片。冰水预冷片 2 片，干片 1 片。

（9）染色。用1∶20稀释的吉姆萨染液应用液染色20～30min。

方法1：扣染。操作：取9cm平皿，在平皿内平行摆放两行牙签，距离超出载玻片上标本范围；将细胞标本的细胞面朝下架在牙签上；从载玻片一侧滴加吉姆萨染液应用液至接触载玻片下表面；染色20～30min；染色结束后，将平皿放在自来水龙头下用细流水冲洗掉大部分染液，再拿起标本小心冲洗去除遗留的染液，吸水纸吸干或自然晾干。

方法2：在载玻片染色盒中染色。操作：将细胞标本插入载玻片染色盒中，快速向其中倒入吉姆萨染液应用液，至覆盖细胞标本所在区域；染色20～30min；染色结束后，将染色盒放在自来水龙头下用细流水冲洗掉大部分染液，再拿起标本小心冲洗去除遗留的染液，吸水纸吸干或自然晾干。

实验结果图4-17与图4-18

（10）结果观察。湿片滴片法制片效果见实验结果图4-17，干片滴片法制片效果见实验结果图4-18。两者相比，湿片法细胞胀破，标本中只剩细胞核和染色体；干片法细胞核和染色体外包裹细胞质。

间期：核小、核质均匀、淡染。

前期：核大、一团乱麻。

中期：散在分布的棒状或X形染色体。

后期：染色体臂朝一侧弯曲。

末期：核呈长方形，往往出现对应的2个。

四、注意事项

（1）控制低渗处理时间。如低渗处理过度，细胞会在低渗液中胀破，染色体遗失；低渗不足，染色体分散不好。可根据不同的细胞，适当调整低渗时间，达到预期目的。

（2）加低渗液后离心重悬时应轻轻吹打，避免细胞提前破裂而导致染色体外遗、无规则排列。

（3）滴片时载玻片上一定要有水。

（4）吉姆萨染液染色方法。染色结束带染液直接冲洗，防止形成氧化膜。

五、作业及思考题

（1）拍照并标示细胞分裂各期。

（2）比较用湿片与干片滴片的制片效果。

附1　小鼠骨髓细胞收集方法

（1）脱颈处死小鼠。

（2）取长骨并去除骨上所附肌肉，暴露骨头两端。

（3）剪开骨头两端。

（4）用注射器吸取5mL 2%柠檬酸钠溶液将骨髓腔中细胞冲出。

附2　培养血细胞的收集

（1）用吸管先将培养液转入离心管中。

（2）再给培养瓶中加入生理盐水，用吸管吸取瓶中生理盐水冲洗整个培养瓶底壁，将附着细胞（主要为淋巴细胞）冲洗下来转入培养液所在离心管。

附 3　小鼠精巢细胞收集方法

（1）脱颈处死小鼠。

（2）取睾丸并清洗。从腹腔下部或阴囊中取出白色肾形睾丸，放入盛有 4～5mL 2%柠檬酸钠溶液的平皿中清洗并去掉外面脂肪等组织，弃污液。

（3）游离精巢细胞。另加 2%柠檬酸钠溶液 1～2mL，倾斜平皿，用尖头镊子的镊尖或解剖针针尖将曲细精管拉出，拨到平皿一侧无溶液处，弃污液及膜状物；另加 1～2mL 2%柠檬酸钠溶液，用眼科剪尽量将曲细精管剪碎；将剪碎的曲细精管及溶液移入离心管中，补充 2%柠檬酸钠溶液至 6mL，反复吹打游离曲细精管中细胞 1～2min；静置沉淀膜管状杂质。

（4）收集精巢细胞。将细胞悬液转移至 10mL 离心管中，1000r/min 离心 5min，弃上清液，沉淀即不同发育阶段的细胞。

附 4　增加小鼠骨髓及精巢中期分裂相的方法

实验前 4～5h，小鼠腹腔注射浓度 100μg/mL 的秋水仙素 0.5mL。

实验 25　去壁低渗法制备植物细胞染色体分散标本

一、实验原理

用纤维素酶和果胶酶同时处理植物细胞，使细胞间质溶解，细胞壁破坏，再通过低渗、固定、滴片等与滴片法相似的步骤制备出分散度好、便于观察与研究的染色体标本。

二、实验材料、试剂及用品

（一）材料

蚕豆或玉米种子。

（二）试剂

（1）0.2%秋水仙素。

（2）0.075mol/L 氯化钾溶液。

（3）2.5%的混合酶液：纤维素酶和果胶酶各 0.5g 溶于 20mL 蒸馏水中，4℃冰箱保存。

（4）3∶1 甲醇∶冰醋酸。

（5）0.067mol/L、pH7.6 的 PBS。A 液：0.067mol/L 磷酸氢二钾；B 液：0.067mol/L 磷酸氢二钠。

（6）pH7.4 的 PBS：18.2mL 溶液 A+81.8mL 溶液 B。

（7）1∶20 稀释的吉姆萨染液应用液。

（8）1mol/L 盐酸。

（三）用品

水浴箱，恒温箱，显微镜等。

三、实验步骤

（1）生根。将玉米和蚕豆种子用水浸泡 24h，让其充分吸胀；然后平铺于垫有湿纱布或滤纸的培养皿内，上面加盖湿纱布，25℃恒温培养至根长 0.5～1cm；期间每 12h 换水 1 次。

（2）秋水仙素预处理。剪取根，立即投入 0.2%秋水仙素中浸泡 2～3h，以便获得更多中期分裂相。处理完后用自来水将秋水仙素洗干净。

（3）前低渗。切下约 1mm 长的根尖，放入 0.075mol/L 氯化钾溶液中 25℃低渗处理 30min。

（4）酶解去壁。吸除氯化钾溶液，加入 2.5%混合酶液，在 25℃条件下消化处理 1～2h。去壁的效果可用显微镜观察。也可用酸解法去壁，具体做法：依材料的多少，加 3～4 倍体积的 1mol/L 盐酸，60℃解离 5min。解离完毕，用自来水洗 3 次，每次 5min，将解离液洗净。解离时间不足，细胞壁没有完全消化，染色体便无法分散、铺展；解离时间过长，则可能导致细胞离散丢失。

（5）后低渗。吸除酶液，慢慢加入 25℃左右的蒸馏水，轻轻洗 1 次，然后再加蒸馏水浸泡 10～30min。

（6）制备细胞悬液。吸弃蒸馏水，用镊子立即将材料夹碎，形成细胞悬液。

（7）固定。向细胞中加入新配制的甲醇∶冰醋酸（3∶1）固定液 2mL，轻轻吸打混匀，静置，固定 30min。

（8）收集细胞。将上层细胞悬液转入 10mL 离心管内，1000r/min 离心 5min，弃上清液，另加少量固定液重悬细胞。

（9）制片。将细胞滴加在冰水中预冷的洁净载玻片上，自然晾干或酒精灯微微加热烤干。

（10）染色。用 1∶20 的吉姆萨染液应用液（pH7.6）染色 30min，自来水冲洗，晾干。

四、注意事项

（1）前低渗处理。此步的时间范围变化较大，一般掌握在 30～60min 即可，未经前低渗处理的材料，细胞核膨胀小，染色体不易散开。

（2）酶解去壁问题。包括几个因素：①酶的浓度：提高酶的浓度可以缩短去壁的时间，但耗费大。国产纤维素酶的浓度控制在 2.5%～5%，根尖材料一般用 2.5%，树木幼叶、幼芽可用 5%。②酶解时间：要根据材料的老嫩、大小、种类及酶解用酶的浓度等作适当的调整。③酶解温度：必须恒定在 25～26℃。④酶液的配制与 pH：使用蒸馏水配制国产酶液，效果很好。

（3）其他问题。参考“实验 24 滴片法制备悬浮细胞分裂标本”注意事项。

五、作业及思考题

去壁低渗法制备植物细胞染色体标本的关键步骤是什么？

第七节　细胞裂解及效果检测

细胞裂解是检测及分离细胞成分的必经过程。遵循原则：既能破碎细胞，又能避免蛋白质变性。细胞裂解方法分物理法和化学法两大类。物理法常用的有研磨、超声波、冻融及渗透裂解法等，化学法主要用去污剂和酶裂解细胞。哺乳动物细胞常用裂解方法为去污剂法。

一般将细胞悬浮在细胞裂解缓冲液（或称破碎缓冲液）中进行裂解。裂解缓冲液一般具备如下特点：①适宜的离子强度和 pH，一般为 0.1～0.2mol/L、pH7.0～8.0 的 PBS 缓冲液或 Tris 缓冲液；②含不同种类的蛋白酶抑制剂，如叠氮化钠、苯甲基磺酰氟（PMSF）、抑蛋白酶多肽（aprotinin）、亮抑蛋白酶肽（leupeptin）、EDTA、二异丙基氟代磷酸酯（DFP），抑制蛋白酶对蛋白质的降解；③含一种或几种不同类型的去污剂，如十二烷基硫酸钠（sodium dodecylsulfate，SDS）、Nonidet P-40（NP-40）、Triton X-100、脱氧胆酸（deoxycholic acid）等，作用是裂解细胞、溶解蛋白质。

细胞常用裂解液如碧云天生物技术研究所生产的 RIPA 等各种细胞裂解液、三去污裂解剂等。不同裂解剂的主要区别在于含有的去污剂及蛋白酶抑制剂种类及含量不同、对细胞的裂解强度不同、对提取细胞不同部位蛋白质的效果不同，在应用时可根据实验目的加以选择。

细胞的裂解效果可通过涂片染色显微观察、总蛋白质含量、SDS-PAGE（十二烷基硫酸钠聚丙烯酰胺凝胶电泳）蛋白质条带数目及亮度、DNA 量、目标蛋白质的蛋白质印迹法检测结果、目标蛋白质活性、DNA 片段长度、细胞质特征酶活性等显示。

实验 26　小鼠腹水瘤细胞裂解及乳酸脱氢酶活性检测

一、实验原理

反复冻融、超声及去污剂处理均可导致细胞裂解，但不同方法及具体应用条件不同，所产生的细胞裂解效果不同，对胞内蛋白质活性的影响也不同。细胞裂解效果可通过形态及胞内标志蛋白质活性反映。

乳酸脱氢酶（lactate dehydrogenase，LDH）稳定存在于几乎所有细胞的细胞质内，为细胞质标志酶。细胞膜破坏后，LDH 即被释放到细胞外。定量检测细胞悬液离心后上清液中的 LDH 活性，即可反映细胞膜破碎的程度及实验方案对细胞质蛋白质活性的影响。LDH 检测原理：LDH 催化底物可与显色剂反应生成有色化合物的产物，通过比色可显示酶活力。

二、实验材料、试剂及用品

（一）材料

接瘤 7d 的荷腹水瘤小鼠。接瘤方法见附录二。

（二）试剂

（1）0.01mol/L、pH7.2 PBS：配制方法见附录一。
（2）RIPA 裂解液（强）。
（3）1% Triton X-100 溶液：用 PBS 配制。
（4）乳酸脱氢酶（LDH）测试盒：南京建成生物工程研究所产品。

（三）用品

普通台式离心机，−20℃低温冰箱，超声细胞破碎仪，10mL 刻度离心管，胶头吸管，CO_2 培养箱，96 孔板离心机，96 孔细胞培养板，100μL 移液器及对应枪头等。

三、实验步骤

1. 准备腹水瘤细胞 实验当时采集荷腹水瘤小鼠腹水，方法见附录二。抽出的腹水用 PBS 稀释 10 倍，其浓度为（1～2）$\times 10^6$ 个/mL。

2. 细胞裂解 取 6 支 EP 管，标记为 1～6 号；各加入 0.5mL 细胞悬液；1500r/min 离心 8min，弃上清液；然后给 1、2 号管加入 0.5mL 0.01mol/L、pH7.2 PBS，3、4 号管加入 0.5mL RIPA 裂解液，5、6 号管加入 0.5mL 1% Triton X-100 溶液；混匀，4℃静置 30min。

实验结果图 4-19 与图 4-20

3. 裂解效果观察 分别用 3 个不同处理的细胞悬液制备装片，显微观察裂解效果。PBS 组结果见实验结果图 4-19，可见细胞完整；其他两组细胞被裂解，核大部分被破坏，仅剩很小的核残余物，见实验结果图 4-20。

4. 制备乳酸脱氢酶检测样品 在 6 支新的 EP 管中，各加入 900μL PBS，再分别向其中加入 100μL 步骤 2 产生的裂解液；PBS 处理组 1500r/min 离心 5min，RIPA 裂解液和 Triton X-100 溶液组 12 000r/min 离心 5min，离心结束后小心转移上清液到干净的 EP 管。

5. LDH 活性测定

（1）在 96 孔细胞培养板内进行如下反应。

1）20μL 待测标本+25μL 基质缓冲液+5μL 辅酶Ⅰ，37℃温育 15min。

2）加入 2,4 二硝基苯肼 25μL，37℃温育 15min。

3）加入 0.4mol/L 氢氧化钠 250μL，室温作用 5min。

（2）测定光密度。用酶标仪在 450nm 波长处测定 OD。

四、注意事项

（1）裂解液及 PBS 要在 4℃预冷，细胞裂解及裂解后的离心步骤需在冰上或 4℃进行。

（2）加细胞前混匀，加样量准确。

（3）戴一次性手套操作，以防被去污剂 Triton X-100 等腐蚀及肿瘤细胞进入伤口。

（4）死细胞同样释放 LDH，因此，实验时应设置合适的对照。

五、作业及思考题

（1）查阅文献了解 RIPA 裂解液的组成并分析其作用。

（2）比较应用 Triton X-100 和 RIPA 裂解液的效果，分析可能原因。

（3）PBS 处理组的离心速度如果和其他两组相同，会出现什么结果？

第八节　细胞器分离

细胞器包括细胞核、线粒体、叶绿体、内质网、高尔基体、溶酶体、微体等。分离细胞组分是研究其功能的前提。

细胞器分离的一般做法是：首先用各种方法将组织制成匀浆，使细胞破碎，细胞中的各种亚细胞组分从细胞中释放出来；然后利用不同细胞器密度的差异通过差速离心或密度梯度离心将其分级分离（fractionation）。

差速离心法（differential centrifugation）是指在均匀介质中由低速到高速离心逐渐沉降细胞器的方法。先低速离心使较大的颗粒沉淀，再用较高的转速将上清液中的小颗粒沉淀下来。依次增加离心力和离心时间，就能够使这些颗粒按其大小、轻重分批沉降在离心管底部，从而分批收集。细胞器中最先沉淀的是细胞核，其次是线粒体，再次是更轻的细胞器和大分子。由于样品中各种大小和密度不同的颗粒在离心前均匀分布于整个离心介质中，很难一次得到纯的颗粒，需经反复悬浮和离心分离。

密度梯度离心法（density gradient centrifugation）是将细胞匀浆加在具有密度梯度的介质上而非均匀介质中离心分离的方法。在离心管中，介质密度的分布从下至上逐渐降低，离心后不同密度的细胞器分布于不同密度的介质层中。

理想的梯度介质应具备的特点是：有黏性，容易维持溶液梯度；成分是惰性的，不与生物颗粒发生反应；不进入细胞，无毒；易从梯度介质中分离出样品；价廉易购等。蔗糖是密度梯度离心中最常用的梯度介质，其特性比较符合梯度介质的要求。其他梯度介质，如甘油和 Ficoll 的黏度太高、扩散较慢；CsCl 溶液离子强度高，易破坏生物样品；硅溶胶在高离子浓度下易形成沉淀，故较少有人使用。

细胞器分离常用的悬浮介质为缓冲的蔗糖溶液，原因是它比较接近细胞质的分散相，能在一定程度上保持细胞器的结构和酶的活性；在 pH7.2 的条件下，亚细胞组分不易重新聚集，有利于分离。

分级分离得到的组分，可通过形态学、细胞化学和生物化学方法进行鉴定。

实验 27 植物细胞叶绿体的分离

一、实验原理

叶绿体主要存在于绿色植物叶片的叶肉细胞内，研磨叶片可使细胞破裂，叶绿体从中释放出来；由于完整叶绿体密度与细胞核、未破碎细胞、破碎叶绿体等细胞组分的比重和大小都不相同，可利用差速离心或密度梯度离心的方法将其与细胞其他组分分开。

二、实验材料、试剂及用品

（一）材料

新采集的多叶绿色蔬菜，放入 4℃冰箱预冷时间不短于 1h。最好在晴天上午 10h 左右选取生长正常的菠菜或青菜叶。如仅用于以形态观察方法检验制备效果的学生实验，也可直接在菜场购买青菜，并无须预冷。

（二）试剂

（1）0.4mol/L 蔗糖：仅用于以形态观察方法检验制备效果的学生实验。

（2）叶绿体制备液：0.33mol/L 山梨醇，50mmol/L、pH7.6 Tris-HCl（或 Tricine），5mmol/L

$MgCl_2$，10mmol/L NaCl，2mmol/L EDTA，2mmol/L 异抗坏血酸钠的分离介质。

配制方法：量取约 800mL 蒸馏水，加 60g 山梨醇，6.06g Tris，1.0g $MgCl_2 \cdot 6H_2O$，0.6g NaCl，0.77g $EDTA\text{-}Na_2$，0.4g 异抗坏血酸钠，搅拌使溶解，用 1mol/L HCl 调 pH 至 7.6，补加蒸馏水至 1000mL。

（三）用品

10mL 低速离心机，玻璃研磨器，托盘天平，研钵，40mL 小烧杯，纱布，离心管，载玻片，盖玻片等。

三、实验步骤

（1）洗涤。用蒸馏水洗去表面浮尘，然后用吸水纸擦干水分或用制备液淋洗一遍。

（2）去叶脉。用剪刀剪去柄及粗的叶脉。

（3）研磨匀浆。称 2g 叶子在玻璃研钵中剪碎，先加 1～2mL 制备液，快速研磨 30s～1min 使成匀浆，然后再加 8mL 制备液，混匀。

（4）过滤。把匀浆液倒在 4～6 层纱布上过滤入小烧杯。

（5）离心去完整细胞、细胞核等。滤液转入 10mL 离心管，约 500r/min 离心 2min，上清液转入另一离心管。

（6）离心收集叶绿体。上清液在 2600r/min 离心 5min，沉淀即叶绿体。

（7）悬浮叶绿体。沉淀中加入适量制备液，用吸管吹打，使其悬浮、混匀。

（8）镜检分离效果。40×物镜下观察叶绿体形态，判断纯度。实验结果图 4-21 显示了比较理想的叶绿体分离结果。

实验结果
图 4-21

四、注意事项

（1）低温分离以保持叶绿体蛋白质活性：分离器皿及材料须在 4℃冰箱预冷，操作尽量在 0～4℃条件下进行。如仅通过显微镜观察完整叶绿体比例显示结果，可在室温下实验。

（2）分离液渗透压及 pH：叶绿体的被膜比较脆弱，分离叶绿体应在等渗或高渗的缓冲溶液中进行。

（3）研磨力度及方法：用力不能过猛，且不要在同一位置反复研磨，可通过中途制备研磨液装片显微监测研磨效果，大部分叶绿体从细胞中出来即可。

（4）通过实时显微监测分步离心后各部分的组成，根据需要调整离心速度和时间。

（5）操作尽量快速：叶绿体活力会随着离体时间延长而不断下降。

五、作业及思考题

（1）制备研磨后悬液、第一次离心重悬液及第二次离心重悬液装片，观察每种悬液中完整细胞、叶绿体、类囊体的组成。

（2）总结叶绿体分离的注意事项，谈谈自己的体会。

实验 28　动物细胞线粒体的分离

线粒体（mitochondrion）是真核细胞中产生能量的重要细胞器。细胞中的能源物质——

脂肪、糖、部分氨基酸在此进行最终的氧化，并通过偶联磷酸化生成 ATP，供给细胞生理活动之需。对线粒体结构与功能的研究通常是在离体的线粒体上进行的，分离的线粒体可用于线粒体酶活性、细胞凋亡、信号传递、能量代谢、蛋白质组学和病理生理学等方面的研究。

从任何组织或细胞分离线粒体的方法基本采用以下 4 步：第一，通过机械或化学方法破裂细胞；第二，通过低速差速离心去除残渣碎屑和巨大细胞器；第三，通过高速差速离心获得线粒体；第四，通过等密度离心（isodensity centrifugation）获得纯度更高的线粒体。

分离得到的线粒体可通过检测其活性和膜完整性反映分离效果。线粒体活性的常规检测包括：柠檬酸合成酶（citrate synthase，CS）活性测定、氧化磷酸化效率测定等。线粒体内外膜完整性的测定方法是：细胞色素氧化酶（cytochrome oxidase，CCO）活性测定和细胞膜电位检测。

细胞膜电位检测用线粒体特异荧光探针。JC-1 是一种广泛用于检测线粒体膜电位（mitochondrial membrane potential）$\Delta\Psi_m$ 的理想荧光探针。可以检测细胞、组织或纯化的线粒体膜电位。在线粒体膜电位较高时，JC-1 聚集在线粒体的基质（matrix）中，形成 J-聚集体（J-aggregates），可以产生红色荧光；在线粒体膜电位较低时，JC-1 不能聚集在线粒体的基质中，此时 JC-1 为单体（monomer），可以产生绿色荧光。这样就可以非常方便地通过荧光颜色的转变来检测线粒体膜电位的变化。常用红绿荧光的相对比例来衡量线粒体去极化的比例。

一、实验原理

线粒体普遍存在于动植物细胞等真核细胞内。在正常的细胞中，一般在需要能量较多的部位比较密集；细胞新陈代谢越旺盛的部位，线粒体的含量就越多。动物肝细胞和植物叶肉细胞中都富含线粒体。将组织匀浆后，利用线粒体和其他细胞组分的密度差别可通过差速离心或密度梯度离心将线粒体从细胞组分中分离出来。

二、实验材料、试剂及用品

（一）材料

新鲜小鼠肝脏。

（二）试剂

（1）0.25mol/L 蔗糖溶液（pH7.4）：0.1mol/L Tris 10mL，0.1mol/L 盐酸 8.4mL，加双蒸水到 100mL，再加蔗糖使浓度为 0.25mol/L。

（2）1%詹纳斯绿 B 染液：称取 50mg 詹纳斯绿 B 溶于 5mL 生理盐水中，稍微加热使之溶解，普通滤纸过滤除去未溶颗粒，滤液即 1%染液。

（3）2.5% Tris-磷酸戊二醛溶液。

（三）用品

解剖刀（剪），天平，冷冻高速离心机，玻璃匀浆器，200 目滤网，40mL 小烧杯，纱布，刻度离心管，普通光学显微镜，电镜等。

三、实验步骤

1. 取材及清洗 实验前将小鼠空腹12h，实验时颈椎脱臼法处死小鼠，剖腹取肝，迅速用生理盐水洗净血水，用滤纸将水吸干。

2. 制备肝匀浆 称取肝组织1g，剪碎；用预冷的0.25mol/L蔗糖溶液洗涤数次，然后按每克肝组织分数次添加9mL预冷的0.25mol/L蔗糖溶液，边加边在0～4℃冰浴中用玻璃匀浆器将肝制成匀浆，过200目滤网或双层纱布，滤液转入离心管中。

3. 差速离心分离线粒体

（1）将匀浆液先在1000×*g*离心10min，沉淀细胞核及质膜碎片。

（2）上清液转入另一离心管，7000×*g*离心15min，沉淀部分为线粒体粗制品。

4. 线粒体的洗涤纯化 用10mL预冷的0.25mol/L蔗糖溶液重复洗涤沉淀2次，每次7000×*g*离心10min。黄褐色的管底沉淀即线粒体。

5. 分离物鉴定

（1）线粒体形态鉴定。取线粒体沉淀滴在载玻片上，勿太密。滴加1%詹纳斯绿B染液染色，15min后盖片镜检。线粒体呈蓝绿色，小棒状或哑铃状。

（2）线粒体完整性检验。①制备超薄切片电镜观察。②用线粒体特异荧光探针检测膜电位。

（3）测定线粒体标志酶细胞色素氧化酶或苹果酸脱氢酶活性。

四、注意事项

（1）最好用新鲜肝脏，0～4℃冰箱保存大鼠肝组织4h后线粒体结构基本消失。

（2）低温（0～4℃）操作，整个分离过程也不宜太久，避免组分生理活性的下降及消失。

（3）理想的匀浆及化学裂解程度是有约80%的细胞裂解。化学裂解法通常孵育5min。难以用酶裂解的细胞通常采用物理匀浆的方法。物理匀浆前应先充分剪碎肝组织，缩短匀浆时间。

（4）如果需要计量线粒体，稀释后应在数分钟内完成，否则线粒体将解体。如果想要长时间地观察或用于电子显微镜制样，可沿试管壁用吸管缓慢加入2.5% Tris-磷酸戊二醛溶液固定线粒体（一般固定2min即可）。

五、作业及思考题

查阅资料，学习线粒体标志酶细胞色素氧化酶或苹果酸脱氢酶活性的测定方法。

实验29 胞外囊泡提取

胞外囊泡（extracellular vesicle，EV）是细胞自发或在一定条件下分泌的球状膜性囊泡，直径为40～1000nm，包括外泌体（exosome）、微囊泡（microvesicle，MV）等。囊泡内含有蛋白质、核酸、脂质和小分子代谢物，在细胞间信号通讯及机体调控中发挥重要作用，参与人类肿瘤、心血管疾病、神经退行性疾病和代谢性疾病等疾病的发生、发展，具有作为疾病诊断标志物、治疗药物、药物靶标和药物载体的潜能。

EV可由植物细胞、哺乳动物细胞、细菌细胞等生成和分泌。分离纯化技术主要包括超速离心（ultracentrifugation，UC）法、聚合物沉淀法（polymer precipitation）、切向流过滤（tangential flow filtration，TFF）法、非对称场流（asymmetric flow field fractionation，AF4）、尺寸排阻色谱法（size exclusion chromatography，SEC）、免疫亲和层析（immunoaffinity chromatography）。超速离心法相对最为简单，且所得囊泡纯度要高于 SEC 法，与 TFF 法接近。TFF 法可以处理大量样品。

一、实验原理

RKO 人结肠癌细胞培养过程可产生胞外囊泡，收集细胞培养上清液，先低速离心除去完整细胞和细胞碎片后，再用超速离心即可得到胞外囊泡。

EV 双层膜上富含具有交换及融合作用的膜联蛋白及脂类，用蛋白质结合染料 CFSE 和亲脂性染料 FM1-43 对 EV 同时染色，双阳性群体即可鉴定为 EV。

二、实验材料、试剂及用品

（一）材料

RKO 人结肠癌细胞系。

（二）试剂

（1）eBioscience^{TM} CFSE：No.65-0850-84，购自 Invitrogen 公司。

（2）FM^{TM} 1-43FX：No.F35355，购自 Invitrogen 公司。

（3）0.01mol/L、pH7.4 的 PBS 缓冲液：配制方法见附录一。

（4）HBSS 缓冲液：直接购买。

（5）超纯水。

（6）DMEM 完全培养液：含 10%胎牛血清（100 000×g 去除外泌体）、1%双抗（青霉素 100IU/mL，链霉素 100μg/mL）的 DMEM 培养液。

（三）用品

CO_2 培养箱，超速冷冻离心机，1.5mL 冷冻离心机，激光共聚焦显微镜，流式细胞仪，聚苯乙烯纳米微球，超速离心管，1.5mL 离心管，枪头等。

三、实验步骤

1. RKO 人结肠癌细胞的传代培养　用 DMEM 完全培养液于 37℃、5% CO_2 的培养箱中培养 RKO 人结肠癌细胞，至铺满培养皿 80%后再培养 48h。

2. 胞外囊泡的分离与提取

（1）收集步骤 1 的细胞培养上清液，300×g、4℃离心 5min，沉淀细胞。

（2）将上清液转移至干净的离心管中，1600×g、4℃离心 10min，离心沉淀死细胞和大的细胞碎片。

（3）将上清液转移至新的离心管中，16 000×g、4℃离心 70min，除去小型细胞碎片。

（4）将上清液转移至干净的超速离心管中，40 000×g、4℃离心 70min，离心沉淀即直径较大的外囊泡，也称微囊泡（microvesicle），用适量 PBS 重悬后备用。

（5）将上述步骤中最后收集的上清液于超速离心机（OptimaL80XP，Beckman）中100 000×g（SW32Ti 转头）离心 70min，弃上清液，沉淀即较小的外囊泡。最后用 100μL PBS 重悬沉淀。其中可能含有污染的蛋白质，如用本步骤条件再重复重悬离心沉淀 1 次，所得外泌体纯度更高。

3. EV 的荧光染色 用 CFSE 和 FM1-43 双染 EV。方法：用 PBS 对 EV 进行梯度稀释，使其浓度在线性检测范围内。CFSE 贮存液 3μL（5mmol/L）溶解于 100μL 的 HBSS 溶液中，FM1-43 贮存液（100μg/mL）溶解于 100μL HBSS 溶液中，将上述两种染液与 100μL EV 悬液充分混匀后于室温避光孵育 30min（CFSE 染液终浓度 100mmol/L，FM1-43 染液终浓度 10μg/mL）。

4. EV 的流式检测鉴定

（1）启用 405nm 激光器的侧向散光检测通道 VSSC，同时在软件上更改检测器配置。

（2）用超纯水（电阻率 18.2MΩ）对流式细胞仪进行高速清洗 1h 以上。

（3）设定流式参数。将 100nm 直径的聚苯乙烯纳米微球进行梯度稀释后，用 Cytoflex LX 进行检测，手动调节阈值及增益，使背景噪声信号与 100nm 微球信号有较好的分离，此时即 EV 检测的最佳条件，并以同样的条件对 ddH_2O 和 PBS 进行检测，进一步确定背景噪声信号的设门位置。

（4）制作标准工作曲线。分别将 100nm、200nm、300nm、500nm 四种聚苯乙烯纳米微球进行梯度稀释，并于低速条件下进样，每次采样时间为 30s，每个样品平行采样 3 次。根据稀释的梯度和测定的浓度建立一条颗粒浓度与稀释梯度之间的标准工作曲线。

（5）Mixed 微球溶液配制。选取处于线性范围内的梯度溶液，分别吸取适量的微球溶液进行等比例混合，制成 Mixed 聚苯乙烯纳米微球。

（6）检测。对 CFSE 和 FM1-43 双染 EV 进行流式检测。

四、注意事项

仪器的清洁度会直接影响检测灵敏度，故使用之前需对仪器进行彻底清洁。

五、作业及思考题

囊泡形态如何检测？

第五章　综合性实验

第一节　细 胞 分 选

细胞分选是指从混合细胞群中获取纯化某种细胞类群的细胞分离方法。主流分选方法有两种，即免疫磁珠细胞分选法和流式细胞分选法，其他还有微流控细胞分选方法、免疫黏附细胞分选方法等。

其中的免疫磁珠细胞分选法是先用磁珠标记细胞，然后用可以产生磁场的细胞磁分选仪进行分选；流式细胞分选法是用荧光素标记细胞后用流式细胞仪分选细胞。兴起于 20 世纪 90 年代的微流控技术，通过微米级别的流道精确操控微升、毫升级别的样品。

更多知识详见本书第一章第三节“细胞获取与分离方法”。

实验 30　免疫磁珠分选法分离小鼠脾脏 $CD4^{+}$T 淋巴细胞

一、实验原理

生物素与亲和素有很强的亲和力，生物素标记的抗 CD4 抗体与 $CD4^{+}$T 淋巴细胞表面的 CD4 分子结合，再借助生物素与亲和素的高亲和力将亲和素标记的磁珠结合在 $CD4^{+}$T 淋巴细胞表面，使该类细胞成为磁珠标记细胞。

混合有磁珠标记细胞和未标记细胞的悬液通过磁分选仪中的分离柱时，磁力作用下，磁珠结合细胞被截留在柱内，借此与无磁珠结合的细胞分开。

二、实验材料、试剂及用品

（一）材料

小鼠，体重 18～20g，雌雄不限。

（二）试剂

（1）70%乙醇。
（2）D-Hanks 液：配制方法见附录一。
（3）0.83%NH_4Cl 溶液：0.22μm 滤膜过滤消毒。
（4）含 10%胎牛血清（FBS）的 RPMI1640 完全培养液：配制方法见附录一。
（5）0.4%台盼蓝生理盐水染液：配制方法见附录一。
（6）0.01mol/L PBS 缓冲液：配制方法见附录一。
（7）生物素标记的抗 CD4 抗体。
（8）UniQ 中性链亲和素包被磁珠：北京百奥科生物技术有限公司。

（三）用品

CO_2 培养箱，普通光学显微镜，磁性细胞分选仪，恒温水浴锅（37℃），10mL 低速离心机，托盘天平，40mL 小烧杯，小剪刀，尖头镊子，直镊，弯镊，9cm 平皿，6cm 玻璃平皿，200 目细胞过滤筛，2mL 玻璃注射器内芯，10mL 一次性注射器，10mL 带盖刻度离心管，1.5mL EP 管，胶头吸管，血细胞计数板，载玻片，盖玻片等。

三、实验步骤

（一）制备小鼠脾脏细胞悬液

（1）脱颈处死小鼠。

（2）消毒小鼠。70%乙醇浸泡 3min。

（3）准备研磨用品。将 200 目细胞过滤筛放入 9cm 平皿，加盖。

（4）剖腹取脾脏。

（5）用 D-Hanks 液漂洗脾脏。

（6）挤压游离脾细胞。将脾脏放在 200 目细胞过滤筛上，剪去一端包膜；用一把直镊固定脾脏未剪去包膜的一端，然后将一把弯镊的镊尖并拢，用弯曲部分的背侧从固定端向游离端轻轻挤压脾脏，将其中细胞挤出，并及时将挤出的细胞用 D-Hanks 液冲下。或先将脾脏剪成碎块，放在滤网上，用玻璃注射器内芯按压挤出其中细胞并用 D-Hanks 液冲下。

（7）过滤除组织块及细胞团。

（8）离心收集细胞。1500r/min 离心 5min，弃上清液。

（9）裂解红细胞。向细胞沉淀中加入 5mL 0.83%NH_4Cl 溶液或红细胞裂解液，混匀，置 37℃水浴 10min，裂解红细胞。

（10）除裂解液。1500r/min 离心 5min，弃上清液；再加 2mL D-Hanks 液重悬后 1500r/min 离心 5min，弃上清液。

（11）黏附除单核巨噬细胞。用 6mL RPMI1640 培养液重悬细胞沉淀，然后转入 6cm 玻璃平皿中，37℃温育 2h，使其中巨噬细胞黏附。

（12）收集淋巴细胞并检测活率。收集培养液，其中主要为淋巴细胞。吸取 100μL 于 1.5mL EP 管中，另加等量 0.4%台盼蓝生理盐水染液，混合后染色 3～5min，制片检测活细胞百分比，要求在 95%以上。

（二）细胞磁分选

（1）洗涤脾脏单个核细胞。用 PBS 缓冲液洗涤细胞 2 次，每次 1500r/min 离心 5min，弃上清液；最后加入 100μL PBS 缓冲液悬浮细胞。

（2）标记细胞。向细胞悬液中加入 1μg 生物素标记的抗 CD4 抗体，冰上孵育 20min。

（3）洗涤除未结合抗体：用 PBS 缓冲液洗涤细胞 2 次，每次 2000r/min 离心 5min，弃上清液。

（4）用磁珠标记细胞。用 100μL PBS 溶液重悬细胞沉淀，按说明书要求用量加入链亲和素包被磁珠，冰上孵育 15min；然后用 PBS 缓冲液洗涤细胞 2 次，每次 2000r/min 离心 5min，弃上清液；最后用 0.5mL PBS 缓冲液重悬细胞。

（5）用细胞磁分选仪分选标记细胞。操作方法见文前二维码“视频 7 细胞磁分选原理及应用”。

1）准备分选设备。先将分选柱放到磁力架上，再将有废液收集管、阴性对照细胞收集管、磁珠标记细胞收集管的试管架放在磁力架上的分选柱下面。

2）细胞分选：①移动试管架，使废液收集管在分离柱正下面；向分离柱中加入一定量的平衡缓冲液（一般为 PBS），让液体分散布满分离柱装柱物后流出，收集至废液管中。②移动试管架，使阴性对照细胞收集管在分离柱正下面；至装柱物上面的缓冲液即将完全进入装柱物时，向分离柱中轻轻加入标记了磁珠的样品混合液，让自由穿过液流入阴性对照细胞收集管。③加入缓冲液洗涤分离柱两次，去除未标记磁珠的细胞。④从磁场中取下分选柱，置磁珠标记细胞收集管上；向其中加入缓冲液，装上活塞并快速推动，靠冲力将分选柱上吸附的细胞样品冲洗下来。

（三）流式细胞仪检测分离细胞的纯度

流式细胞仪操作方法见文前二维码“视频 6 BD Accuri C6 流式细胞仪的使用”。操作文字见第三章第二节“流式细胞仪”部分。

四、注意事项

（1）待分选细胞中如有贴壁细胞，建议在分选前先贴壁培养去除，或者提高 EDTA 浓度。

（2）抗体包被磁珠对死细胞常有非特异性结合。因而用磁珠分选前最好先用 Percoll 液离心去除死细胞。

（3）分选细胞的量应在柱效范围内。

（4）上分离柱前，应充分混匀细胞，打散细胞团块。

（5）加缓冲液及细胞样品时避免产生气泡。应用真空抽滤水可减少水中气泡。

（6）延长孵育时间、提高温度会增加非特异结合。因此，要按检测产品说明书掌握好孵育时间和温度。

五、作业及思考题

（1）细胞磁分选是一种高度特异的细胞分选方法，是否意味着所得细胞纯度为 100%？为什么？

（2）用磁珠标记非目标细胞分选目标细胞是否可行？

实验 31　T 细胞的免疫荧光标记及流式细胞仪分选实验

一、实验原理

荧光素标记的特异抗体与表面表达对应抗原的细胞反应后，可使细胞带有荧光，便可用流式细胞仪对其进行分选。

活细胞表面保留有较完整的抗原或受体，人成熟 T 细胞表面标记分子为 CD3，用荧光素标记的鼠抗人 CD3 单克隆抗体与 T 细胞表面 CD3 分子反应后，可在 CD3 分子所在部位形成 CD3 和荧光素标记抗 CD3 抗体的复合物，在荧光显微镜及激光共聚焦显微镜下可观察到荧光，显示 CD3 在 T 细胞表面的分布。也可用流式细胞仪分选 CD3 阳性细胞。

二、实验材料、试剂及用品

（一）材料

新采集的抗凝人静脉血，用前保存于 4℃冰箱中。

（二）试剂

（1）500IU/mL 的肝素钠生理盐水溶液。

（2）0.9%氯化钠溶液（生理盐水）。

（3）人淋巴细胞分离液。直接购买。

（4）DPBS（pH7.4）。配制方法见附录一。

（5）抗体稀释液：含 1%牛血清白蛋白（BSA）和 0.1%叠氮化钠的 DPBS。

（6）荧光素 FITC 标记的抗人 CD3 单抗。按试剂盒要求的稀释倍数用含 1%牛血清白蛋白和 0.1%叠氮化钠的 DPBS 稀释成工作液。

（7）洗涤缓冲液：含 5%胎牛血清的 DPBS。配制方法：DPBS 900mL，胎牛血清（FCS）50mL（终浓度 5%），4%叠氮化钠 50mL（终浓度 0.2%）。

（8）细胞固定液：DPBS 10mL，葡萄糖 0.2g，甲醛 1mL，4%的叠氮化钠 50μL。

（三）用品

10mL 低速离心机，托盘天平，流式细胞仪，激光共聚焦显微镜，恒温水浴锅，低温冰箱，10mL 带盖刻度离心管，EP 管，1000μL 移液器及对应枪头，载玻片，盖玻片等。

三、实验步骤

1. 人血液单个核细胞分离及调浓度

（1）用生理盐水 1∶1 稀释血液。

（2）分离单个核细胞。2mL 分离液+2mL 稀释血；2000r/min 离心 20min；吸取两液界面细胞转入 10mL 离心管。

（3）洗涤淋巴细胞。加 5mL 生理盐水，混匀，2000r/min 离心 10min，弃上清液；另加 1mL 含 DPBS 重悬细胞。

（4）细胞计数及调浓度。计数并用 DPBS 调浓度为 1×10^7 个/mL。

2. T 细胞免疫荧光标记（在 EP 管中进行）

（1）离心沉淀细胞。1mL 细胞悬液，1500r/min 离心 5min，弃上清液。

（2）加荧光标记抗 CD3 抗体反应。100μL FITC 标记的抗人 CD3 单抗，4℃避光反应 1h。

（3）洗涤细胞：洗涤缓冲液洗 3 次。每次加满，1500r/min 离心 5min，弃上清液。

3. 激光共聚焦显微镜观察

（1）固定细胞。500μL 固定液，固定 10min。

（2）制备装片及激光共聚焦显微镜观察。

4. 流式细胞仪分选活细胞　向细胞沉淀加 1mL DPBS 重悬细胞，与空白对照细胞

（未用荧光抗体标记的细胞）同时上流式细胞仪分选荧光标记细胞。流式细胞仪操作方法见文前二维码“视频 6 BD Accuri C6 流式细胞仪的使用”。操作文字见第三章第二节“流式细胞仪”部分。

四、注意事项

（1）防止抗体与活细胞表面抗原结合后引起表面抗原的内吞。高浓度的叠氮化钠、4℃或冰上反应、细胞固定均有助于减少表面抗原内吞。

（2）细胞活性要好。否则易发生非特异性荧光染色。

（3）减少荧光猝灭。从加荧光标记抗体反应开始，后面的步骤均应避光操作并尽量减少紫外光下的观察时间。标本在试管中避光保存于 4℃冰箱 5～7d 不会明显影响观察结果，但若在荧光显微镜的紫外光下荧光会快速减弱。

（4）洗涤液中往往需要添加蛋白、EDTA 及叠氮化钠。蛋白可减少抗体与细胞的非特异结合；稳定细胞外环境、减少细胞对反应管的黏附。EDTA 可减少依赖于二价阳离子的细胞黏附。叠氮化钠可防止活细胞内吞，减少细胞表面蛋白因交联聚集而形成斑块或成帽。

五、作业及思考题

（1）流式分选结果出现阴性，可能原因有哪些？

（2）细胞荧光标记强度影响分选结果吗？

拓展阅读文献

Mattanovich D，Borth N. 2006. Applications of cell sorting in biotechnology. Microbial Cell Factories，5（1）：12.

Witek M A，Freed I M，Soper S A. 2020. Cell separations and sorting. Analytical Chemistry，92（1）：105-131.

Yu Z T F，Aw Yong K M，Fu J. 2014. Microfluidic blood cell sorting：Now and beyond. Small，10（9）：1687-1703.

第二节　细胞培养与细胞融合

细胞培养是指在体外模拟细胞体内生长的条件，使细胞在体外生长繁殖的过程。相对于细胞在体内的生长，体外培养过程条件可控，干扰因素少，可以提供大量均一的细胞样品供研究及生产使用，已广泛用于生物学的各个领域，如细胞生物学、分子生物学、遗传学、医学、药理学、免疫学、细胞工程、老年学、肿瘤学等。

根据细胞在体外的生长方式，将培养细胞分为贴壁型（黏附型）和悬浮型两大类。贴壁型细胞是必须附着在某一支持物表面才能生长的细胞；悬浮型细胞则是不必附着于固相支持物表面，而在悬浮状态下即可生长的细胞。绝大多数有机体细胞属于贴壁型细胞，只有少数细胞类型如多数血细胞、某些血液来源的肿瘤细胞可在悬浮状态下生长。

根据细胞培养材料的来源，将细胞培养分为原代培养和传代培养。原代培养是指直接从生物体取材（细胞、组织或器官）进行的第一次培养（中途不分割培养物、不更换培养物的生长器皿）。原代培养的细胞往往组成复杂、生长缓慢，但是更能代表所来源的组织细胞类型和表达组织的特异性特征，可用于药物测试、细胞分化及病毒学等方面的研究。传代培养是指分割细胞培养物进行的再培养，可以进行细胞克隆，形成细胞株，易于保存，可提供大量一致、持久的实验材料。

关于培养条件要求详见本教材第一章第四节“细胞工程技术”中的细胞培养部分；关于细胞培养的准备工作详见附录三。

细胞融合指 2 个或多个细胞融合成一个双核或多核细胞的现象。过程：膜融合→质融合→核融合（有丝分裂）。

细胞可以自然融合，如骨骼肌细胞形成中、精卵结合，但机会很少，一般需要在特殊诱导条件存在时才会发生融合。人工诱导细胞融合的方法有：①病毒诱导法。常用病毒有仙台病毒、痘病毒、呼吸道合胞病毒等，主要用于动物细胞诱导融合；特点是：融合率高，但病毒制备过程烦琐。②聚乙二醇诱导法。应用分子量 200～6000Da 的聚乙二醇（polythylene glycol，PEG）诱导细胞融合，可用于动物细胞、植物原生质体等诱导融合；特点是：试剂易得、操作简单，但融合率不稳定（0～90%）。③电融合法。应用电融合仪产生的高压电导致细胞膜产生可恢复的穿孔诱导细胞融合，广泛应用于动物细胞、植物及微生物原生质体诱导融合；特点是：条件易控，但需专门仪器且每次融合的细胞量有限。

人工诱导细胞融合主要应用于利用杂交瘤技术制备单克隆抗体，也应用于利用原生质体融合进行植物及微生物杂交育种。

实验 32　贴壁细胞的原代培养实验

一、实验原理

模仿体内生长环境，使来自机体的细胞、组织、器官能够在人工培养条件下生存、生长、繁殖。鸡胚肌肉组织含有大量可贴壁生长的细胞，可以其为材料进行贴壁细胞的原代培养。

二、实验材料、试剂及用品

（一）材料

7～12 日龄的鸡胚。

（二）试剂

（1）D-Hanks 液：配制方法见附录一。

（2）含 0.02% EDTA 的 0.25%胰蛋白酶溶液。配制方法见附录一。0.22μm 滤膜过滤除菌，保存于 4℃冰箱中。

（3）M199 基础培养液。

（4）小牛血清：56℃水浴 30min 灭活。

（5）青霉素储存液：用无菌水配成 5 万 IU/mL，分装于 EP 管，−20℃冻存。

（6）链霉素储存液：用无菌水配成 5 万 μg/mL，分装于 EP 管，−20℃冻存。

（7）5% $NaHCO_3$。

（8）2%碘酒。2g 碘溶于 20mL 蒸馏水中，加 75mL 95%乙醇，再加 105mL 75%乙醇。

（9）75%乙醇。

（10）重铬酸钾洗液。由重铬酸钾、浓硫酸和蒸馏水按一定比例配制而成。

（11）0.4%台盼蓝生理盐水染液。配制方法见附录一。

（12）M199 完全培养液：M199 基础培养液 500mL，小牛血清 60mL，青霉素（500×）1.2mL，链霉素（500×）1.2mL，调 pH 至 6.8～7.2，用 0.22μm 滤膜过滤除菌。

（三）用品

纯水设备，电热干燥箱，高压蒸汽消毒锅，细胞培养间及超净工作台，CO_2 培养箱，普通低温冰箱，倒置相差显微镜，托盘天平，10mL 离心机，恒温水浴锅（37℃），解剖器械（眼科剪、眼科镊），酒精灯，超过滤器及 0.22μm 滤膜，青霉素瓶，培养瓶或培养皿，细胞计数板，10mL 离心管，胶头吸管等。

三、实验步骤

操作方法见文前二维码“视频 14 鸡胚原代细胞获取”。

（1）消毒鸡胚。75%乙醇浸泡 3～5min，捞出，在超净工作台上晾干。

（2）取材及洗涤。

1）在培养皿和青霉素瓶里预先加入 3mL D-Hanks 液。

2）用已消毒镊子尾端在鸡胚蛋的大头（有气室一头）蛋壳处敲出一个小口；沿小口用镊尖小心夹去蛋壳，暴露出尿囊绒毛膜及附着的血管；在酒精灯火焰上消毒镊尖后再用其夹住尿囊绒毛膜并撕开；然后用弯镊以背向卵黄囊（内包黄色卵黄）的方向伸入羊水（包围鸡胚的液体），轻轻夹住鸡胚的颈部，拉出鸡胚，放入预先加有 D-Hanks 液的培养皿中，用吸管吸取 D-Hanks 液冲洗鸡胚，除去外部附着的蛋液。

3）用剪刀和镊子过火保证无菌后，剪取所需部位的组织约 $0.5cm^3$，放入预先加有 3mL D-Hanks 液的青霉素瓶中；用吸管冲洗后吸弃 D-Hanks 液，重新加入 1mL 干净的 D-Hanks 液。

（3）分割组织及洗涤。用眼科弯剪将组织块剪成 $1～2mm^3$ 小块，向其中再加 2mL D-Hanks 液，用吸管吹打混匀，静置 1min，用吸管吸弃液体；重复洗涤过程，再加 D-Hanks 液洗涤组织块，再弃；最后一次加入的 D-Hanks 液，用吸管吸取连同组织块一起转移入离心管中，静置 2min，吸弃 D-Hanks 液。

（4）加酶消化。加入 2mL（不少于 5～6 倍体积）0.25%胰蛋白酶溶液，旋上盖子后将离心管置 37℃水浴中，每隔 5min 取出离心管用力振晃数次，让组织块外部已消化的细胞脱落悬浮，胰蛋白酶可接触组织块内部进一步消化。持续消化 25～30min。

（5）终止消化。加入 5mL 完全培养液终止胰蛋白酶消化作用。

（6）吹打离散细胞。用吸管反复吸打细胞液，注意通过吸多放少的方式，减少气泡产生，让消化下来的细胞充分分散成单细胞悬液。

（7）静置。使未消化组织块下沉，将上层悬液转入另一离心管中。

（8）离心收集细胞。1500r/min 离心 8min，弃上清液。然后视细胞量多少加入 1～2mL 完全培养液混匀。

（9）细胞计数及活率检测。方法分别见实验 12 和实验 16。

（10）细胞调浓度。根据计数结果，用 M199 完全培养液将细胞浓度调整到 $5×10^5$ 个/mL 左右，按每个 25mL 的培养瓶或每个 6cm 平皿分装 5mL 分装细胞悬液。

（11）细胞培养。37℃、5% CO_2 的培养箱培养。

（12）结果观察。

1）微生物污染情况。真菌污染：肉眼可看到真菌菌落漂浮于培养液中或附着在培养器皿表面；倒置显微镜下可看到各种形态的真菌菌丝。细菌污染：肉眼可见培养液变浑浊、颜色可能变黄；倒置相差显微镜下可观察到培养液中大量活动的细菌，甚至覆盖细胞。支原体也是细胞培养的主要污染源。据报道，目前世界上有 30%～50%的细胞株（系）已经受到支原体污染。支原体污染肉眼及显微观察均不可见，不易被发现，尤其在污染早期。但大量污染会造成细胞生长缓慢，培养细胞被破坏。若出现大量细胞碎片，可疑为支原体污染。确定其污染需要应用 PCR 法、免疫学方法等进行检测；还可采取适当的方法进行清除。

2）培养基的酸碱度。酚红在 pH7.0 左右时颜色为红色，偏酸时发黄，偏碱时发紫。

实验结果图 5-1 与图 5-2

3）细胞形态及生长情况。正常情况是：细胞贴壁，单独或成片生长于培养瓶皿底部，形态多三角形或梭形、细条形。状态良好细胞：细胞明亮、透明而饱满，轮廓不清，见实验结果图 5-1。状态不良细胞：形态不规则，轮廓增强、透明性降低，胞质中出现空泡、脂滴和其他颗粒状物质，见实验结果图 5-2。严重者细胞脱壁悬浮。如有大量细胞悬浮于培养液中未贴壁，说明消化过度导致大量细胞损伤死亡。

4）培养温度和 CO_2 浓度。

四、注意事项

（1）严格避免微生物污染。微生物主要通过以下途径进入培养体系：

1）空气：空气是微生物传播的主要途径。无菌操作应在超净工作台内进行；工作时要戴口罩，以免因讲话、咳嗽等使外界污染进入工作面。

2）器材：培养所用试剂、用品均要彻底消毒；培养箱也应定期消毒。

3）操作：①操作在酒精灯火焰附近进行，耐热物品要经常在火焰上烧灼。②凡需将细胞样品拿到超净工作台外进行的操作，如离心、水浴等，器皿需封口；结束超净工作台的操作后，应用酒精棉球擦拭器皿外部消毒后再重新移入超净工作台。③不能用手触摸已消毒器皿的工作部分。④尽量减少材料在空气中暴露的时间。⑤避免对着超净工作台讲话和随意走动。⑥开口的试剂瓶应尽量保持倾斜放置。⑦打开的盖子口要朝下放于工作台上。

（2）用酶消化不能过度：过分消化会导致细胞损伤、死亡。

（3）火焰消毒过的金属器械应待冷却后再挟取组织，以免造成组织烫伤。

（4）吸取过营养液的用具应先用酒精棉球擦拭后再过火焰烧，以免焦化物对细胞产生毒性。

五、作业及思考题

细胞培养为什么要用 CO_2 培养箱？CO_2 起什么作用？

实验 33 贴壁细胞的传代培养实验

一、实验原理

细胞外有多种胞外蛋白，如胶原蛋白，使细胞与细胞之间及细胞与培养瓶、皿壁粘连起来，形成贴壁生长及互相连接成片。用胰蛋白酶分解这些胞外蛋白可以使细胞间连接断裂，细胞与培养瓶、皿底部分开。

二、实验材料、试剂及用品

（一）材料

融合度达到 80%～90%的贴壁细胞。

（二）试剂

（1）D-Hanks 液。配制方法见附录一。

（2）含 0.02% EDTA 的 0.25%胰蛋白酶溶液。配制方法见附录一。0.22μm 滤膜过滤除菌，保存于 4℃冰箱中。

（3）小牛血清：56℃水浴灭活 30min。

（4）DMEM 基础培养液：直接购买。

（5）青霉素贮存液：用无菌水配成 5 万 IU/mL，分装于 EP 管，−20℃冻存。

（6）链霉素贮存液：用无菌水配成 5 万 μg/mL，分装于 EP 管，−20℃冻存。

（7）含 10%小牛血清的 DMEM 完全培养液：配制方法见附录一，0.22μm 滤膜过滤除菌。

（8）0.4%台盼蓝生理盐水染液。配制方法见附录一。

（三）用品

纯水设备，电热干燥箱，高压蒸汽灭菌锅，超净工作台，CO_2 培养箱，普通低温冰箱，倒置相差显微镜，托盘天平，10mL 离心机，恒温水浴锅（37℃），酒精灯，超过滤器及 0.22μm 滤膜，培养瓶或培养皿，血细胞计数板，10mL 离心管，胶头吸管等。

三、实验步骤

操作方法见文前二维码“视频 15 贴壁细胞的传代与冻存”。

（1）清洗贴壁细胞。用胶头吸管吸取 3mL D-Hanks 液加入培养皿，来回晃动几次，然后倒掉 D-Hanks 液；重复该操作一次，以尽量去除培养液中的血清成分和死亡细胞。

（2）胰蛋白酶消化处理。加入 1mL 胰蛋白酶消化液，晃动瓶底使其完全覆盖培养物，然后倒掉，重新加入少量胰蛋白酶晃动使其再次覆盖满细胞表面，拧好瓶盖，置培养瓶于倒置显微镜下观察。待观察到细胞突起缩回、细胞之间间隙增大、细胞近乎缩成圆形时即可终止消化。如果细胞贴壁牢固，可放置 37℃培养箱内静置 1min 后再观察细胞间连接是否切断，细胞变圆悬浮起来。

（3）终止消化。当消化完全时，加入 3mL 新鲜 DMEM 完全培养液终止消化，并反复用吸管吸取培养器皿中的培养液，有次序地冲洗整个瓶、皿底部，使细胞与培养容器底部脱离并充分分散。注意：吹打动作不宜过猛，吹出液体力度适中，并避免产生大量气泡和损伤细胞。显微镜观察细胞分散是否充分，如果细胞抱团，分散不充分，可回到超净工作台里继续吹打至细胞完全分散。

（4）扩大培养。将细胞悬液转入离心管，1500r/min 离心 5min，吸弃上清液，向细胞沉淀里加入适量新鲜培养液，用吸管吹打混匀细胞；根据需要，等分分装到几个培养器皿中；

补足培养液，标记好，放于培养箱内培养。

（5）检测细胞活率。按实验 16 的方法用台盼蓝染料排除法检测活细胞比率。

四、注意事项

消化过度会损伤细胞，导致细胞死亡，不能再次贴壁生长，并有部分细胞漂浮流失；消化不足则导致细胞难以从瓶壁吹下，反复吹打同样会损伤细胞。

五、作业及思考题

（1）用酶消化细胞之前为什么要用 D-Hanks 液清洗培养物而终止消化又是用 DMEM 完全培养液？

（2）对一种新的细胞株传代时怎样把握消化程度？

实验 34　小鼠骨髓单个核细胞集落形成实验

一、实验原理

单个细胞在体外持续增殖 6 代以上，其后代可形成一个细胞群体，称为集落（colony）。每个克隆包含不少于 50 细胞，大小在 0.3～1.0mm。通过计数单位体积细胞悬液形成的细胞集落数和总细胞数，可以计算检测样品中具有增殖能力的活细胞比率。

二、实验材料、试剂及用品

（一）材料

6～8 周龄小鼠。

（二）试剂

（1）D-Hanks 液：配制方法见附录一。

（2）0.83%的氯化铵红细胞裂解液。

（3）含 10%新生牛血清的 IMEM 完全培养液。组成：IMEM 基础培养液 90%，新生牛血清 10%，青霉素 100IU/mL，链霉素 100μg/mL。

（4）MethoCult GF M3434/M3434 小鼠甲基纤维素半固体培养基。

（5）75%乙醇。

（三）用品

超净工作台及配套用品（酒精灯、酒精棉球缸、试管架、火柴、记号笔、废物缸、废液缸等），10mL 聚丙烯离心管，眼科剪，尖头镊子，5mL 一次性注射器，一次性 6cm 平皿，10mL 低速离心机，托盘天平，40mL 小烧杯，水浴锅，不锈钢棉球缸，水浴锅，CO_2 培养箱，6 孔细胞培养板，1mL 一次性注射器，倒置显微镜等。

三、实验步骤

（1）小鼠处死及消毒。脱颈处死小鼠，并将小鼠放入不锈钢棉球缸中，向其中加入 75%

乙醇至覆盖小鼠，消毒 3～5min。

（2）获取骨髓细胞。在超净工作台内，取长骨并去除骨上所附肌肉，暴露骨头两端；剪除两个盲端，用注射器吸取 5mL D-Hanks 液将骨髓腔中细胞冲到 10mL 离心管中；将细胞悬液过 300 目筛，去除细胞团块；1500r/min 离心 5min，弃上清液。

（3）裂解红细胞。向细胞沉淀中加入 5mL 红细胞裂解液，混匀，置 37℃水浴中 10min；离心，弃上清液。

（4）洗涤细胞。向细胞沉淀加入 6mL 含 10%新生牛血清的 IMEM 完全培养液重悬细胞，1500r/min 离心 5min，弃上清液。

（5）计数细胞调浓度。向细胞沉淀加入 1mL IMEM 完全培养液重悬细胞，血球计数板计数后调浓度为 1×10^5 个/mL。

（6）细胞与甲基纤维素半固体培养基混合。按 10%的比例向 MethoCult GF M3434/M3434 小鼠甲基纤维素半固体培养基混入 1×10^5 个/mL 骨髓单个核细胞，涡旋振荡或吹打混匀，使细胞浓度成 1×10^4 个/mL。

（7）接种细胞。用 1mL 注射器将细胞悬液接种于 6 孔细胞培养板中，每孔 1mL。为了防止孔内蒸发，其余孔加入 2mL 无菌 PBS。

（8）培养细胞。在 37℃、5% CO_2、饱和湿度条件下培养 5～7d。

（9）显微计数细胞集落。＞50 个细胞算一个集落。

四、注意事项

（1）严格无菌操作。

（2）向 6 孔板加样时旋转划圈加样，将气泡留在板孔周围。

（3）接种细胞密度不宜过高。

五、作业及思考题

集落形成实验控制细胞密度有哪些意义？

实验 35 PEG 介导的细胞融合实验

一、实验原理

一定浓度（一般 50%～55%）的 PEG 可减少细胞间的游离水，使细胞相互靠近；并可逆性地破坏细胞膜的磷脂双分子层，临时改变膜结构，引起细胞膜融合。

二、实验材料、试剂及用品

（一）材料

（1）2%鸡红细胞悬液：肝素抗凝采集鸡翅下静脉血；用 GKN 液洗涤 1～2 次，每次洗涤 1000r/min 离心 5min，弃上清液；最后依据红细胞沉淀体积用 GKN 液配成 2%细胞悬液。

（2）5%小鼠腹水瘤细胞悬液：脱颈处死荷瘤小鼠（接种 S-180 瘤细胞于腹腔后约 1 周），抽取腹腔液，用 GKN 液洗涤 1～2 次后配成 5%细胞悬液。

（二）试剂

（1）融合剂 1：45% PEG4000。用含 DMSO 的 Hanks 液配制，DMSO 终浓度 5%。配制方法：①称取 PEG，高温（80℃～100℃水浴）熔化。②转入 50℃水浴中，与 50℃水浴中预热的含 DMSO 的 Hanks 液混匀。③转入 37℃水浴中。

（2）融合剂 2：50% PEG。配制方法：①称取 5g 分子量 1000 的 PEG，倒入带盖离心管中，沸水浴使 PEG 熔化。②将装有熔化 PEG 的离心管转入 50℃水浴中，向管中加入 5mL 预热至 50℃的 GKN 液，立即用粗口吸管吹打混匀，然后用 $NaHCO_3$ 调 pH 至 8.0。③转入 37℃水浴中。

（3）GKN 液：NaCl 8g，KCl 0.4g，$Na_2HPO_4 \cdot 12H_2O$ 3.558g，$NaH_2PO_4 \cdot 2H_2O$ 0.78g，葡萄糖 2g，酚红 0.01g（可加可不加），加双蒸水溶解并定量到至 1000mL。

（4）Hanks 液。配制方法见附录一。

（5）5.6%的 $NaHCO_3$。

（三）用品

10mL 低速离心机，10mL 圆底刻度试管，恒温水浴锅（80℃，50℃，37℃），吸管（粗口）等。

三、实验步骤

（1）准备细胞材料。在 10mL 平底离心管中混合 1mL 2%鸡红细胞悬液和 5%腹水瘤细胞悬液。

（2）离心沉淀细胞。800r/min 离心 5min，弃上清液。

（3）预热细胞。用手指轻弹离心管底部，使沉淀松散，然后将离心管放入 37℃水浴中。

（4）加 PEG 溶液融合。吸取 0.5mL 预热至 37℃的融合剂，1min 内逐滴加入到细胞沉淀中，边加轻摇试管，加完后静置 1.5min。

（5）终止 PEG 作用。向试管中缓慢滴加 8mL 预热至 37℃的 GKN 液，轻轻吹打混匀，置 37℃恒温水浴中 20～30min。

（6）离心除融合剂。1500r/min 离心 5min，弃上清液。

（7）重悬细胞。用适量 0.5～1mL GKN 液重悬细胞。

（8）制备装片观察融合现象，计数 200 个细胞中发生融合现象的细胞数，计算细胞融合百分率。

实验结果图 5-3

融合判断：细胞相互接触处膜破坏，胞质贯通，见实验结果图 5-3。

四、注意事项

（1）PEG 溶液配制方法及保温。

（2）用 PEG 处理细胞时间不宜过长，否则会导致细胞破坏或有多个细胞彼此融合。

（3）终止 PEG 作用时混合溶液应轻轻吹打，以减少初融合的细胞分开。

（4）注意区分融合初期和分裂末期的肿瘤细胞。

五、作业及思考题

查阅文献了解提高 PEG 诱导细胞融合百分率的方法。

拓展阅读文献

薛庆善. 2001. 体外培养的原理与技术. 北京：科学出版社.

Baust J M，Buehring G C，Campbell L，et al. 2017. Best practices in cell culture：an overview. In Vitro Cellular and Developmental Biology-Animal，53（8）：669-672.

Chen Q，Wang Y. 2020. The application of three-dimensional cell culture in clinical medicine. Biotechnology Letters，42（11）：2071-2082.

第三节 细胞冻存与复苏

细胞研究及应用实践中，为了保种和长期保存细胞的活性，常将细胞进行冷冻保存，并在需要时重新复苏和培养。

细胞冻存全称细胞冷冻保存（cell cryopreservation），是指通过特殊的保护措施和降温程序使细胞在一定条件下停止代谢而升温后又恢复代谢能力的一种技术。

细胞复苏则是以一定的速度将冻存的培养物恢复到常温的过程。

细胞冻存温度：长期冻存，−196℃（液氮中）；短期（数月）冻存，−196℃或−80～−70℃。研究显示，−196℃是最佳冷冻保存温度，如果冷冻过程得当，一般生物样品在−196℃可保存十年以上而不影响存活率；−80～−70℃保存几个月对细胞活性无明显影响，但长期保存细胞存活率明显下降；−20℃保存 3d 后，大部分细胞会死亡。原因是：在超低温条件下，细胞代谢基本停止，使细胞停留在某一活性阶段。

冻存也会导致细胞损伤，表现为膜通性增大、DNA 断裂、细胞凋亡等。机制包括：冰晶损伤、溶质损伤、氧化损伤、冻存保护剂毒性等。冰晶损伤是指胞内冰的形成和再结晶对细胞膜造成的损伤；溶质损伤是指水结冰时所产生的高浓度电解质对细胞膜造成的损伤。

使用冻存保护剂结合适当的冻存方法可以减少细胞的冷冻损伤。

冻存保护剂为可减少细胞冷冻损伤的溶剂，类型有渗透性冷冻保护剂、非渗透性冷冻保护剂、膜稳定剂、抗凋亡剂、细胞骨架稳定剂、复合型冻存保护剂等。渗透性冷冻保护剂：可以渗透过膜，降低细胞内外高渗电解质溶液离子强度；也可降低冰点、阻止致死性冰晶形成。最常用的是甘油和二甲基亚砜（DMSO），其他还有 1,2-丙二醇、2,3-丁二醇、乙酰胺等。非渗透性冷冻保护剂：不进入细胞，通过提高细胞外渗透压促进细胞脱水以减少冰晶形成。主要为一些糖类，包括单糖（葡萄糖、果糖、山梨醇和甘露醇）、二糖（蔗糖、海藻糖）和多糖（棉子糖），其中，蔗糖最为常用。膜稳定剂有海藻糖、氨基酸、生物抗氧化剂等。抗凋亡剂有半胱天冬酶抑制因子 zVAD-fmk 等。细胞骨架稳定剂有 taxol 等。复合型冻存保护剂有海藻糖-甘油复合型冷冻保护剂等。

以渗透性保护剂最为常用，使用时需要一定的时间进行预冷，让保护剂充分渗透到细胞内并在细胞内外达到平衡。其中的 DMSO 常温时对细胞有毒性，可引起酶的功能受损和细胞凋亡，去除时可引起细胞内外巨大的渗透压差，使用时要注意方法。

冻存方法通常有两种：一种是常规慢速冷冻法，另一种是玻璃化冷冻法。常规慢速冷冻法是指利用甘油、乙二醇、丙二醇等作为冷冻保护剂通过缓慢降温的方式进行的冷冻。是沿用 1998 年 Oktay 等提出的经典方案或在该经典方案的基础上的改进方法。优点是：能较好地保存细胞；缺点是：通常需昂贵的程序控制冷冻仪。玻璃化冷冻法是指利用高浓度的冷冻保护剂并在−196℃快速降温由液态直接转化为无结晶的玻璃化状态的方式进行的细胞冻存。优点是：操作简便、省时，且不需昂贵的程序控制冷冻仪。缺点是：高浓度冻存试剂对细胞的毒性损伤。以常规慢速冷冻更为常用。

细胞冻存结束复苏后，可以从多角度检测细胞冻存效果。①细胞存活情况：膜完整性检测，如台盼蓝染色；②细胞凋亡情况：如荧光标记的Annexin V与碘化丙啶（PI）双染色；③细胞生物学特性：贴壁性，增殖能力、运动能力等；④细胞代谢活性：ATP酶活力等；⑤细胞功能检测。

影响冻存效果的因素有：冻存温度、降温方法、冻存液组成、解冻方法等。冷冻速度指降温的速度。冷冻过程造成细胞伤害的机制主要有两个：一是渗透压变化对细胞的损伤，二是水冷冻形成的冰晶伤害。在细胞冷冻过程中胞外胞内结冰速度不一致，胞外先结冰，引起胞外渗透压下降，胞内水分外渗。冷冻速度不同，胞内水分外流损失多少不同。速度过慢，水分外渗多，致细胞脱水过多而失活；速度过快，细胞内水分无足够时间外渗，随温度下降而出现胞内结冰，产生冰晶损伤；如果冷冻速度非常快（即超快速冷冻），则胞内形成的冰晶很小或不形成冰晶而呈玻璃状凝固。因此，超快速玻璃化冷冻对细胞来讲是最为理想的冷冻方法。不同细胞的质膜渗透性有差异，需要的冷冻速度也不同。玻璃化冻存的条件（冻存液组成、冻存速度等）需要反复摸索，难以实施。常规做法是：利用各种温级的冰箱分阶段降温，4℃、−20℃、−80℃分别1～2h，再转液氮保存。如条件允许，可利用程控降温仪，按设定的降温速率从室温降至−90℃以下，再投入液氮保存。解冻时快速解冻优于慢速解冻，在37℃的水浴中解冻效果较好。机理：解冻过程也有冰晶形成，慢速解冻容易在胞内形成冰晶及减缓渗透性保护剂从胞内的逸出，导致冰晶损伤及水分快速渗入细胞，最终破坏细胞质膜。

细胞冻存广泛用于动物细胞，较少用于植物细胞。原因是：植物细胞含水量太高，容易产生冷冻损伤。但若适当脱水后再加冻存保护剂，可以改善冻存效果。

实验36　细胞冻存与解冻复苏实验

一、实验原理

当温度降到一定程度时，细胞内的生化反应极为缓慢，甚至终止，使细胞处于一种“暂停”状态而得以长期保存；低温保存的细胞以一定的方式复苏后又具有存活的能力。

二、实验材料、试剂及用品

（一）材料

10倍稀释的小鼠腹水瘤细胞：提前5～7d腹腔接种S-180瘤细胞（接瘤方法见附录二），实验当日抽取小鼠腹水，用0.01mol/L、pH7.2的PBS稀释10倍。

（二）试剂

（1）RPMI1640基础培养液：直接购买。
（2）小牛血清：56℃水浴灭活30min。

（3）RPMI1640 完全培养液：基础培养液，80%；小牛血清，20%。

（4）冻存保护液 1：含 10%甘油的冻存保护液。组成：无菌 RPMI1640 完全培养液，90%；甘油，10%。注意：甘油用前需高压灭菌。

（5）冻存保护液 2：为含 10%DMSO 的冻存保护液。组成：无菌 RPMI1640 完全培养液，90%；DMSO，10%。注意：DMSO 有毒，配制时要戴手套。

（6）0.4%的台盼蓝生理盐水溶液：配制方法见附录一。

（三）用品

普通低温冰箱，−80～−70℃超低温冰箱，10mL 低速离心机，恒温水浴锅（37℃），血细胞计数板，细胞冻存管，Parafilm 封口膜，细胞冻存盒，1000μL、10μL 移液器及对应枪头，计数用盖玻片等。

三、实验步骤

（一）冻存操作

（1）分装收集细胞。取 6 支 EP 管，每管加 10 倍稀释的小鼠腹水瘤细胞 0.5mL，1500r/min 离心 5min，弃上清液。

（2）加液悬浮细胞。按表 5-1 设计在不同 EP 管细胞沉淀中分别加入不同液体悬浮细胞。

表 5-1 细胞冻存实验设计

	4℃	−20℃	−80℃或液氮
RPMI1640 完全培养液			1
含 10%甘油的冻存保护液	1	1	1
含 10% DMSO 的冻存保护液			1

（3）将细胞悬液转入经检查无破裂的冻存管中。

（4）封口。将 Parafilm 封口膜裁剪成约 1cm 宽、3cm 长的细条，将其一端平放按压在冻存管盖的缝隙上，逐渐撕拉 Parafilm 膜，沿缝隙缠绕，封闭冻存管盖与管壁之间的缝隙。

（5）写标签。在管壁和管盖上标注冻存物名称、时间等信息。

（6）冻存。4℃冰箱，20～30min；−20℃冰箱，20～30min；−80℃冰箱长期或先置−80℃冰箱 3h 再转入液氮罐。

放入液氮罐中的操作：操作方法见文前二维码“视频 15 贴壁细胞的传代与冻存”。液氮冻存前，先戴好防冻手套、护目镜；冻存时，先将液氮罐盖打开，头偏向一侧取出内塞，然后拎出一排冻存架，倾斜倒出液氮，待大部分盒内液氮流出后再完全拎出冻存架放置于地面；用镊子打开冻存架封条，再取出冻存盒，快速将来自−80℃冰箱中的冻存管逐支转入液氮罐中的冻存盒；然后将冻存盒放回冻存架、重新插上封条放回液氮罐。注意：当提手控制冻存架沉入液氮罐时，在液氮罐口稍作停留 1～2min，再缓慢下沉至液氮罐底部的液氮中；盖好液氮罐盖，将液氮罐放置在阴凉处。

（二）复苏操作

（1）复温。先后取出装有不同处理细胞的冻存管，立即置 37℃水浴中，快速晃动 1～2min，至冻存液完全溶解。室温放置 30min 再按下面步骤进行。

（2）洗除冻存保护液。立即洗除冻存保护液或室温放置30min后再洗除保护液。做法：将细胞悬液转入10mL带盖离心管中；向其中加入约5mL培养液，轻轻吹打混匀；1500r/min离心5min，弃上清液。

（3）重悬细胞。加入1mL RPMI1640完全培养液，重悬细胞。

（4）检查细胞活率。用台盼蓝染料排除法检查细胞存活率。方法见实验16。

四、注意事项

（1）操作肿瘤细胞及DMSO时戴手套防护。

（2）塑料冻存管在使用前要仔细检查，以防管壁破裂或螺口不配套造成密封不严。

（3）DMSO在常温时对细胞有毒，应用时应注意：①用前应先将冻存液在4℃预冷；②在冻存前尽量晚与细胞混合；③解冻后应马上洗去保护剂。

（4）控制台盼蓝染色时间。管内染色3min就可制备装片，多个样品要逐个染色与镜检。

（5）液氮冻存，特别需要注意避免冻伤。放细胞时最好戴布手套防护手，打开液氮罐时头应偏向一边防护脸；加液氮时要全面防护好眼、手、脚等身体暴露部位；打开液氮罐时要慢，防止液氮突然气化太多喷出。可先开一个小口，待气跑出一部分后再逐渐开大。

（6）在液氮罐放置样品时应间隔一定距离，系线要沿罐口顺序摆放，以免互相缠绕取拿不便；要经常检查液氮量，如发现液氮挥发一半时要及时补充。

五、作业及思考题

（1）对比不同实验处理的结果，分析细胞冻存温度和冻存保护液对细胞的影响。

（2）查阅文献，了解细胞冻存保护剂的种类及作用原理。

（3）为什么细胞冻存复苏时要遵循“缓冻速溶”原则？

拓展阅读文献

张源，曾敏，翟博. 2020. 组织玻璃化冻存技术：优势与尚未完全解决的问题. 中国组织工程研究，24（23）：3751-3755.

Uhrig M，Ezquer F，Ezquer M. 2022. Improving cell recovery：freezing and thawing optimization of induced pluripotent stem cells. Cells，11（5）：799.

Yao X，Matosevic S. 2021. Cryopreservation of NK and T cells without DMSO for adoptive cell-based immunotherapy. BioDrugs，35（5）：529-545.

第四节　细胞增殖与活力检测

细胞增殖和细胞活力（cell viability）是细胞研究者经常需要检测的项目。用于研究某些细胞本身的增殖特性、生长因子和毒性物质对细胞增殖和活力的影响等。因此，将该类实验列入细胞生物学实验课教学内容很有实践意义。

反映细胞增殖最直接的方法为简单计数法。该法简单，用于快速分裂的细胞如细菌也是可行的。缺点是敏感度低，不能反映细胞分裂前DNA复制的变化，一般不用于真核细胞增殖检测。

^{3}H-TdR（氚标记的胸腺嘧啶核苷）掺入法很敏感，能够显示DNA的复制情况，缺点是存在同位素污染及危害问题，限制了其应用。

目前普遍应用的检测方法是噻唑盐比色法，是一类通过检测细胞代谢活性间接反映细胞增殖的方法。普遍原理是，活细胞的线粒体酶能够将噻唑盐转换成水溶性产物或水不溶有色沉淀，活细胞数量越多，形成的有色水溶性产物及沉淀越多，通过直接比色或溶解沉淀再比色，就可反映细胞数量，继而反映细胞增殖、增殖抑制或细胞毒作用。依所使用的噻唑盐种类不同，具体检测方法有：MTT（二甲基噻唑二苯基四唑溴盐）法、XTT法、MTS法、CCK-8（cell counting kit-8）法、WST-1法及WST-8法等。这些方法操作简单，使用安全，检测灵敏度高，因而广泛应用于生物学和医学研究的多个领域。其中的MTT法建立最早且目前依然应用最广，也是我国药典和美国药典收录的方法。其优点是方法成熟、检测成本低；缺点是MTT被还原形成的有色产物为沉淀，需要溶解后才能比色，检测结果受到沉淀溶解效果的影响，检测用时也较长。其他几种方法所用噻唑盐为水溶性的，由日本同仁化学研究所、Sigma公司等近几年新开发出来。这些方法无须溶解甲臜就可直接比色，比MTT法应用相对方便、省时，缺点是检测成本偏高。其中的CCK-8法因为检测试剂水溶性更强、更易于保存且检测灵敏度更高而应用最多。

ATP生物荧光法主要用于检测各个系统的微生物污染，也可用于细胞活性检测。

实验37 MTT比色法检测细胞增殖与活力

一、实验原理

MTT即3-（4,5-二甲基噻唑-2）-2,5-二苯基四氮唑溴盐，活细胞线粒体琥珀酸脱氢酶可以将黄色的MTT溶液还原为蓝紫色不溶于水的甲臜，经异丙醇、DMSO等溶解形成在570nm处有最大吸收的紫色溶液。因此，570nm处测定的OD值可反映细胞活力。并且，因在细胞状态一致的情况下，甲臜生成量与活细胞数成正比，还可据OD值推测出特定细胞悬液的活细胞数目。

二、实验材料、试剂及用品

（一）材料

腹腔接种S-180腹水瘤细胞1周的荷瘤小鼠，接瘤方法见附录二。

（二）试剂

（1）RPMI1640完全培养液：配制方法见附录一。

（2）0.01mol/L、pH7.4的PBS缓冲液：配制方法见附录一。

（3）5mg/mL的MTT溶液：称取MTT粉末（Sigma）0.10g，溶于20mL PBS中，0.22μm滤膜过滤除菌，4℃避光保存。

（4）细胞裂解液：盐酸-异丙醇裂解液：量取盐酸14mL、Triton X-100溶液50mL，加异丙醇至500mL。

（三）用品

酶标仪，CO_2 培养箱，小剪刀，镊子，10mL 带盖刻度离心管，96 孔培养板，100μL 移液器及对应枪头，血细胞计数板等。

三、实验步骤

（1）收集小鼠腹水瘤细胞。无菌抽取荷腹水瘤小鼠腹水（内含大量腹水瘤细胞），方法见附录二。

（2）离心除腹腔液。取 1mL 细胞悬液，1500r/min 离心 5min 沉淀细胞。

（3）洗涤细胞。向细胞沉淀中加入 5mL RPMI1640 完全培养液重悬细胞，留取少量样品（约 0.2mL）用于计数，其余样品于 1500r/min 离心 5min，弃上清液。

（4）细胞计数及调整浓度。先用 RPMI1640 完全培养液将腹水瘤细胞浓度分别调整为 8×10^7 个/mL、8×10^6 个/mL、8×10^5 个/mL、8×10^4 个/mL，然后分别倍比稀释成系列浓度。

（5）加样。将不同浓度的细胞悬液按每孔 100μL 分别加入 96 孔培养板，每浓度 3 个重复孔。

（6）加 MTT 反应。每孔加 MTT 溶液 20μL，混匀，在 37℃、5% CO_2 的条件下培养 4～5h。

（7）溶解甲臜。每孔加入 100μL 细胞裂解液，混匀。

（8）比色。放入酶标仪，在波长 570nm 处测定吸光度（操作方法见文前二维码“视频 9 Bio-Rad iMark 型酶标仪的使用”）。另外，要再设置 3 个空白对照孔，内含 100μL 细胞培养液+20μL MTT+100μL 细胞裂解液。

（9）计算实际 OD 值。实际 OD=检测 OD 值−空白对照孔 OD 平均值。

以细胞浓度为横坐标，吸光值为纵坐标绘制关系曲线，观察 OD 值随细胞浓度的变化。

四、注意事项

（1）MTT 致癌，操作时要戴手套防护。

（2）细菌对 MTT 敏感，加裂解液之前的操作尽可能避免微生物污染。

（3）MTT 对光敏感，保存和反应时应避光。

（4）溶解甲臜要完全并尽可能减少气泡产生。

（5）当在培养箱内培养时，培养板最外一圈的孔最容易干燥挥发，由于体积不准确而增加误差。一般情况下，最外一圈的孔只加培养基，不作为测定孔用。

（6）不同小鼠腹腔繁殖的腹水瘤细胞活性可能不同，实验时同一个学生应该用相同小鼠来源的腹水瘤细胞进行检测。

（7）腹水瘤细胞中往往混入了少量的小鼠血细胞，其中的白细胞也具有代谢该类物质的活性，计数细胞时应将其计算在内，否则会导致检测本底提高而影响实验结果。

五、作业及思考题

（1）分析本次实验细胞浓度与 OD 值关系为线性的区间范围。

（2）查阅文献，了解影响 MTT 法检测 OD 值的因素。

实验 38　CCK8 法检测细胞增殖与活力

一、实验原理

CCK-8 即 Cell Counting Kit-8。该试剂中含有 WST-8［其化学名称为：2-（2-甲氧基-4-硝基苯基）-3-（4-硝基苯基）-5-（2,4-二磺酸苯）-2H-四唑单钠盐］，它在电子载体 1-甲氧基-5-甲基吩嗪硫酸二甲酯（1-methoxy PMS）的作用下被细胞线粒体中的脱氢酶还原为具有高度水溶性的黄色甲臜，其量与活细胞的数量成正比。使用酶标仪在 450nm 波长处测定溶液 OD 值，可间接反映活细胞数量，进行细胞增殖与毒性分析。

二、实验材料、试剂及用品

（一）材料

腹腔接种 S-180 腹水瘤细胞 1 周的荷瘤小鼠，接瘤方法见附录二。

（二）试剂

（1）RPMI1640 完全培养液：配制方法见附录一。
（2）0.01mol/L、pH7.4 的 PBS 缓冲液：配制方法见附录一。
（3）CCK-8 试剂盒。

（三）用品

酶标仪，CO_2 培养箱，小剪刀，镊子，10mL 带盖刻度离心管，96 孔培养板，100μL 移液器及对应枪头，血细胞计数板等。

三、实验步骤

（1）细胞收集、洗涤、计数及加样。同 MTT 法，见“实验 37 MTT 比色法检测细胞增殖与活力”实验步骤 1～5。
（2）加 CCK-8 试剂反应。每孔加 CCK-8 试剂 10μL，混匀，在 37℃、5% CO_2 条件下培养。
（3）比色。分别于培养 1h、2h、3h、4h 用酶标仪检测溶液在波长 450nm 处的吸光度。
（4）观察计算。以细胞浓度为横坐标，吸光值为纵坐标绘制关系曲线，观察吸光值与细胞浓度之间的关系。

四、注意事项

（1）注意无菌操作。
（2）不同小鼠腹腔繁殖的腹水瘤细胞活性可能不同，实验时同一个学生应该用相同小鼠来源的腹水瘤细胞进行检测。
（3）腹水瘤细胞中往往混入了少量的小鼠血细胞，其中的白细胞也具有代谢该类物质的活性，计数细胞时应将其计算在内，否则会导致检测本底提高而影响实验结果。

（4）测光密度时要另设 2 孔含有培养液和 CCK-8 检测试剂的空白对照，测定结果：OD=实测 OD 值−空白对照孔 OD 平均值。

五、作业及思考题

（1）细胞浓度与 CCK-8 法测定值之间关系如何？
（2）影响 CCK-8 法检测结果可靠性的主要因素有哪些？

实验 39 ATP 生物荧光法检测羟基喜树碱对腹水瘤细胞活力的影响

三磷酸腺苷（adenosine triphosphate，ATP）普遍存在于包括微生物在内的一切活细胞，是活细胞内基本的能量单位，细胞死亡时，ATP 则迅速被 ATP 酶水解。因此，测定细胞内源性的 ATP 含量可以反映细胞的活性和活细胞数量。

ATP 生物荧光法（ATP-TCA）是通过对活细胞中的 ATP 进行定量检测细胞活力及活细胞数量的一种检测方法。该法建立于 20 世纪 70 年代，最早被美国宇航局用于快速检测宇航系统水中的微生物污染，后来广泛用于食品生产过程、饮食行业、医疗设备及环境的微生物污染检测，也被用于评价免疫细胞的活性状态及化疗药物的敏感性等。该法灵敏度高，操作简单。

一、实验原理

内源性 ATP 是活细胞最基本的能量来源，细胞死亡后，ATP 迅速水解。因此，检测 ATP 水平可反映细胞活力及活细胞数量。

在有氧条件下，荧光酶和荧光素结合后催化 ATP 转化为 AMP，并且释放出荧光（562nm）。裂解细胞检测培养液荧光强度可反映 ATP 的量，继而反映细胞活力。

二、实验材料、试剂及用品

（一）材料

荷腹水瘤小鼠：实验前 7d，腹腔接种 0.2mL 1×10^7 个/mL 的 S-180 细胞悬液；实验前 2d 对照组腹腔注射 1.2mL 生理盐水，药物组腹腔注射 1.2mL 生理盐水配制的浓度为 1mg/mL 的羟基喜树碱溶液。

（二）试剂

（1）羟基喜树碱溶液：羟基喜树碱注射液，用生理盐水稀释为 1mg/mL；或羟基喜树碱粉，先用 DMSO 溶液将其配制成 20mg/mL 的原液，再用 0.9%生理盐水稀释 20 倍。
（2）0.01mol/L、pH7.2 的 PBS 缓冲液：配制方法见附录。
（3）ATP Luminescent 细胞活力检测试剂盒（Yeasen Biotechnology）。
（4）ATP 标准品。

（三）用品

96 孔发光检测板，多功能酶标仪，血细胞计数板，10mL 离心管，1.5mL EP 管，一次性塑料吸管，1mL 移液器及对应枪头等。

三、实验步骤

（1）检测试剂准备。融解冻存的发光法检测试剂，并平衡至室温。

（2）细胞样品准备。脱颈处死小鼠，无菌抽取含瘤腹水，用 PBS 缓冲液洗涤 2 次，配制成浓度 2×10^5 个/mL、2×10^6 个/mL 的悬液。

（3）细胞加样。将细胞样品加入 96 孔发光检测板，每孔 100μL，每处理 3 个重复孔；另加 3 孔 Hanks 液作为空白对照。孔的边缘效应可能会导致发光信号不稳定，不建议在边缘铺板。

（4）加检测试剂反应。每孔加入 100μL 检测试剂，室温振荡 2min，以促进细胞的裂解；室温再放置 10min，使荧光信号趋于稳定。

（5）荧光检测。使用多功能酶标仪进行化学发光检测，检测波长 560nm。根据仪器要求设置相应的参数，每孔的检测时间一般为 0.25～1s，具体需根据仪器的检测灵敏度进行适当的调整。

（6）细胞活力分析。根据化学发光读数计算细胞的相对活力，或根据 ATP 标准曲线计算 ATP 含量从而得出细胞的相对活力。对比分析对照组和实验组 ATP 含量差别，判断羟基喜树碱对肿瘤细胞活力的影响。

$$细胞活率（\%）=（A-A0）/（A1-A0）\times100\%$$

式中，A 为羟基喜树碱组荧光值；A0 为空白组荧光值；A1 为 PBS 组荧光值。

ATP 标准曲线的制作（可选）：在 EP 管中用 PBS 缓冲液将 ATP 标准品稀释成 10^{-12}～10^{-5}mol/L，共 8 管，96 孔板每孔加入 100μL 不同浓度的标准品，每个浓度 3 个重复孔。

四、注意事项

（1）试剂及细胞样品使用前均需平衡至室温，以免影响酶催化效果。

（2）细胞数量应在检测线性范围内，一般上限不超过 10 万个，即细胞浓度不超过 10^5 个/mL。

（3）避免细菌污染，否则会导致细胞死亡及细菌 ATP 对检测结果的影响。

（4）ATP 与萤光素酶作用时间对测定值影响很大，因此，应控制加样及检测间隔时间一致。

（5）羟基喜树碱如果为粉剂并用 DMSO 助溶，应设置同样浓度的 DMSO 对照，排除 DMSO 对细胞活力的影响。

（6）萃取液中含表面活性剂，操作时戴一次性手套。

（7）反应后应避光。

五、作业及思考题

查阅文献，了解 ATP 生物荧光法检测细胞活力的影响因素及优化措施。

拓展阅读文献

Adan A，Kiraz Y，Baran Y. 2016. Cell proliferation and cytotoxicity assays. Current pharmaceutical

biotechnology，17（14）：1213-1221.
Khalef L，Lydia R，Filicia K，et al. 2024. Cell viability and cytotoxicity assays：Biochemical elements and cellular compartments. Cell Biochemistry and Function，42（3）：e4007.
Sylvester P W. 2011. Optimization of the tetrazolium dye（MTT）colorimetric assay for cellular growth and viability. Methods in Molecular Biology，716：157-168.

第五节　免疫细胞化学

免疫细胞化学是利用标记抗体与细胞抗原的免疫反应显示与定位细胞中抗原的一种检测方法。主要分为三大类：免疫荧光（immunofluorescence）技术、免疫酶细胞化学技术和金属标记分析。

免疫细胞化学法分直接法和间接法两种。直接法是用标记抗体（一抗）直接与抗原反应，一般用于检测标本中特定抗原的存在与否、表达部位及密度，特点是检测步骤少而快。间接法先用未标记的抗原特异抗体（一抗）与抗原反应，再用标记的抗一抗抗体（二抗）反应。间接法相对于直接法较敏感。需要注意的是，二抗应为一抗的种特异性和同种型特异性抗体，如一抗为来源于兔的 IgG 类抗体，则二抗应为（其他动物来源的）抗兔 IgG 类抗体。这里的种指动物品种，同种型指 Ig 类别。需要注意的是，若一抗为单克隆体，不特别标明来源的情况下，一般为鼠源的 IgG 类抗体，二抗一定要用抗鼠 IgG 抗体。

免疫细胞化学法既可用于检测胞外抗原，也可用于检测胞内抗原。检测胞内抗原时，因抗体分子不能穿过正常细胞膜，需要先用细胞透膜剂（permeabilization reagent）处理经化学固定剂固定过的细胞以提高其细胞膜的通透性。常用透膜剂为 Triton X-100，其他还有皂苷（saponin）、Tween-20 等。检测特定胞内抗原时，透膜剂使用浓度、作用温度及时间都应进行预实验确定，否则，有可能导致一些胞内抗原流失。

实验 40　免疫荧光法显示细胞骨架

一、实验原理

细胞骨架指真核细胞中的蛋白纤维网架体系。广义的细胞骨架包括细胞核骨架、细胞质骨架、细胞膜骨架和细胞外基质；狭义的细胞骨架是指细胞质骨架，包括微管（microtubule，MT）、微丝（microfilament，MF）、中间纤维（intermediate filament，IF）。组成微丝的肌动蛋白因与一种菌类中提取的剧毒生物碱——鬼笔环肽（phalloidin）有很高的亲和力，纳克级水平的鬼笔环肽就可与肌动蛋白结合。

细胞标本经固定及透膜处理后，抗微管蛋白抗体可进入细胞，与细胞标本上的微管特异结合，荧光标记的二抗再与抗微管蛋白抗体结合，即可显示微管；再用荧光素标记的鬼笔环肽与肌动蛋白结合，即可同时显示微管和微丝。

二、实验材料、试剂及用品

（一）材料

分散且密度适当的贴壁培养细胞爬片，如 2×10^6 个/mL 鸡胚成纤维细胞接种后培养 48h。

（二）试剂

（1）细胞骨架缓冲液 CB：含 10mmol/L MES，150mmol/L NaCl，5mmol/L EGTA，5mmol/L $MgCl_2$，5mmol/L 葡萄糖。配制方法：MES（吗啉乙磺酸），1.95g（根据分子量调整）；NaCl 8.76g；0.5mol/L EGTA 10mL；1mol/L $MgCl_2$ 5mL；葡萄糖 0.9g；用 1mol/L NaOH 调 pH 到 6.1，定容到 1000mL。4℃储存。

（2）PBS 溶液：NaCl 137 mmol/L，KCl 2.7mmol/L，$Na_2HPO_4\cdot7H_2O$ 4.3mmol/L，KH_2PO_4 1.4mmol/L，pH7.4。

（3）封闭液：含 1% BSA 的 PBS。

（4）10% Triton X-100 水溶液。

（5）4%多聚甲醛：CB 80mL，置 60℃水浴中预热；加 4g 多聚甲醛，水浴 30min，混匀；加入数滴 10mol/L NaOH，至溶液澄清透明，用 CB 定容到 100mL。

（6）细胞固定透膜液：配制 200mL，含 0.1mL 25%戊二醛和 0.5mL 10% Triton X-100 水溶液的 CB。

（7）抗体稀释液：含有 1% BSA 的 PBS。用前 10000r/min 离心 10min 去除杂质。

（8）鼠抗微管蛋白 α 抗体溶液。

（9）即用型 DAPI 染色液：浓度为 10μg/mL。

（10）羊抗鼠 IgG-FITC 溶液。

（11）1∶30 稀释的罗丹明-鬼笔环肽溶液。

（三）用品

倒置显微镜，激光共聚焦显微镜，10mL 离心管若干，细胞培养箱（37℃、5% CO_2），圆形盖玻片 4 片（细胞爬片专用），眼科镊子，6cm 小培养皿若干，一次性吸管若干，用于配制试剂的烧杯，玻璃棒等。

三、实验步骤

（1）准备细胞爬片。用镊子轻轻夹住已消毒爬片边缘，放入培养皿中，注意不要相互重叠；将浓度 2×10^6 个/mL 鸡胚成纤维细胞接种入培养皿，在 37℃、5% CO_2 的培养箱中培养 12h 待其贴壁。

（2）洗涤细胞爬片。用 CB 冲洗细胞爬片去除培养液。

（3）固定细胞。用 4%多聚甲醛/CB 室温固定 20min。

（4）洗涤细胞爬片。CB 洗 3 次，每次 5min。

（5）细胞透膜。用 10% Triton X-100/CB 浸泡处理 3 次，每次 10min。

（6）封闭。在含 1% BSA 的 PBS 中，37℃浸泡温育 15min。

（7）免疫反应。将爬片放平皿中，向爬片上滴加鼠抗微管蛋白 α 抗体溶液浸没爬片，培养皿加盖后 37℃温箱反应 1～1.5h；用 PBS 洗 3 次，每次 10min；加羊抗鼠 IgG-FITC 溶液，37℃温箱孵育 1h；用 PBS 洗 3 次，每次 10min。

（8）微丝标记。滴加 1∶30 稀释的罗丹明-鬼笔环肽溶液覆盖标本，室温避光反应 15min，PBS 洗 3 次，每次 10min。

（9）用 DAPI 染色液染核。在洁净载玻片上滴加 3μL 即用型 DAPI 染色液或含有 DAPI 的防荧光猝灭剂，将细胞爬片反扣于其上，染色 3min。

实验结果图 5-4

（10）激光共聚焦显微镜观察。效果见实验结果图 5-4。

四、注意事项

（1）细胞接种密度。

（2）注意区分盖玻片正反面。

（3）实验过程中始终保持样品湿润。

（4）标记二抗反应后的所有步骤最好在避光条件下进行，以免荧光猝灭。

（5）Triton X-100 处理应在固定后，否则会溶解破坏细胞而导致骨架看不到。处理时间以 20～30min 为宜。过短，不能起到应有的作用；过长，细胞形态受影响。

五、作业及思考题

（1）二抗为什么用（其他动物）抗鼠 IgG 抗体？

（2）加一抗反应后若洗涤不干净就加二抗会出现什么可能的结果？

实验 41　酶免疫细胞化学法显示小鼠脾脏淋巴细胞

一、实验原理

脾脏为外周免疫器官，富含 T、B 淋巴细胞。

制备小鼠脾脏组织切片标本，用针对小鼠 T 淋巴细胞表面标记分子 Thy1.2（CD90）或 B 淋巴细胞表面标记分子 CD19 的特异抗体先与标本反应，再用酶标记二抗反应及用标记酶对应底物显色，即可显示小鼠脾脏淋巴细胞。

二、实验材料、试剂及用品

（一）材料

小鼠。

（二）试剂

（1）OCT 包埋剂。

（2）固定液：丙酮。

（3）抗小鼠 CD19 单抗（鼠源）溶液。

（4）辣根过氧化物酶标记山羊抗小鼠 IgG。

（5）0.01mol/L、pH7.4 的 PBS，配制方法见附录一。

（6）洗剂缓冲液：为含 0.01% Tween-20 的 TBS。配制方法：配制含 0.9% NaCl 的 10mmol/L Tris，用 1mol/L HCl 调 pH 至 7.4，再向其中添加 0.01% Tween-20。

（7）封闭液：为含 5% BSA（牛血清白蛋白）的 PBS 溶液。其中 PBS 为试剂（5）。

（8）DAB/H_2O_2 显色剂。

（9）3% H_2O_2-甲醇溶液。配制方法：10mL 30% H_2O_2，90mL 甲醇，混匀。

（三）用品

冰冻切片机，免疫组化用载玻片（多聚赖氨酸处理过，带正电荷），9cm 平皿（玻璃或塑料均可），恒温箱（调至 37℃），自制湿盒（不锈钢饭盒，内铺数层湿纱布），剪刀，镊子，盖玻片，200μL 移液器及对应枪头等。

三、实验步骤

（1）制备冰冻切片。

（2）固定。丙酮固定 10min。

（3）洗涤。PBS 洗 3 次，每次浸泡 3min。

（4）消除内源性过氧化物酶活性。3% H_2O_2-甲醇溶液孵育 10～15min。

（5）封闭。用含 5% BSA（牛血清白蛋白）的 PBS 溶液室温封闭 30min；弃封闭液，勿洗。

（6）加一抗反应。加工作浓度的抗小鼠 CD19 单抗（鼠源）溶液覆盖样品，置湿盒内，37℃反应 1.5h。

（7）洗涤。用含 0.01% Tween-20 的 TBS 洗 3 次，每次浸泡 3min。

（8）加酶标二抗反应。加辣根过氧化物酶标记山羊抗小鼠 IgG，置湿盒内，37℃反应 30min。

（9）洗涤。用含 0.01% Tween-20 的 TBS 洗 3 次，每次浸泡 3min。

（10）加酶底物显色。加 DAB/H_2O_2 显色。

（11）洗涤。PBS 或水洗。

（12）用水封片及显微观察。淋巴细胞呈棕黄色环状。

四、注意事项

（1）制作切片时组织取材要及时，材料不能太厚（约 0.2cm）。

（2）用丙酮固定时不能放在塑料容器内。

（3）操作过程应保持标本湿润。

（4）封闭时间不可太长，否则易产生假阴性结果。

（5）抗体浓度及反应条件（温度，时间）。

（6）叠氮化钠抑制辣根过氧化物酶活性，酶免疫组化缓冲液中不能含叠氮化钠。

五、作业及思考题

（1）描述所检测分子在细胞表面的分布特征。

（2）用牛血清白蛋白封闭的意义是什么？

拓展阅读文献

刘岩，吴秉铨，钟镐镐，等.2013. 琼脂石蜡双包埋和免疫细胞化学染色的细胞学应用. 诊断病理学杂志，20（03）：184-186.

邱曙东，宋天保.2008. 组织化学与免疫组织化学. 北京：科学出版社.

Im K，Mareninov S，Diaz M F P，et al. 2019. An introduction to performing immunofluorescence staining. Methods in Molecular Biology，1897：299-311.

第六节　细胞黏附与迁移分析实验

恶性肿瘤是危害人类健康最严重的疾病之一。侵袭、转移行为是恶性肿瘤最本质的两大特性，是肿瘤患者治疗失败的主要原因，也是区分肿瘤良性或恶性的确切标准。肿瘤的侵袭及转移是肿瘤细胞与宿主细胞、细胞外基质之间一系列复杂的动态过程。

细胞黏附是肿瘤侵袭的基本条件，黏附过程贯穿于整个侵袭、转移过程中。以癌细胞的血源性散播为例，肿瘤细胞首先需要与靶器官的血管内皮细胞发生黏附；当癌细胞穿过血管壁至细胞外基质时，又与细胞外基质（包括基底膜）发生黏附；在靶器官内生长，需同实质细胞发生黏附。因此，改变肿瘤细胞的黏附能力就可能使肿瘤细胞转移潜能下降，甚至阻断肿瘤细胞的远处转移，达到治疗肿瘤的目的。

在肿瘤转移形成过程中，肿瘤细胞侵袭基底膜是一个重要环节。因此，降低肿瘤细胞的侵袭能力也是治疗恶性肿瘤的一个重要途径。

研究发现，肿瘤细胞主要通过其表面膜受体与基底膜及细胞外基质成分纤连蛋白（fibronectin，FN）、层粘连蛋白（laminin，LN）和Ⅳ型胶原黏附。Matrigel 是从小鼠 EHS 肉瘤中提取的基质成分，含有 LN、Ⅳ型胶原及接触蛋白和肝素硫酸多糖，能够在体外适当条件下形成与天然基质膜结构极为相似的膜结构。因此，现在常用其检测肿瘤细胞的黏附能力。Matrigel 基质胶黏附方法简单、快速，可用于抗肿瘤侵袭药物的大规模筛选，以及检测不同肿瘤细胞、肿瘤细胞与同源正常细胞、细胞经过处理后的黏附性的改变等。

肿瘤细胞的侵袭能力一般用 Transwell 侵袭小室（transwell chamber 或 transwell insert）技术检测。Transwell 侵袭小室技术利用 Matrigel 模拟天然基底膜结构，观察具有侵袭和迁移能力的细胞在趋化剂诱导下穿过多孔滤膜的情况。小室呈杯状，可放置在培养板的孔中，杯内称为上室，培养板孔称为下室，两室相通；上室内可铺聚碳酸酯（PET）或聚偏二氟乙烯（PVDF）微孔滤膜（常用孔径为 8.0μm 和 12.0μm）。实验时将待测细胞接种在上室内，下室加入含有胎牛血清（FBS）或某些特定趋化因子的培养液，下室内培养液中的成分可以影响到上室内的细胞，从而可以研究下层培养液中的成分对细胞生长、迁移等的影响。但由于 Transwell 侵袭小室技术所用实验材料及试剂比较昂贵，也常用价格低廉、操作简单的划痕法代替。

实验 42 肿瘤细胞黏附能力分析实验

一、实验原理

Matrigel 是从富含胞外基质蛋白的 EHS 小鼠肿瘤中提取出基底膜基质，其主要成分有 LN、Ⅳ型胶原、巢蛋白、硫酸肝素糖蛋白，还包含生长因子和基质金属蛋白酶等。在室温条件下，Matrigel 聚合形成具有生物学活性的三维基质，可促进上皮细胞、肝细胞、Sertoli 细胞、黑色素瘤细胞、血管内皮细胞、甲状腺细胞及毛囊细胞等的贴壁与分化。

用 Matrigel 基质胶包被孔板，细胞的黏附性越强，则单位时间内粘贴于铺有黏附分子板底的细胞数量越多，去除尚未贴壁的细胞后，应用计数法或测定 MTT 活力法便可反映不同细胞或不同处理的细胞黏附能力的差异。

二、实验材料、试剂及用品

（一）材料

HeLa 细胞。

（二）试剂

（1）含 10%胎牛血清（FBS）的 RPMI1640 培养液。配制方法见附录一。

（2）Matrigel 基质胶：BD 公司。2.5mg/mL，−20℃下冷冻保存。

（3）含 0.1% BSA（牛血清白蛋白）的 RPMI1640 培养液。

（4）0.01mol/L PBS（pH7.2）：配制方法见附录一。

（5）5mg/mL 的 MTT（四甲基噻唑蓝）溶液：称取 MTT 粉末（Sigma）0.10g，溶于 20mL PBS 中，0.22μm 滤膜过滤除菌，4℃避光保存。

（6）DMSO。

（7）0.25%胰蛋白酶溶液。

（三）用品

超净工作台，CO_2 培养箱，酶标仪，96 孔细胞培养板等。

三、实验步骤

（1）处理细胞培养板。取 96 孔细胞培养板，每孔加入 Matrigel 100μL，4℃过夜，再置 37℃恒温箱中 1h。

（2）准备细胞。用含 10% FBS 的 RPMI1640 培养液常规培养 HeLa 细胞至对数生长期并用 0.25%胰蛋白酶消化细胞（方法见实验 32）；1500r/min 离心 5min，弃上清液，用含 0.1% BSA 的 RPMI1640 重悬细胞并调整密度为 4×10^5 个/mL。

（3）细胞黏附。给每个 Matrigel 处理过的孔中接种步骤 2 准备的细胞悬液 100μL，设 6 个重复孔，同时设 6 孔作为参照。将培养板置 37℃、5% CO_2、饱和湿度培养箱中培养 90min。

（4）洗涤除去未黏附细胞。吸弃培养液，再用 PBS 液洗孔 3 次。每次加入 150μL PBS

液，静置3min，甩掉液体。

（5）MTT法检测细胞活力。向每孔加入100μL RPMI1640培养液和20μL MTT溶液（5mg/mL），将培养板置37℃、5% CO_2、饱和湿度培养箱中培养4h；吸弃含MTT的培养液，加入150μL DMSO，振荡混匀10min左右，至无结晶；酶标仪490nm波长处测定吸光值（A），按如下公式计算细胞相对黏附率。

$$相对黏附率（\%）=（A_{实验}/A_{对照}）\times 100\%。$$

四、注意事项

（1）不同肿瘤细胞的黏附率不同，需选择不同的细胞接种密度和黏附孵育时间。

（2）注意洗涤方法，不要将黏附的细胞冲下来。

五、作业及思考题

细胞黏附能力分析实验除了用于肿瘤细胞分析外还可用于哪些种类的哺乳动物细胞？意义何在？

实验43　检测肿瘤细胞侵袭能力的Transwell小室实验

一、实验原理

Transwell小室底部铺Matrigel人工基底膜，然后在上室内接种经过饥饿培养（培养液中含血清较少）的待测细胞，下室加正常培养液（血清含量较高），经过一段时间后，具有侵袭能力的肿瘤细胞会穿过人工基底膜向营养成分高的下室移动，计数进入下室的细胞量可反映肿瘤细胞的侵袭、迁移能力。

二、实验材料、试剂及用品

（一）材料

小鼠黑色素瘤低转移性细胞株B16F1和高转移性细胞株B16F10。

（二）试剂

（1）2.5mg/mL Matrigel（人工基底膜，黏附物）。

（2）含0.5% FBS（胎牛血清）的DMEM培养液。

（3）含0.2% FBS的DMEM培养液。

（4）含10% FBS的DMEM培养液。

（5）0.25%胰蛋白酶溶液。

（6）0.01mol/L PBS（pH7.2）：配制方法见附录一。

（7）甲醇。

（8）0.1%结晶紫染液。

（三）用品

CO_2培养箱，超净工作台，Transwell小室（含微孔滤膜），24孔细胞培养板，棉签，显微镜等。

三、实验步骤

1. 待检肿瘤细胞的制备 将 B16F1 细胞和 B16F10 细胞分别在含 0.5% FBS 的 DMEM 培养液中饥饿培养过夜；经胰蛋白酶消化后 1000r/min 离心弃去旧培养液，用含 0.2% FBS 的 DMEM 培养液重悬细胞，调浓度为 2.5×10^5 个/mL。

操作步骤 2～4 见文前二维码“视频 16 Transwell 实验”。

2. Transwell 小室制备基底胶

（1）将 PVDF 微孔滤膜贴在 Transwell 小室中。

（2）冰箱里取出 Matrigel 试剂放置于冰盒里，混匀后用微量移液器吸取 30μL 放入预冷的 EP 管内，然后加入 150μL 预冷的无血清培养液进行 1∶6 稀释。

（3）吸取 60μL 稀释后的 Matrigel 滴加在 Transwell 小室的微孔膜上，避免产生气泡。

（4）盖好板子放入 37℃培养箱等待 30min 使胶凝固，这时在微孔膜上形成了一层类似基底膜的凝胶。

3. 细胞侵袭实验

（1）将 Transwell 培养板放入超净工作台，用无菌镊子捏起 Transwell 小室，往小室的下室内注入 600μL 含有 10% FBS 的完全培养液（或含有特殊趋化成分的培养液），然后放回小室的上室（保证能够上室中间微孔膜能浸润）。注意：下层培养液和小室间常会有气泡产生，一旦产生，下层培养液的趋化作用就减弱甚至消失了。因此，在种板时要特别留心，一旦出现气泡，要将小室提起，去除气泡，再将小室放进培养板。

（2）接种的细胞样品须提前准备好，用无血清培养液将密度调整至 1×10^5/mL，混匀后吸取 100μL 细胞悬液滴加到小室的上室里，轻轻晃动一下，让细胞悬液均匀铺在膜上

（3）盖好培养板放入 CO_2 培养箱，37℃培养 12h。

4. 穿膜细胞的检测

（1）取出 Transwell 小室，吸弃孔内的液体，然后用棉签轻轻擦拭去小室内膜表面的细胞。

（2）放入 PBS 溶液漂洗 2 遍，再放入甲醇固定 3min，最后放入 0.1%结晶紫染液染色 20min 后水洗 3 遍。

（3）显微镜下观察，每张孔膜选取 3 个视野可计数浸润的肿瘤细胞数。

四、注意事项

加入细胞悬液时应避免产生气泡，这是实验成败的关键。

五、作业及思考题

（1）细胞浸润之前，为什么要进行饥饿处理呢？

（2）计数时，怎样选取才能更客观地反映实验结果？

实验 44　肿瘤细胞迁移的划痕实验

一、实验原理

划痕实验是在单层长满的细胞中间划痕去除部分细胞，过一段时间后，因为划痕外细胞迁移至划痕区而导致划痕宽度缩小，缩小的程度反映了细胞的迁移能力。

二、实验材料、试剂及用品

（一）材料

NIH-3T3 细胞。

（二）试剂

（1）无血清 DMEM 培养液。

（2）含 0.02% EDTA 的 0.25%胰蛋白酶溶液。配制方法见附录一。

（3）0.01mol/L PBS（pH7.2）：配法见书后附录一。

（三）用品

6 孔培养板，20μL 移液器及枪头，倒置显微镜，CO_2 培养箱，记号笔，直尺等。

三、实验步骤

操作步骤见文前二维码“视频 17 细胞划痕实验”。

（1）画线。先用记号笔在 6 孔板或 24 孔板背后，用直尺均匀地划横线，每隔 0.5～1cm 一道，横穿过孔。每孔至少穿过 3 条线。

（2）接种细胞。将约 5×10^5 个细胞接种于培养板，37℃，5% CO_2 培养箱培养到细胞密度达 90%左右。

（3）划痕。取出培养板，观察细胞铺满状态，然后放入超净工作台准备划痕处理。钢尺无菌处理后置于培养板上，用无菌 200μL 枪尖比着直尺在单层细胞中央划痕，划时枪头要垂直，形成的划痕也要与背后的横线垂直。

（4）洗涤。吸弃原培养液，加入 PBS 洗涤细胞 3 次，去除划下来的细胞残片。

（5）培养。加入无血清培养基，将培养板放入 37℃，5% CO_2 培养箱继续培养。

（6）显微观察与划痕宽度测量。分别于划痕后 0h、12h、18h 在显微镜下观察划痕的修复情况，测量划痕宽度。

（7）计算划痕修复率。

划痕修复率=（修复前划痕宽度−修复后划痕宽度）/修复前划痕宽度×100%

四、注意事项

（1）细胞接种的具体数量因细胞生长速度不同而不同，一般应过夜能铺满。

（2）划痕法适用的细胞系很窄，一般只能用于上皮、纤维样细胞系。因为：①这些细胞本身有较强的迁移能力。②细胞有极性，方便测量、观察。③细胞对无血清培养基有较强的忍受力（至少 24h）。

五、作业及思考题

做划痕实验时为什么用无血清或低血清培养液？

拓展阅读文献

Justus C R，Leffler N，Ruiz-Echevarria M，et al. 2014. In vitro cell migration and invasion assays. Jove-journal Of Visualized Experiments，(88)，e51046.

Justus C R，Marie M A，Sanderlin E J，et al. 2023. Transwell In vitro cell migration and invasion assays. Methods in Molecular Biology，2644：349-359.

Liang C C，Park A Y，Guan J L. 2007. In vitro scratch assay：a convenient and inexpensive method for analysis of cell migration in vitro. Nature Protocols，2(2)：329-333.

第七节 细胞的激活及信号转导分子检测

细胞信号转导是指细胞外信号分子作用于细胞受体（膜受体或胞内体）后引发细胞内的一系列生物化学反应及蛋白质间相互作用，直至细胞生理反应所需基因开始表达、各种生物学效应形成的过程。

一般情况下，水溶性信号分子首先与胞膜受体结合，启动细胞内信号转导的级联反应，将细胞外的信号跨膜转导至胞内；脂溶性信息分子可进入胞内，与细胞质或核内受体结合，通过改变靶基因的转录活性，诱发细胞特定的应答反应。

与信号转导有关的物质包括受体、胞内激酶、胞内信使、转录因子等。受体是能够识别和选择性结合某种配体（信号分子）的大分子物质，多为糖蛋白，存在于细胞膜上或细胞核内，能接受外界的信号并将信号转化为细胞内的一系列生物化学反应，对细胞的结构或功能产生影响。细胞表面受体有三种：离子通道偶联受体、G 蛋白（GTP binding protein）偶联受体和酶联受体（一般与蛋白激酶相连）。

胞内信使也称为第二信使（second messenger），是指信号分子与受体结合后，在细胞内产生的具有信息传递作用的一些小分子。其作用包括信号转换和信号放大。迄今得到公认的第二信使分子主要有：环磷酸腺苷（cAMP）、环磷酸鸟苷（cGMP）、三磷酸肌醇（inositol triphosphate，IP3）、甘油二酯（diacylglycerol，DAG）、钙离子等。第二信使大多是通过激活 G 蛋白连接受体产生。第二信使产生后，一般认为主要是通过激活细胞质内的一些激酶将信号继续传递下去。

转录因子是一些 DNA 结合蛋白，能够和基因调控区的 DNA 结合增强启动子活性而使基因转录。一般存在于细胞质中，活化后进入核内直接调控某些基因表达。

信号转导过程中，信号转导蛋白活化一般表现为蛋白磷酸化、激酶活性水平升高；第二信使含量发生明显变化；转录因子的转录激活能力增强等。一般信号转导研究针对以下几个方面进行检测：①蛋白磷酸化，采用免疫印迹、免疫荧光等进行定性和定量分析。②激酶活性，采用激酶活性测定进行定性和定量分析（通常用到同位素 γ-32P）。③转录因子转录活性，可通过检测报道分子表达对转录活性进行定性和定量分析。④转录因子与靶基因启动子相应的 DNA 调控元件的结合，通常采用凝胶阻滞电泳进行定性和定量分析。⑤蛋白泛素化，可利用免疫沉淀与免疫印迹结合进行定性和定量分析。⑥蛋白的细胞定位变化，可通过亚细胞组分分离技术，结合免疫荧光技术，用激光共聚焦显微镜进行检测观察。

实验 45　利用钙离子荧光探针检测细胞内 Ca^{2+}浓度

一、实验原理

信号转导过程中，第二信使含量的高低同信号的传递密切相关。Ca^{2+}作为第二信使能够特异性、选择性地调节细胞活动。测定亚细胞 Ca^{2+}浓度的变化，对于监控许多生理活动，包括心肌的收缩性，突触传递，细胞分裂等都很重要。现在常用 Ca^{2+}荧光探针测定细胞内 Ca^{2+}浓度。

Fluo-3AM 是一种可以穿透细胞膜的荧光染料。其本身荧光非常弱，且 Ca^{2+}浓度不会影响其荧光强度。但其进入细胞后被细胞内的非特异酯酶剪切形成的 Fluo-3，对 Ca^{2+}有很强的亲和力且与 Ca^{2+}结合形成的复合物可以产生较强的荧光（比游离 Fluo-3 强 60～80 倍）。利用 Fluo-3AM 的这种特性，通过测定细胞相对荧光强度，再利用公式可以计算出细胞内 Ca^{2+}浓度。在激发波长 488nm 和发射波长 525～530nm 处，可以避免血红蛋白和其他蛋白的吸光干扰。

二、实验材料、试剂及用品

（一）材料

人血。

（二）试剂

（1）肝素钠：用生理盐水配成 180IU/mL 的溶液。

（2）0.9% NaCl 溶液。

（3）孵育缓冲液：4-羟乙基哌嗪乙磺酸（Hepes）50mmol/L，NaCl 130mmol/L，KCl 5.4mmol/L，$CaCl_2$ 1.8mmol/L，$MgSO_4$ 0.8mmol/L，NaH_2PO_4 1.0mmol/L，葡萄糖 5.5mmol/L，pH7.4。

（4）洗涤液缓冲液（不含钙离子）：Hepes 50mmol/L，NaCl 130mmol/L，KCl 5.4mmol/L，NaH_2PO_4 1.0mmol/L，葡萄糖 5.5mmol/L，pH7.4。

（5）Fluo-3AM 贮存液：碧云天产品。5mmol/L，用无水 DMSO 配制，保存于−20℃，6 个月有效。

（6）4-Br-A23187（离子载体，BIORAD 产品）。

（三）用品

荧光分光光度计，离心机，血细胞计数板等。

三、实验步骤

（1）准备细胞样品。肝素抗凝，采集人静脉血 2mL，室温 1000r/min 离心 10min 沉淀红细胞；弃上清液，再用 4℃预冷的生理盐水洗细胞 3 次，每次加液 5mL，混匀后 1000r/min 离心 5min，弃上清液；将细胞用孵育缓冲液重悬并调整浓度为 2×10^7 个/mL。

（2）荧光染色。向细胞悬液中边搅拌边滴入 Fluo-3AM 贮存液，使其终浓度达到 1～20μmol/L，20～37℃避光孵育 30min。

（3）除去胞外游离 Fluo-3AM。1000r/min 离心 10min，弃上清液；然后用洗涤缓冲液洗细胞 2 次，每次加液 5mL，混匀后 1000r/min 离心 5min，弃上清液。

（4）重悬细胞调浓度。用冰预冷的洗涤缓冲液重悬细胞并调浓度为 5×10^6 个/mL，保存在冰水中。

（5）荧光分光光度计设定。激发波长 490nm，发射波长 526nm，Slit（狭缝）宽度 10nm。

（6）测定吸光度值 F。取 100μL 红细胞悬液，加入 1.4mL 洗涤液缓冲液，混匀，37℃平衡 2min，加入到石英杯进行比色测定。

（7）测定 F_{max}。取 100μL 红细胞悬液，加入 1.4mL 洗涤液缓冲液，再加入 10μL 4-Br-A23187（3.8μmol/L），摇匀，37℃平衡 2min，加入到石英杯进行比色测定。

（8）计算 Ca^{2+}浓度（nmol/L）。

$$[Ca^{2+}] = K_d \times [(F-F_{min})/(F_{max}-F) \times (F_{max}-F)/(F_{max}-F_{min})]$$

式中，K_d=316nmol/L，是 Fluo-3 与 Ca^{2+}反应的解离常数；F_{min}=0。

正常参考值范围：21.6～120.3nmol/L

四、注意事项

（1）荧光染料均存在猝灭问题，请尽量注意避光，以减缓荧光猝灭。

（2）操作时应穿实验服并戴一次性手套防护。

（3）如果此实验用于信号诱导 Ca^{2+}浓度升高，由于 Ca^{2+}浓度变化很快，约几秒，因此，样品需单独测定。

五、作业及思考题

（1）加离子载体 4-Br-A23187 的作用是什么？

（2）采用该方法来检测细胞信号刺激后胞内 Ca^{2+}的变化，应该如何设定对照组？

实验 46　信号蛋白磷酸化水平检测实验

c-Jun 氨基末端激酶（c-Jun *N*-terminal kinase，JNK）家族是一类丝氨酸/苏氨酸蛋白激酶，也被称为应激活化蛋白激酶（stress-activated protein kinase，SAPK），是哺乳动物体内丝裂原活化蛋白激酶（mitogen-activated protein kinase，MAPK）超家族的一员。JNK 信号转导通路使细胞能对细胞外环境的变化做出反应，控制着细胞功能的多个方面，包括细胞的增殖、分化和死亡。因此，在神经退行性疾病、肿瘤、1 型糖尿病、慢性乙型肝炎、缺血/再灌注损伤等多种疾病和病理损伤的发生发展中起重要作用。

在多种胞外刺激［如应激、自杀相关因子（Fas）、肿瘤坏死因子 α（TNF-α）等］诱导的细胞凋亡过程中，JNK 信号转导通路都发挥了作用。

一、实验原理

在 TNF-α 刺激下，JNK 蛋白很快被激活而发生磷酸化。裂解细胞蛋白电泳转膜后，用抗磷酸化 JNK 的抗体（一抗，为鼠源单抗）可和膜上的磷酸化 JNK 反应，再用碱性磷酸酶标记的二抗（抗鼠 IgG 抗体）反应，然后用碱性磷酸酶的底物显色就可显示磷酸化 JNK 的存在与水平。

二、实验材料、试剂及用品

（一）材料

293T 细胞。

（二）试剂

（1）含 10%小牛血清的 DMEM 培养液。配制方法见附录一。

（2）TNF-α（肿瘤坏死因子）：10μg/mL。

（3）转膜缓冲液：Tris 碱 1.45g，甘氨酸 7.2g，甲醇 200mL，加去离子水至 1L。

（4）细胞裂解液：20mmol/L Tris-HCl，150mmol/L NaCl，1mmol/L EDTA，1% Triton X-100。

（5）考马斯亮蓝 G250 染液。

（6）0.01mol/L PBS（pH7.2）：配制方法见附录一。

（7）PBST（含 0.1% Tween-20 的 PBS）：800mL 蒸馏水中溶解 8.0g NaCl，0.2g KCl，1.44g Na_2HPO_4，0.24g KH_2PO_4，加 1mL Tween-20，调 pH 至 7.2，再补加蒸馏水至 1000mL，高压蒸汽消毒。

（8）5%脱脂奶粉溶液：用 PBST 配制。

（9）磷酸化 p-JNK 单克隆抗体。

（10）碱性磷酸酶标记的羊抗鼠 IgG 抗体。

（11）NBT/BICP 显色剂。

（三）用品

超净工作台，CO_2 培养箱，细胞刮，离心机，蛋白电泳及转膜装置等。

三、实验步骤

（1）培养细胞。用含 10%新生牛血清的 DMEM 培养液将 293T 细胞调成浓度为 2.5×10^5 个/mL，按每孔 2mL 接种于 6 孔板，使每孔有 5×10^5 个细胞，置 37℃，5% CO_2 的培养箱中培养 24h。

（2）加 TNF-α 刺激细胞。向细胞培养孔中按 2μL/孔加入 TNF-α（终浓度：10ng/mL）激活细胞，另设不加 TNF-α 的细胞孔作为阴性对照。刺激 15min 后，用细胞刮收集细胞到 1.5mL EP 管中，2000r/min 离心 3min，弃上清液。

（3）洗涤细胞。向细胞沉淀中加入 1mL PBS 液，1500r/min 离心 5min，弃上清液。

（4）裂解细胞。向细胞沉淀中加入 100μL 细胞裂解液重悬细胞，冰上放置 20min。

（5）制备蛋白电泳样品。

1）12 000r/min 离心 10min，将上清液转入干净 EP 管中。

2）取 5μL，用考马斯亮蓝 G250 染液测定蛋白质浓度。

3）依据蛋白浓度测定结果，将裂解液蛋白浓度调整为 1μg/μL。

4）将 30μL 蛋白溶液与 10μL 4×蛋白上样缓冲液混合，煮沸 5min。

（6）SDS-PAGE 电泳。120V 电压，电泳 2h 左右。

（7）蛋白转膜。取下 SDS-PAGE 胶用半干式石墨转膜，恒压 10V，转膜 2h。

（8）免疫检测。

1）封闭：室温下，用 5%脱脂奶粉溶液（PBST 配制）封闭 1h。

2）结合一抗：将膜浸入一抗（anti-pJNK）溶液（用含 5%脱脂奶粉的 PBST 溶液 1∶500 稀释），室温下缓慢摇动（70r/min）2h 或 4℃冰箱反应过夜。

3）洗涤除去未结合的一抗：用 PBST 洗膜 4 次，每次 5min。

4）结合二抗：将膜浸入碱性磷酸酶标记的二抗溶液（用含 5%脱脂奶粉的 PBST 溶液 1∶1000 稀释），室温下缓慢摇动（70r/min）孵育 45～60min。

5）用 PBST 洗膜 4 次，每次 5min；再用 PBS 洗膜 2～3 次，去除膜表面的 Tween-20。

6）加碱性磷酸酶底物显色：按试剂要求稀释 NBT/BICP 显色剂，将膜用反贴法覆于 NBT/BICP 溶液上，避光显色。显色 20s 后每 10s 观察一次，至条带明显时，将膜揭起，在去离子水中漂洗去除显色液后放滤纸上晾干。

（9）结果观察。对比刺激前后细胞中磷酸化 JNK 蛋白的水平变化。

四、注意事项

（1）抗体的使用需要摸索合适的稀释度，尽量减低背景。

（2）如果出现多条带，则需要核对分子量的大小来判断目的蛋白的位置。

五、作业及思考题

信号蛋白的响应程度应该与其总蛋白进行比较，如果想要定量分析还需要检测哪些蛋白？

实验 47 转录因子 NF-κB 活性检测实验

转录因子（transcription factor）是转录起始过程中 RNA 聚合酶所需的辅助因子。真核生物 RNA 聚合酶自身无法启动基因转录，只有当转录因子（蛋白质）结合在其识别的 DNA 序列上后，基因才开始转录和表达。

核因子 κB（nuclear factor-kappa B，NF-κB）是一种重要的转录因子，活化后可启动多种免疫相关分子基因的转录，参与调控机体免疫应答、炎症反应等多种生理病理过程。

NF-κB 在细胞内通常处于不活化状态，细菌脂多糖（LPS）等刺激表面有相关受体的细胞后，刺激信号在胞内转导，最后可使 NF-κB 活化，继而活化包括致炎因子 TNF-α、IL-1 等在内的一系列基因的转录表达。

一、实验原理

pNF-κB-luc 是人工构建的、用于高灵敏度地检测转录因子 NF-κB 活性水平的报告基因质粒载体。该载体上携带有萤光素酶报告基因和 NF-κB 结合位点序列。活化 NF-κB 可与载体上的相应序列结合，启动下游萤光素酶报告基因的转录与表达，产物催化其底物反应发出可以检测的荧光。

二、实验材料、试剂及用品

（一）材料

HeLa 细胞。

（二）试剂

（1）含 10%新生牛血清的 DMEM 培养液。配制方法见附录一。
（2）脂多糖（LPS）。
（3）0.01mol/L PBS（pH7.4）：配制方法见附录一。
（4）pNF-κB-luc 质粒。
（5）磷酸钙法细胞转染试剂盒。
（6）细胞裂解液：20mmol/L Tris-HCl，150mmol/L NaCl，1mmol/L EDTA，1% Triton X-100。
（7）萤光素酶检测试剂盒。

（三）用品

细胞培养板，CO_2 培养箱，多功能酶标仪等。

三、实验步骤

（1）培养细胞。用含 10%新生牛血清的 DMEM 培养液将 HeLa 细胞调成浓度为 4×10^5 个/mL，按每孔 0.5mL 接种于 24 孔板，使每孔有 2×10^5 个细胞，置 37℃，5% CO_2 的培养箱中培养 24h。
（2）转染 pNF-κB-luc 质粒。采用标准的磷酸钙法转染细胞（步骤略）。
（3）刺激细胞。转染后 24h，用 1～5μg/mL 不同浓度的 LPS 刺激细胞 4～6h，同时设置不加 LPS 的细胞孔作为阴性对照。
（4）收集细胞。倒掉培养液，用 PBS 洗涤细胞 1 次；另加 1mL PBS，用细胞刮收集细胞，2000r/min 离心 3min，弃上清液。
（5）裂解细胞。将细胞沉淀重悬于 50μL 细胞裂解液中，冰上放置 20min。
（6）酶促反应。10 000r/min 离心 5min，取上清液 10μL，与萤光素酶检测试剂混匀，反应 10s。
（7）检测荧光。放入荧光检测仪中读数记录。
（8）数据分析。以阴性对照样品数值作为该体系的本底值，分析不同浓度 LPS 对 NF-κB 激活的程度。

四、注意事项

（1）细胞裂解液加入底物缓冲液后混匀的时间要控制好，基本上保持一致，否则带来人为误差较大。

（2）如果细胞刮不方便收集细胞，可采用胰蛋白酶消化法，但有时会引起非特异激活。

五、作业及思考题

本实验结果可以用显微镜观察吗？

拓展阅读文献

Aebersold R. 2001. A systematic approach to the analysis of protein phosphorylation. Nature Biotechnology，19（4）：375.

Johnson SA，Hunter T. 2005. Kinomics：methods for deciphering the kinome. Nature Methods，2（1）：17-25.

Kyriakis J M， Avruch J. 2012. Mammalian MAPK signal transduction pathways activated by stress and inflammation：a 10-year update. Physiological Reviews，92（2）：689-737.

Nair A K，Baier L J. 2018. Using luciferase reporter assays to identify functional variants at disease-associated loci. Methods in Molecular Biology，1706：303-319.

Smale ST. 2010. Luciferase assay. Cold Spring Harbor Protocols，2010（5）：pdb. prot5421.

第八节 哺乳动物细胞转基因及表达检测

将外源基因转入受体细胞的技术是细胞工程的核心技术之一，方法分为三大类：化学方法、物理学方法、生物学方法。用于哺乳动物细胞转染的化学方法有磷酸钙沉淀法、阳离子脂质体法、聚阳离子法、DEAE 葡聚糖转染法等；物理学方法有电穿孔法、显微注射法等；生物学方法主要为病毒导入法。其中用于体外培养细胞的最常用方法为化学法中的脂质体法和聚阳离子法。

阳离子脂质体法的优点是基因转染效率高（80%～90%），且操作简便、结果重复性好。阳离子聚合物是新发展的阳离子试剂，作用原理与阳离子脂质体相似，除了具有阳离子脂质体的所有优点外，还具有毒性低的优点。

外源基因在细胞内是否表达，可用 SDS-PAGE 蛋白电泳法、蛋白质印迹法（Western blotting）、酶联免疫吸附试验（enzyme-linked immunosorbent assay，ELISA）、免疫细胞化学方法、免疫斑点法等。

SDS-PAGE 蛋白电泳法根据对表达蛋白的大小的了解，电泳后考马斯亮蓝染色观察有无期望带出现，检测与目标蛋白分子质量相同的蛋白条带是否存在，初步判断有无目标蛋白的表达及水平。

蛋白印迹法将 SDS-PAGE 的高分辨力与抗原抗体反应的特异性、敏感性相结合，先通过 SDS-PAGE 使蛋白分开，然后转移到硝酸纤维素（NC）膜或聚偏氟乙烯（PVDF）膜上，再用标记的抗体与之反应，检测有无特异条带出现以反映目标蛋白表达情况。

ELISA 是一种用酶标记的特异抗体检测细胞培养上清液及细胞裂解物中目标蛋白表达情

况的方法。一般用96孔微量反应板作为固相载体进行抗原抗体反应，然后用酶的底物溶液显色，根据显色情况反映标本中目标蛋白抗原存在情况。

免疫细胞化学方法是用荧光素、酶、发光物质、金属离子等标记的抗体原位显示细胞内蛋白的表达情况。常用方法有用荧光素标记抗体进行检测的免疫荧光法和用酶标记抗体进行检测的免疫酶细胞化学技术。

免疫斑点法是利用硝酸纤维素膜或乙酸纤维素膜作为固相支持物，用酶标记抗体检测细胞培养上清液及细胞裂解物中目标蛋白表达情况的方法。

上述这些方法中，能够直观反映蛋白质在胞内表达情况的方法是免疫细胞化学方法，对于任何一种基因表达产物，只要有针对目标蛋白或其融合部分的可用抗体，就能够进行其表达与否、表达水平、表达部位的检测。

实验48 绿色荧光蛋白基因转染体外培养的小鼠成纤维细胞及表达检测

一、实验原理

pEGFP-C1质粒携带加强型绿色荧光蛋白基因，用阳离子聚合物转染试剂将其转入小鼠成纤维细胞后，在细胞质表达绿色荧光蛋白。可用荧光显微镜直接观察蛋白表达情况或用免疫组化方法检测蛋白表达情况。

二、实验材料、试剂及用品

（一）材料

小鼠成纤维细胞。

（二）试剂

（1）D-Hanks液：配制方法见附录一。高压蒸汽灭菌，冰箱4℃保存。

（2）含0.02% EDTA的0.25%胰蛋白酶溶液：配制方法见附录一。0.22μm滤膜过滤除菌，冰箱4℃保存。

（3）含10%小牛血清的DMEM培养液：配制方法见附录一。0.22μm滤膜过滤除菌，冰箱4℃保存。

（4）不含小牛血清的DMEM培养液：0.22μm滤膜过滤除菌，冰箱4℃保存。

（5）Sofast^{TM}试剂：5mg/mL。

（6）pEGFP-C1质粒。

（7）0.01mol/L PBS：配制方法见附录一。高压蒸汽灭菌。

（8）兔子来源的Anti-EGFP抗体。

（9）罗丹明标记的抗兔IgG抗体。

（10）DAPI染液。

（11）1%脱脂奶粉。

（12）甲醇，70%乙醇。

（三）用品

荧光显微镜，24 孔板，无菌吸管，EP 管，10μL 及 200μL 移液器等。

三、实验步骤

（一）细胞准备

（1）待转染细胞的消化。用适量（刚好覆盖培养瓶皿底部）0.25%胰蛋白酶溶液消化细胞 2～4min，至显微镜下看到细胞边缘收回、细胞变圆即可。可轻轻晃动瓶皿，使酶液更好地作用。

（2）终止消化。按 1∶5 的比例加入 DMEM 完全培养液终止消化。

（3）离散细胞。用吸管吸取培养液吹打培养瓶、皿底部使细胞脱离，用显微镜检查确保绝大多数（多于 90%）细胞脱离底部。

（4）收集细胞。将细胞悬液转入带盖离心管，1500r/min 离心 5min，弃上清液，留细胞沉淀。

（5）细胞计数。向细胞沉淀加 2mL DMEM 完全培养液重悬细胞，计数并调整细胞浓度为 8×10^4 个/mL。

（6）重新接种。24 孔板每孔接种细胞悬液 1mL，细胞数 8×10^4 个。

（7）细胞培养。37℃培养新接种的细胞，12h 后用于细胞转染（细胞布满底部 40%～50%）。

（二）基因转染

1. 待转染试剂的准备

（1）一个 24 孔板每孔用量。

质粒 DNA：1μL 质粒 DNA 溶液（含质粒 DNA 1μg）+30μL 无血清 DMEM 培养液。

转染试剂：2μL 梭华 Sofast^{TM} 溶液（含聚阳离子试剂 10μg）+30μL 无血清 DMEM 培养液。

（2）将转染试剂加入质粒 DNA 中，边加边用旋涡振荡器混匀，室温静置 15min。

2. 转染

（1）弃细胞培养液，每孔加 0.5mL 含血清 DMEM 培养液。

（2）将 60μL 转染混合液加在培养的细胞中，轻轻摇动混匀。

（3）37℃培养 48h。

3. 结果直接观察 在基因转染 48h（或更长时间）后，用倒置荧光显微镜或激光共聚焦显微镜观察转染情况，阳性细胞发出明亮的绿色荧光，阴性细胞无荧光。激光共聚焦显微镜比倒置荧光显微镜更敏感，绿色荧光蛋白表达量不高时前者能观察到而后者不易见。计数 100 个细胞，求阳性细胞百分率。

4. 免疫荧光法检测表达蛋白

（1）洗涤。弃培养基，用预冷的 PBS 洗 3 遍。

（2）固定。−20℃预冷的甲醇固定 2min，弃甲醇；70%乙醇固定 5min，弃乙醇；PBS 洗 3 次，每次 5min，弃 PBS。

（3）封闭。用 1%的脱脂奶粉封闭 30min，弃封闭液。

（4）加一抗反应。加 Anti-EGFP 抗体溶液室温孵育 2h，弃一抗。

（5）洗涤。用封闭液洗 3 次，每次 5min。

（6）加荧光标记二抗反应。加罗丹明标记的山羊抗兔 IgG 抗体室温作用 1h，弃二抗。

（7）洗涤。PBS 洗 3 次，每次 5min，弃 PBS。

（8）DAPI 染核。再加浓度 0.15mg/mL 的 DAPI 室温染色 2min，弃 DAPI 液。

（9）洗涤。PBS 洗 3 次，每次 5min。

（10）荧光显微镜观察。结果见实验结果图 5-5，可见细胞内布满绿色荧光。

实验结果
图 5-5

四、注意事项

（1）DNA 纯度要高，应当无蛋白质、无 RNA 和化学试剂污染，OD_{260}/OD_{280} 应在 1.8 以上，否则会影响转染效率。

（2）转染用细胞种类、活性和密度都会影响转染效率。已建系的细胞比原代培养细胞应用效果好；待转染细胞要求处于旺盛分裂期、相互之间留有少量空隙，这样的细胞转染率高。原因是，分裂旺盛的细胞对转染试剂的毒性作用抵抗能力强、对外源 DNA 摄取能力强；少量空隙可给分裂细胞提供空间。

（3）影响阳离子聚合物法转染成功的主要因素有：脂质体及质粒 DNA 的浓度及比例、阳离子聚合物-DNA 复合物的孵育时间。转染前应系统检测这些参数以获得最佳转染率。

五、作业及思考题

如果表达的不是荧光蛋白，怎样检测基因转染效果及表达水平？

拓展阅读文献

Celis J E. 2008. 细胞生物学实验手册 4（导读版）. 北京：科学出版社.

Sambrook J，Russell D W. 2008. 分子克隆实验指南（3 版）. 黄培堂等，译. 北京：科学出版社.

Kim T K，Eberwine J H. 2010. Mammalian cell transfection：the present and the future. Analytical and Bioanalytical Chemistry，397（8）：3173-3178.

Kumar A R K，Shou Y，Chan B，et al. 2021. Materials for improving immune cell transfection. Advanced Materials，33（21）：e2007421.

第九节　细胞周期调控与检测

细胞周期（cell cycle）是指由细胞分裂产生新细胞的生长开始到下一次细胞分裂形成子细胞结束为止所经历的过程。分为 2 个大的时期：间期（interphase）和分裂期（mitotic phase，M phase）。间期很长，分裂期很短。间期又分为 G_1 期（gap1 phase）、S 期（synthetic phase）和 G_2 期（gap2 phase）。

体内不同细胞所处的分裂状态不同，有的为持续分裂细胞，一直重复细胞周期，如性细胞和造血干细胞；有的永久性失去了分裂能力，如红细胞、神经细胞、肌细胞等；有的暂时处于不分裂的静止状态，但在某些因素诱导下又会进入细胞分裂周期，如成熟淋巴细胞、肝细胞等。

细胞周期进程依赖于各级调控因子精确而严密的调控，这些调控因子的核心是周期蛋白（cyclin）和周期蛋白依赖性激酶（cyclin dependent kinase，CDK）结合形成的周期蛋白-CDK复合物。周期蛋白是指一些与真核细胞的细胞周期呈同步周期性浓度升降的蛋白质，它与CDK、周期蛋白依赖性激酶抑制因子（cyclin-dependent kinase inhibitor，CKI）一起参与细胞周期调控。CDK 是此系统的中心，周期蛋白起着正调控的作用，是 CDK 的活化亚单位，而 CKI 则为负调控因子。正、负调控因子之间稳定协调的关系对维持细胞周期的正常进程至关重要，如果二者之间的均衡性被打破，则不可避免带来细胞周期的紊乱。目前已经发现周期蛋白有：cyclin A～K 及其亚型共 15 种，但是在细胞生长周期中发挥主要作用的只有 cyclin A，cyclin B，cyclin D 和 cyclin E。根据周期蛋白调控的不同时相又可分为 G_1 期周期蛋白（cyclin C、D、E）、G_2 期周期蛋白（cyclin A）和 M 期周期蛋白（cyclin B）。D 型周期蛋白与细胞的癌变关系密切，cyclin D1 过度表达是多种人类原发性肿瘤的特征，对肿瘤的诊断及预后具有重要意义。

通过对体外培养细胞的研究发现，处于细胞周期不同阶段的细胞，形态、生化特点及对环境因素的敏感性均有差异。因此，人为调控细胞周期，对于从理论上研究细胞周期的不同特点，以及进行植物多倍体诱导、抗肿瘤研究和临床应用都有重要意义。

人为调控细胞周期的方法主要有：细胞周期同步化技术（synchronization）、应用细胞周期蛋白酶抑制剂、RNA 干扰细胞周期蛋白表达等。

细胞周期同步化技术可用于植物多倍体诱导、肿瘤治疗、基因转染、染色体显带及中期染色体分离等多个方面。

细胞内多于两套染色体组的生物体称为多倍体。多倍体可以自然发生，也可以人为诱导。因有些植物多倍体拥有二倍体所没有的一些优良经济性状，如粒大、穗长、抗病性强等，诱导多倍体广泛用于植物育种研究及应用。三倍体西瓜、三倍体甜菜、八倍体小黑麦等已在生产上得到广泛的应用。

在肿瘤治疗中，同步化肿瘤细胞对放疗及某些药物化疗的敏感性增强，或者以某些周期蛋白为靶点的药物也可抑制肿瘤细胞生长。

获得同步化细胞的方法有药物抑制法、温度休克法、营养饥饿法、流式细胞分选法等。选用 DNA 合成抑制剂可逆地抑制 S 期细胞 DNA 合成而不影响其他细胞周期运转，最终可将细胞群体阻断在 G_1/S 期交界处；一些抑制微管聚合的药物，因抑制有丝分裂装置的形成和功能行使，可将细胞阻断在有丝分裂中期。

细胞周期调控效果可用形态学方法、流式细胞仪等进行分析。

实验 49　利用流式细胞术分析细胞周期时相

一、实验原理

细胞周期各时相的 DNA 含量不同，正常细胞的 G_1/G_0 期具有二倍体细胞的 DNA 含量（$2n$），G_2/M 期具有四倍体细胞的 DNA 含量（$4n$），S 期的 DNA 含量介于二倍体和四倍体之间。

用 70%的冷乙醇或其他试剂使细胞膜的通透性增加后，荧光染料 PI（即碘化丙啶）可进入细胞并与细胞内的 DNA 和 RNA 结合，用 RNA 酶消化掉 RNA 后，则只剩下 DNA 与 PI

结合，DNA 含量决定了结合 PI 的量。因此，通过流式细胞仪检测到的 PI 荧光强度直接反映了细胞内 DNA 含量的多少，并以此区分为 G_1/G_0 期，S 期和 G_2/M 期细胞，结合特殊软件可计算各时相的百分率。

二、实验材料、试剂及用品

（一）材料

（1）人或鸡外周血淋巴细胞。
（2）腹腔接种 S-180 腹水瘤细胞 1 周的荷瘤小鼠，接瘤方法见附录二。

（二）试剂

（1）180IU/mL 肝素钠生理盐水溶液：0.22μm 滤膜过滤除菌。
（2）D-Hanks 液：配制方法见附录一。高压蒸汽灭菌。
（3）人淋巴细胞分离液：直接购买。
（4）RPMI1640 基础培养液：直接购买。
（5）小牛血清：56℃灭活 30min。
（6）青霉素贮存液：用无菌水配成 5 万 IU/mL，分装于 EP 管，−20℃冻存。
（7）链霉素贮存液：用无菌水配成 5 万 μg/mL，分装于 EP 管，−20℃冻存。
（8）PHA：用 D-Hanks 液配成 2mg/mL 的溶液。
（9）RPMI1640 完全培养液，调 pH 至 6.8～7.2，0.22μm 滤膜过滤除菌。组成：RPMI1640 基础培养液 90%，小牛血清 10%，肝素（180IU/mL）3.6IU/mL，PHA（2mg/mL）80μg/mL，青霉素 100IU/mL，链霉素 100μg/mL。
（10）5% $NaHCO_3$。
（11）1mol/L 盐酸。
（12）70%乙醇：4℃预冷。
（13）RNase-A：10mg/mL，−20℃保存。
（14）PI：1mg/mL，避光保存于−20℃。
（15）0.01mol/L PBS（pH7.4）：配制方法见附录一，4℃预冷。

（三）用品

流式细胞仪，涡旋振荡器，纯水设备，电热干燥箱，高压蒸汽灭菌锅，超净工作台，CO_2 培养箱，普通低温冰箱，倒置相差显微镜，托盘天平，10mL 离心机，酒精灯，超过滤器及 0.22μm 滤膜，培养瓶或培养皿，细胞计数板，10mL 离心管，10mL 一次性注射器，2%碘酒棉球，75%酒精棉球，胶头吸管等。

三、实验步骤

（1）外周血淋巴细胞分离与培养。
1）采血。肝素钠抗凝，采集静脉血。每毫升全血加 0.1mL 180IU/mL 肝素钠溶液。
2）稀释血液。用 D-Hanks 液按 1∶1（*V/V*）稀释抗凝血。
3）加样离心。先在带盖离心管中加入 2mL 人淋巴细胞分离液，再沿管壁缓慢加入 2mL 稀释血，2000r/min 离心 20min。

4）用毛细吸管轻轻插入两液交界面的灰白色层，轻轻吸出该层细胞，转入另一离心管，其中主要为淋巴细胞，其次还有单核细胞、NK 细胞，统称为外周血单个核细胞（peripheral blood mononuclear cell，PBMC）。

5）洗剂 PBMC。用 5 倍体积的 D-Hanks 液洗涤细胞 2 次。每次用吸管将 D-Hanks 液与细胞悬液充分混匀，第一次 2000r/min 离心 10min，弃上清液；第二次 1500r/min 离心 10min，弃上清液。

6）培养细胞。向细胞沉淀中加入 5mL RPMI1640 完全培养液重悬细胞，转入 25mL 培养瓶中，置 37℃、饱和湿度、5% CO_2 培养箱中培养 72h。

7）收集细胞。用滴管吸取培养液充分冲洗有细胞的一侧壁，使贴附的淋巴细胞脱落；将细胞悬液转入 10mL 离心管中。

（2）小鼠腹水瘤细胞准备。方法见附录二。

（3）计数细胞调浓度。调细胞浓度为 1×10^6～2×10^6/mL。

（4）用 PBS 洗细胞。吸取 1mL 细胞悬液，1500r/min 离心 5min 收集细胞；然后加 1mL PBS 重悬细胞，1500r/min 离心 5min，弃上清液；重复洗涤 1 次，离心后弃大部分上清液，留 0.1～0.2mL 余液重悬细胞。

（5）固定细胞。边振荡细胞边逐滴滴加 1mL 预冷的 70%乙醇到细胞悬浮液中，加完后再振荡数秒。4℃固定 18h 以上。

（6）PBS 洗除固定液。2000r/min 离心 5min 收集细胞，用 PBS 洗 2 次，最后用 0.4mL PBS 轻轻吹打（防止细胞破碎）重悬细胞。

（7）降解细胞 RNA。加 RNase A 至终浓度为 50μg/mL，37℃水浴消化 30min 降解 RNA。

（8）染色。加 PI 20μL 至终浓度为 50μg/mL，冰浴中避光染色 10min。

（9）过滤。用 300 目（孔径 40～50μm）尼龙网过滤除去聚集细胞。

（10）流式分析。上流式细胞仪检测及分析 G_1 期、S 期和 G_2/M 期各时相的百分比。

四、注意事项

（1）每步操作过程中应使细胞充分分散，故离心时间和转速是关键，要使细胞比容不过紧，又不至于丢失太多细胞。

（2）振荡器稍加振荡，但切勿用力吹打或剧烈振荡，以免细胞破碎。

（3）上机前要过滤除去细胞团块。

五、作业及思考题

（1）分析细胞周期中 G_1 期、S 期和 G_2/M 期各时相的百分比。

（2）如何设计实验可以更有效地体现 cyclin D1 对细胞周期的调控？

实验 50 细胞周期蛋白 D1 基因转染细胞及细胞周期检测

一、实验原理

Cyclins 通过与 CDKs 结合而发挥正调控作用，Cyclin D-CDK4/6 复合物主要作用于 G_1～

S 期，使细胞由 G_1 期越过 S 期，这种作用尤以 cyclin D1 为代表。

正常情况下，cyclin D1 在 G_1 期是恒定的，其过量表达可导致 G_1 缩短，细胞分裂速度加快，导致细胞增殖失控，甚至形成癌变。

二、实验材料、试剂及用品

（一）材料

293T 细胞。

（二）试剂

（1）D-Hanks 液：配制方法见附录一。高压蒸汽消毒。

（2）含 10%小牛血清的 DMEM 培养液：配方见附录一，0.22μm 滤膜过滤除菌。

（3）0.01mol/L PBS（pH7.2）：配制方法见附录一。

（4）含 0.02% EDTA 的 0.25%胰蛋白酶溶液：配制方法见附录一，0.22μm 滤膜过滤除菌。

（5）pRK5 和 pRK5-CyclinD1 质粒。

（6）70%乙醇。

（7）磷酸钙法细胞转染试剂盒。

（8）RNase A。

（9）PI 染液：1mg/mL。

（三）用品

流式细胞仪，涡旋振荡器，纯水设备，电热干燥箱，高压蒸汽灭菌锅，超净工作台，CO_2 培养箱，普通低温冰箱，倒置相差显微镜，托盘天平，10mL 离心机，酒精灯，超过滤器及 0.22μm 滤膜，培养瓶或培养皿，血细胞计数板，10mL 离心管，胶头吸管等。

三、实验步骤

（1）细胞传代培养。按实验 33 的方法用胰蛋白酶消化细胞，计数后用新鲜 DMEM 培养液调浓度为 2×10^5/mL。给 6 孔板每孔接种 2mL 细胞悬液，37℃、5% CO_2 的培养箱中培养至细胞融合度达 70%左右，一般过夜培养即可。

（2）质粒转染。按试剂盒说明，采用标准的磷酸钙法分别转染空载质粒 pRK5 和 pRK5-CyclinD1 于不同的细胞孔。

（3）收集细胞。转染 24h 后倒掉培养液，加入 1mL PBS 液，用细胞刮刮下细胞，收集到 EP 管中，1000r/min 离心 5min，弃上清液。

（4）洗涤细胞。加入 1mL PBS，用移液器吹打混匀（务必吹散），1000r/min 离心 5min，弃上清液；再加 1mL PBS 洗细胞 1 次，弃大部分上清液，留余液 0.1～0.2mL 将细胞分散。

（5）固定细胞。一边用涡旋振荡器振荡细胞一边逐滴加入 1mL 4℃预冷的 70%乙醇到细胞悬液中，加完再振荡数秒。于 4℃至少固定 18h。

（6）洗涤细胞。2000r/min 离心 5min 收集固定过的细胞，再用 PBS 洗 2 次。

（7）降解 RNA。用 0.4mL PBS 重悬细胞并转至 EP 管中轻轻吹打（防止细胞破碎）混匀，加 RNase A 至终浓度约为 50μg/mL，37℃水浴作用 30min。

（8）PI 染色。加 PI 至终浓度为 50μg/mL，在冰浴中避光染色 10min。

（9）流式细胞仪检测。分析细胞周期中 G_1 期、S 期和 G_2/M 期各时相的百分比。

四、注意事项

（1）每步操作过程中应使细胞充分分散，故离心时间和转速是关键，要使细胞比容不过紧，又不至于丢失太多细胞。

（2）振荡器稍加振荡，但切勿用力吹打或剧烈振荡，以免细胞破碎。

（3）细胞悬液中如含可见的细胞团块，应除去或过滤后上机。

五、作业及思考题

用已学过的实验知识设计实验，使能够在无流式细胞仪的情况下清楚地检测胞内 CyclinD1 蛋白含量变化对细胞周期的影响。

实验 51 胸腺嘧啶脱氧核苷（TdR）双阻断法同步化培养的动物细胞

一、实验原理

胸腺嘧啶脱氧核苷（deoxyribonucleotid thymine，TdR）简称胸苷（thymidine），是 DNA 合成不可缺少的前体物，如果在培养液中过量，可反馈性地抑制其他核苷酸的磷酸化，产生抑制 DNA 合成的效应，使细胞周期停留在某一特定阶段，细胞分裂同步化。

常采用两次 TdR 阻断法，即双阻断法。第 1 次阻断时间相当于 G_2、M 和 G_1 期时间的总和或稍长，释放时间不短于 S 期时间，而小于 G_2+M+G_1 期时间，这样才能使所有位于 G_1/S 期的细胞通过 S 期，而又不使沿周期前进最快的细胞进入下一个 S 期。第 2 次阻断时间同第 1 次，再释放。此方法用于将细胞同步化于 G_1/S 期。

二、实验材料、试剂及用品

（一）材料

HeLa 细胞。

（二）试剂

（1）D-Hanks 液：配制方法见附录一。高压蒸汽消毒。

（2）含 0.02% EDTA 的 0.25%胰蛋白酶溶液：配方见附录一，0.22μm 滤膜过滤除菌。

（3）小牛血清：56℃水浴灭活 30min。

（4）DMEM 基础培养液：直接购买。

（5）青霉素贮存液：用无菌水配成 5 万 IU/mL，分装于 EP 管，−20℃冻存。

（6）链霉素贮存液：用无菌水配成 5 万 μg/mL，分装于 EP 管，−20℃冻存。

（7）含 10%小牛血清的 DMEM 完全培养液：配方见附录一，0.22μm 滤膜过滤除菌。

（8）胸苷：100mmol/L，pH7.4，0.22μm 滤膜过滤除菌。

（9）Hanks 液。配制方法见附录一，高压蒸汽灭菌。

（三）用品

纯水设备，电热干燥箱，高压蒸汽灭菌锅，超净工作台，CO_2培养箱，普通低温冰箱，倒置相差显微镜，托盘天平，10mL 离心机，酒精灯，超过滤器及 0.22μm 滤膜，培养瓶或培养皿，TdR 培养基，血细胞计数板，10mL 离心管，胶头吸管等。

三、实验步骤

（1）细胞准备。按实验 33 的方法将 HeLa 细胞传代，并培养至对数生长期的早期，大约融合度为 30%。

（2）第一次诱导同步化。加入含 2～2.5mmol/L TdR 的培养基作用 16h，弃培养基；用 Hanks 液洗细胞 2～3 次。

（3）细胞培养。换上新鲜正常的培养基继续培养 9h，使细胞进入下个生长周期的 G_1 期。

（4）第二次诱导同步化。重新用 TdR 培养基（2mmol/L TdR）培养细胞 16h，进行第 2 次阻断。

（5）细胞再培养。弃掉 TdR 培养基，用 Hanks 液洗细胞 2～3 次后换上普通培养基继续培养。

（6）收集细胞。用胰蛋白酶消化，收集细胞。

（7）检测。按照实验 48 的形态学方法或实验 49 的流式细胞仪分析法检测细胞周期各时相细胞的百分比，看是否达到预期的目的。

四、注意事项

HeLa 细胞周期时间为 21h，其中 G_1 期为 10h，S 期为 7h，G_2 期为 3h，M 期为 1h。第 2 次 TdR 释放 0h 时取样则细胞处于 G_1/S 期交界处；如 2～7h 取样则为不同阶段的 S 期细胞。

五、作业及思考题

请以 HeLa 细胞为例加以说明具体 TdR 作用和释放的时间设定原理。

实验 52　秋水仙胺阻抑法分离贴壁培养的哺乳动物 M 期细胞

一、实验原理

正常情况下中期（M 期）细胞在整个细胞群中的比例不高（仅有 1%～3%），要想获取大量的 M 期细胞，需要药物处理分裂期细胞。

秋水仙素是一种生物碱，最初从百合科植物秋水仙中提取出来，也称为秋水仙碱。秋水仙胺为秋水仙碱的一种衍生物，化学名为去乙酰基甲基秋水仙碱。两者都可抑制纺锤体微管形成，引起微管解聚，将分裂细胞阻断在中期。后者体内使用时毒性较小。贴壁生长细胞在分裂中期具有变圆易脱落的特点，可通过振荡使细胞脱落而收集。

二、实验材料、试剂及用品

（一）材料

HeLa 细胞。

（二）试剂

（1）D-Hanks 液。配制方法见附录一。高压蒸汽灭菌。
（2）含 0.02% EDTA 的 0.25%胰蛋白酶溶液。配制方法见附录一，0.22μm 滤膜过滤除菌。
（3）小牛血清：56℃水浴灭活 30min。
（4）DMEM 基础培养液：直接购买。
（5）青霉素贮存液：用无菌水配成 5 万 IU/mL，分装于 EP 管，−20℃冻存。
（6）链霉素贮存液：用无菌水配成 5 万 μg/mL，分装于 EP 管，−20℃冻存。
（7）含 10%小牛血清的 DMEM 完全培养液：配制方法见附录一，0.22μm 滤膜过滤除菌。
（8）10μg/μL 秋水仙素或秋水仙胺。

（三）用品

纯水设备，电热干燥箱，高压蒸汽灭菌锅，超净工作台，CO_2 培养箱，普通低温冰箱，倒置相差显微镜，托盘天平，10mL 离心机，酒精灯，超过滤器及 0.22μm 滤膜，培养瓶或培养皿，血细胞计数板，10mL 离心管，胶头吸管等。

三、实验步骤

（1）细胞准备。按照实验 33 的方法，将 HeLa 细胞传代培养至对数生长期。
（2）诱导同步化。加入秋水仙胺，使最终浓度为 0.05～0.1μg/mL 培养基，作用 6h。如使用秋水仙素，使用浓度应加大 5～10 倍。
（3）收集细胞。倒掉含秋水仙胺的培养液，加入新鲜培养液，手持培养瓶轻轻摇晃，使培养瓶底壁上处于分裂期的圆形细胞脱落。1000r/min 离心 10min，弃上清液，沉淀细胞即 M 期细胞。

四、注意事项

由于秋水仙素或秋水仙胺对细胞有一定毒性，用量较小或作用时间较短，细胞活性尚可恢复，而用量过大或时间过长则细胞不能存活；又因不同种类细胞的耐受性不同，使用时应通过试验确定适宜的剂量和作用时间。

五、作业及思考题

如果为非贴壁生长细胞，如何分离 M 期细胞？

实验 53　植物细胞中期同步化诱导

一、实验原理

羟基脲（hydroxyurea，Hu）能够抑制核苷酸还原酶的活性，将细胞分裂阻止在 G_1/S

期；甲基氨草磷（amiprophos-methyl，APM）能够抑制微管蛋白形成，可将细胞分裂阻止在中期。羟基脲和甲基氨草磷双阻断法可诱导植物细胞分裂停止于中期。

二、实验材料、试剂及用品

（一）材料

小麦种子。

（二）试剂

（1）1.25mmol/L Hu。
（2）4μmol/L APM。
（3）乙醇∶冰醋酸（3∶1）。
（4）70%乙醇。
（5）解离液：10%（*V*/*V*）盐酸。
（6）乙酸洋红染液：配制方法见附录一。

（三）用品

普通光学显微镜，刀片，镊子，恒温培养箱，恒温水浴锅，小烧杯等。

三、实验步骤

（1）用水浸泡种子。室温下用水浸泡小麦种子，过夜。
（2）中期同步化诱导。于 23℃恒温箱中先用 1.25mmol/L Hu 浸泡处理种子 18h；蒸馏水洗 3 次；水培 4h；再在 4μmol/L APM 中培养 4～5h；蒸馏水洗 3 次。
（3）制备根组织压片。按照实验 22 的方法，常规固定、酸解、染色、压片。
（4）显微观察根尖细胞的有丝分裂中期相的数目。

四、注意事项

（1）注意 Hu 和 APM 的处理时间。Hu 处理时间不能过长，否则会对细胞的恢复有影响。已经发现，在动、植物细胞中 Hu 处理超过 24h 后可诱发染色体断裂和姐妹染色单体的不可逆互换。
（2）Hu 处理、水培及 APM 处理都应避光进行。

五、作业及思考题

秋水仙素也可阻止纺锤丝的形成，为什么不用其代替 APM 进行植物细胞双阻断同步化？

拓展阅读文献

Jackman J，O′Connor P M. 2011. Methods for synchronizing cells at specific stages of the cell cycle. Current Protocols in Cell Biology，Chapter 8：Unit 8. 3.

Ligasová A，Frydrych I，Koberna K. 2023. Basic methods of cell cycle analysis. International Journal of Molecular

Sciences，24（4）：3674.

Rieger A M. 2022. Flow cytometry and cell cycle analysis：An overview. Methods in Molecular Biology，2579：47-57.

Satyanarayana A，Kaldis P. 2015. Mammalian cell-cycle regulation：several Cdks，numerous cyclins and diverse compensatory mechanisms. Oncogene，28（33）：2925-2939.

第十节 分裂细胞微核的诱导与检测（细胞遗传毒性）

多种理化因子如辐射、化学药剂等会导致动植物染色体畸变，分析中期细胞染色体畸变率历来被用于研究有害因素对染色体的损伤，但由于这种分析比较复杂，人们试图采用其他分析方法研究受试物的遗传毒性。细胞微核测试就是现在常用的一种检测方法，代替中期染色体畸变分析，用于辐射损伤、化学诱变剂、新药试验、食品添加剂等的遗传毒性检测。

微核（micronucleus，MCN），也叫卫星核，是真核类生物细胞中的一种异常结构，是染色体畸变在间期细胞中的一种表现形式。一般为染色体断裂或纺锤丝形成和收缩受影响而在细胞有丝分裂后期滞留在细胞核外的遗传物质，在细胞分裂末期未能进入主核，而在胞质内形成一个或多个圆形或杏仁状、独立存在于核之外的核物质结构，大小不超过正常核的1/3。因其比细胞核小，故称为微核。微核比率与中期细胞染色体畸变率之间的相关性非常显著。

用作微核检验的系统有植物检测系统，如蚕豆根尖系统、鸭跖草（*Tradescantia paludosa*）四分子系统、花粉系统等，动物检测系统如小鼠骨髓系统、小鼠精巢系统等。其中以蚕豆根尖系统和小鼠骨髓系统最为常用。前者主要观察有害因子对蚕豆根尖分生区细胞微核形成的影响，后者则通过红细胞微核试验（*in vivo* erythrocyte micronucleus test）检验骨髓内多染性红细胞微核形成率。这两种检测系统都是成熟的、标准化的环境遗传毒物检测系统。

生殖系统对化学毒物的作用也十分敏感，甚至在其他系统还未出现毒性反应之前，生殖系统可能已出现了损害作用。已有大量的资料证实精子形态是由多基因遗传控制的，涉及多条染色体和性连锁基因，目前认为，常染色体上的基因控制精子畸形的类型，Y性连锁基因控制畸形精子的数量。因此，当化学毒物使这些基因发生突变时，就会导致精子畸形或畸形率增高。因此，生殖细胞微核检测也可反映化学毒物的生殖毒性和对生殖细胞潜在的致突变性。

实验54 蚕豆根尖细胞微核的诱导与检测

一、实验原理

环磷酰胺是一种免疫抑制剂和抗癌药物，但具有一定的副作用，如染色体损伤作用。用其处理蚕豆根尖，可使分生区正在分裂细胞的染色体断裂或移动滞后，形成微核，通过对根尖进行压片染色就可观察到微核并统计出微核率。

二、实验材料、试剂及用品

（一）材料

磷酰胺处理的蚕豆根。准备方法：①生根：选择饱满、大小均匀的蚕豆种子，置于蒸馏水中浸泡一昼夜，让其吸胀；然后将吸胀的蚕豆平铺于带水的纱布上，上面加盖湿纱布，室温或23℃恒温培养，12 h换水1次，待根长至1～2cm；用40mg/mL环磷酰胺水溶液浸泡处理4h，再用蒸馏水恢复培养24h。②固定与保存：切取根尖，用卡诺氏固定液（无水乙醇：冰醋酸=3∶1，*V*∶*V*）固定24h，置70%乙醇中于4℃冰箱保存备用。

（二）试剂

（1）40mg/mL环磷酰胺水溶液。

（2）3∶1的甲醇∶冰醋酸。一般用前现配制。

（3）70%乙醇。

（4）10%（*V/V*）盐酸。

（5）乙酸洋红染液：向100mL 45%的乙酸溶液中加入洋红染粉0.5～1.0g，煮沸约5min；冷却后过滤，再向滤液中加入1%～2%铁明矾水溶液数滴，直到此液变为暗红色不发生沉淀为止；也可悬入一生锈的铁钉，过1min取出，使染色剂中略具铁质，增进染色性能（媒染）。染液盛于棕色瓶中加盖避光贮存。注意：配好的染液不能立即使用，应放置1个月以上使染料成熟后才可产生理想的染色效果。

（三）用品

显微镜，9cm平皿，纱布，40mL小烧杯，镊子，刀片，解剖剪，注射器等。

三、实验步骤

（1）水洗除固定液。根放在试管或小烧杯中，加满水，放置2min倒掉，重复3次。

（2）酸解。用10%盐酸室温水解15～20min。

（3）水洗除盐酸。方法同步骤（1）。

（4）切除根冠及延长区。留下乳白色生长区。

（5）染色。滴加2滴乙酸洋红染液，用刀片将根尖随意切成小块，染色3～5min。

（6）压片。加盖玻片，左手拇指按住盖玻片一角，用镊子后端轻轻敲打组织块所在部位盖玻片，使组织分散成雾状；然后覆盖吸水纸用大拇指反复按压盖玻片，使细胞分散成单层。

（7）观察统计。

间期细胞：细胞核圆形、小，染色均匀。

前期细胞：细胞核变大，出现凝集、深染的染色体线，互相缠绕呈乱麻状。

中期细胞：形态清晰的染色体排列在细胞中间赤道板上。

后期细胞：染色体分开成两组，臂弯曲，朝向赤道板。

末期细胞：1个细胞中出现2个长方形的核，核中未完全解聚的染色体互相缠绕呈乱麻状。

微核：细胞质中圆形、染色特性同主核的结构，见实验结果图5-6。

计数不少于1000个分生区细胞，统计微核千分率。

实验结果
图5-6

四、注意事项

（1）注意区分蚕豆细胞微核与细胞颗粒后含物，前者染色特性同核，上下微调焦距时颜色保持不变，后者则为其他颜色，微调焦距时颜色会发生变化。

（2）统计微核千分率时计数的细胞应为分生区细胞。

五、作业及思考题

（1）比较未经环磷酰胺处理与处理的蚕豆根尖分生区细胞微核率。
（2）查阅文献了解引起蚕豆根尖细胞微核率提高的因素主要有哪些。

实验 55 小鼠骨髓多染性红细胞的诱导与检测

一、实验原理

乳动物红细胞在骨髓成熟过程经过多个阶段，从有核到最后无核。红细胞将核初排出时，胞质内仍有核糖体，是未成熟红细胞，称为多染性红细胞（polychromatic erythrocyte，PCE）。成熟红细胞无核且无核糖体，称为正染红细胞（normochromatic erythrocyte，NCE）。PCE 和 NCE 大小及对吉姆萨染液和瑞氏染液着色效果不同。成熟红细胞较小，呈淡橘红色，中间着色浅；多染性红细胞比成熟红细胞稍大，呈较均匀灰蓝色。多染性红细胞中的微核是由于正常核排出时遗留下来的圆形、边缘光滑整齐、着色性同主核的结构。染成紫红色或蓝紫色，一个细胞内有一个或数个。

环磷酰胺是一种免疫抑制剂和抗癌药物，但具有一定的副作用，如染色体损伤作用。将其注射给小鼠，也可导致小鼠骨髓多染性红细胞微核比率增加，通过收集骨髓细胞，制备细胞涂片并用吉姆萨或瑞氏染液染色，即可显示骨髓多染性红细胞微核。

二、实验材料、试剂及用品

（一）材料

17～22g 健康小鼠。

（二）试剂

（1）环磷酰胺：2mg/mL，用 0.9%氯化钠配制。
（2）生理盐水：0.9%氯化钠。
（3）小牛血清（灭活）：小牛血清滤菌后置于 56℃恒温水浴保温 30min 进行灭活。灭活的小牛血清通常贮存于 4℃冰箱中。亦可用大鼠、小鼠血清代替。
（4）吉姆萨染液贮存液：称取 0.5g 吉姆萨染粉，加入 33mL 纯甘油，在研钵中充分研细；放在 56℃恒温水浴中保温 90min；再加入 33mL 甲醇，充分搅拌混匀；普通滤纸过滤，滤液于棕色瓶中保存。
（5）1/15mol/L 磷酸盐缓冲液（pH6.8）。
A 液：取磷酸氢二钠 9.47g 溶于蒸馏水 1000mL 中，配成 1/15mol/L 溶液。
B 液：取磷酸二氢钾 49.07g 溶于蒸馏水 1000mL 中，配成 1/15mol/L 溶液。
取 A 液 49.5mL 加于 B 液 50.5mL 中混匀，即 pH6.8 的 1/15mol/L 磷酸盐缓冲液（pH6.8）。
（6）吉姆萨染液应用液：取 1 份吉姆萨染液贮存液与 9 份 1/15mol/L 磷酸盐缓冲液混合而成。临用时配制。
（7）甲醇。

（三）用品

显微镜，9cm 平皿，纱布，40mL 小烧杯，镊子，刀片，解剖剪，注射器等。

三、实验步骤

1. 动物染毒 实验前 18～30h 小鼠按每千克体重腹腔注射 80mg 环磷酰胺，对照小鼠不作处理或腹腔注射等体积生理盐水。

2. 收集骨髓细胞

（1）处死动物，取长骨。

（2）用剪刀剔除骨上所附肌肉及其他组织。

（3）用剪刀剪开骨头两端。

（4）用带针头的注射器吸取生理盐水将骨髓腔中细胞冲到小烧杯或小平皿中，再转入离心管。

（5）离心沉淀细胞：1000r/min 离心 8min，沉淀细胞。

（6）弃大部分上清液，留相当于细胞沉淀等体积的上清液，用吸管或微量加样器吹打悬浮细胞沉淀。

3. 制备细胞涂片 方法参考“实验 1 血细胞涂片的制备及染色观察”中血涂片的制备方法，自然晾干。

4. 涂片标本染色

（1）吉姆萨染色。甲醇固定 3～5min，1∶10 稀释的吉姆萨染液应用液染色 10～15min，然后用 1/15mol/L 磷酸盐缓冲液冲洗除去多余染液。

（2）瑞氏染色。无须固定，参考“实验 1 血细胞涂片的制备及染色观察”中血涂片瑞氏染色的方法对标本进行染色。

实验结果图 5-7

5. 加水封片镜检，计算微核千分率 选择细胞分布均匀、无损、着色适当的区域，在油镜下计数不同视野的多染性红细胞总数和有微核的多染性红细胞数，每只动物至少计数 1000 个多染性红细胞，计算微核千分率（‰）。若 1 个多染性红细胞中出现 2 个以上微核，仍按 1 个有微核细胞计数。骨髓多染性红细胞及微核见实验结果图 5-7。

四、注意事项

（1）不同品系的小鼠对微核试验的敏感性不同，文献报道，NIH 小鼠敏感度高，在国内易得，用得比较多。其他敏感的小鼠品系还有 CD21、MS/Ae、BDF、ddy 等。试验时，应使用敏感系小鼠。

（2）一般来讲，微核形成率与环磷酰胺剂量正相关，但过高浓度的环磷酰胺会抑制骨髓造血，使总多染性红细胞数量减少，一般以每千克体重 40～80mg 较适宜。

（3）取样时间应适合，一般在染毒后 18～30h 较好。

（4）动物体重和给药方式也会影响实验结果，一般小鼠体重在 17～22g，给药方式可为腹腔注射或灌胃。

五、作业及思考题

（1）比较未经环磷酰胺处理与处理的小鼠骨髓多染性红细胞微核率。

（2）查阅文献了解引起小鼠骨髓多染性红细胞微核率提高的因素主要有哪些。

实验 56 小鼠精巢细胞微核的诱导与检测

一、实验原理

环磷酰胺是一种免疫抑制剂和抗癌药物，但具有一定的副作用，如染色体损伤作用。将其注射给小鼠，也可导致小鼠骨髓多染性红细胞和精巢生殖细胞微核比率增加，通过游离精巢细胞，制备细胞涂片并用吉姆萨或瑞氏染液染色即可显示精巢细胞微核。

二、实验材料、试剂及用品

（一）材料

17～22g 健康小鼠。

（二）试剂

本实验所用试剂同实验 55 中试剂（1）～（7）。

（三）用品

显微镜、9cm 平皿，纱布，40mL 小烧杯，镊子，刀片，解剖剪，注射器等。

三、实验步骤

（1）动物染毒。同“实验 55 小鼠骨髓多染性红细胞的诱导与检测”。

（2）脱颈处死小鼠。

（3）收集睾丸生殖细胞。

1）取睾丸。剖开腹部，取出白色肾形睾丸，放入盛有 4～5mL 生理盐水或 2%柠檬酸钠溶液的平皿中清洗并去掉外面脂肪等物，弃污液。

2）挑出曲细精管并剪碎。另加柠檬酸钠溶液 1～2mL，倾斜平皿，用尖头镊子的镊尖或解剖针针尖将曲细精管拉出，拨到平皿一侧无溶液处，弃污液及膜状物；另加 1～2mL 柠檬酸钠溶液，用眼科剪尽量将曲细精管剪碎。

3）游离并收集细胞。将剪碎的曲细精管及溶液移入离心管中，用吸管反复吹打 1～2min，使尽量多的细胞从管腔中游离出来；静置 5min（或 300r/min 离心 2min），使大的膜管状杂质下沉；吸上清液于另一管中，1000r/min 离心 8min，弃上清液，沉淀即不同发育阶段的生殖细胞。

（4）洗涤细胞并制备 50%细胞悬液。用 5mL PBS 悬浮细胞沉淀，1000r/min 离心 8min，弃大部分上清液，留相当于细胞沉淀等体积的上清液，用吸管或微量加样器吹打悬浮细胞沉淀。

（5）制备细胞涂片、固定及染色。方法同“实验 55 小鼠骨髓多染性红细胞的诱导与检测”。

（6）微核观察与统计。精巢细胞及微核形态见实验结果图 5-8。

实验结果
图 5-8

四、注意事项

本实验注意事项同实验 55。

五、作业及思考题

（1）比较未经环磷酰胺处理与处理的小鼠精巢细胞微核率。
（2）查阅文献了解引起小鼠精巢细胞微核率提高的因素主要有哪些。

拓展阅读文献

王敬亭，赵田田，赵泽浩，等. 2022. 3D 肝细胞遗传毒性检测方法的建立.中国药理学通报，38（06）：949-955.

曾珠，朱雪娇，霍娇，等. 2020. 基于流式细胞术的大鼠骨髓网织红细胞微核实验方法的建立. 四川大学学报（医学版），51（01）：67-73.

Kwasniewska J，Bara A W. 2022. Plant cytogenetics in the micronuclei investigation-The past，current status，and perspectives. International Journal of Molecular Sciences，23（3）：1306.

Rincón G，Sánchez C. 2021. Short assay design for micronucleus detection in human lymphocytes. BioMed Research International，2021：2322257.

第六章　探究性实验

第一节　肿瘤细胞诱导凋亡及检测

细胞凋亡（apoptosis）是细胞死亡的一种重要方式，指由多个基因表达产物控制的细胞有序性死亡。其参与了胚胎发育、正常组织稳态维持、特异性细胞免疫的效应发挥等生理过程及退行性疾病、自身免疫性疾病等病理过程。在应用领域，因细胞凋亡后膜磷脂酰丝氨酸外翻，被巨噬细胞凋亡相关受体识别结合并吞噬，细胞内含物不释放至胞外，不引起炎症反应，对机体产生的有害影响较小，使得筛选诱导凋亡型抗肿瘤药物成为抗肿瘤药物研发的一个重要方向。

鉴于细胞凋亡的重要性，2002 年的诺贝尔生理学或医学奖授予了细胞程序性死亡遗传规律的发现者悉尼·布雷内（Sydney Brenner）、约翰·苏尔斯顿（John Sulston）和罗伯特·霍维茨（Robert Horvitz）。

凋亡细胞会发生脱水皱缩、染色质凝集、线体电位下降、核膜碎裂、DNA 断裂、膜磷脂酰丝氨酸外翻、膜完整性丧失等系列变化，可以用相应的方法进行检测。常用检测方法有：①形态学观察。用于检测凋亡细胞形态及核染色质变化。②FITC-AnnexinV/PI 双染色法。用于显示凋亡细胞外翻的磷脂酰丝氨酸和膜通透性的变化，以及用流式细胞仪检测凋亡细胞百分率。③DNA 梯状条带电泳法。用于检测凋亡细胞从核小体处随机特征性断裂的 DNA。④TUNEL 技术。用于原位显示凋亡细胞断裂的 DNA。

实验 57　涂片染色法检测凋亡细胞

一、实验原理

喜树碱（camptothecin，CPT）是一种植物来源的抗肿瘤药物，可通过多种机制发挥抗肿瘤作用，其中一种机制就是诱导细胞凋亡来杀伤肿瘤细胞，而同时，也会引起一些细胞发生胀亡变化。

凋亡细胞会发生一系列不同于正常细胞的形态学变化，可用普通光学显微镜对不染色或用核染料染色后的细胞形态进行观察以确定其是否凋亡及凋亡阶段。

二、实验材料、试剂及用品

（一）材料

提前 7d 接种 S-180 细胞的腹水瘤小鼠。接瘤方法见附录二。

（1）对照鼠：只接瘤，不注射羟基喜树碱溶液。

（2）实验鼠：接瘤，并在实验前 24～48h 腹腔注射用生理盐水配制的羟基喜树碱溶液诱导肿瘤细胞凋亡。药液浓度为 1mg/mL，剂量为每只小鼠 1.2mL，使其浓度在腹腔液中约为 80μg/mL（腹水体积按 15mL 计）。

（二）试剂

（1）1mg/mL 的羟基喜树碱溶液：人临床注射用羟基喜树碱粉剂或注射液（5g），用灭菌 0.9%氯化钠溶解或稀释到 5mL，保存于 4℃冰箱中。

（2）0.01mol/L PBS（pH7.2）：配制方法见附录一。

（3）含 10%小牛血清的 PBS。

（4）甲醇。

（5）0.067mol/L 的 PBS：配制方法见附录一。

（6）吉姆萨染液贮存液：配制方法见附录一。

（7）吉姆萨染液应用液：用 0.067mol/L 的 PBS 将储存液作 1∶20 稀释。

（三）用品

普通光学显微镜，10mL 低速离心机，剪刀，10mL 一次性注射器及针头，乳胶手套，酒精棉球，10mL 离心管，胶头吸管，EP 管，10mL 离心管，载玻片，吸水纸，载玻片染色盒（缸）等。

三、实验步骤

（1）收集腹水瘤细胞。脱颈处死小鼠，参照“实验 7 小鼠腹腔巨噬细胞的富集与分离”中的方法分别抽取对照和实验小鼠含瘤腹水。

（2）制备 50%腹水瘤细胞悬液。1500r/min 离心 5min，弃上清液；用含 10%小牛血清的 PBS（pH7.2）配制成 50%细胞悬液。

（3）制备细胞涂片。按照实验 1 的方法制备细胞涂片。

（4）细胞固定。滴加甲醇固定 3min。

（5）染色。将细胞标本插入载玻片染色盒，倒入吉姆萨染液应用液染色 5～10min，流水冲去染液，晾干；或用吉姆萨染液应用液采取扣染的方式染色 5～10min，流水冲去染液，晾干。

（6）显微观察。

正常细胞：细胞核呈圆形、核质均匀，染成淡蓝紫色。

凋亡细胞：染色质凝集（深染）、边缘化（靠近核膜）或有凋亡小体出现在细胞外，见实验结果图 6-1。

实验结果图 6-1 与图 6-2

胀亡细胞：细胞胀大、出泡，核质扩散、染成很淡的蓝色，见实验结果图 6-2。

四、注意事项

（1）涂片需干透后再进行固定和染色，否则细胞容易脱落。

（2）洗去多余染液时不能先倒掉染液再洗，应连同染色盒一起拿到自来水水龙头下冲洗，以防染料形成的氧化膜覆盖在涂片标本上。

（3）观察时要和不进行诱导的标本进行比较，注意区分细胞分裂前期的染色质凝集和凋亡细胞的染色质凝集特征。

五、作业及思考题

涂片染色法检测凋亡细胞，如涂片干燥过慢，可能出现什么结果？如何避免这种现象？

实验 58　利用激光共聚焦显微镜及流式细胞仪检测 Annexin V-FITC/PI 染色的凋亡细胞

一、实验原理

正常细胞膜磷脂酰丝氨酸（phosphatidylserine，PS）分布于细胞膜上的胞质一侧，膜结构完整。细胞凋亡时发生膜 PS 外翻和结构完整性丧失、通透性增大（晚期凋亡细胞）等变化。

Annexin V 则是一种不能透过正常细胞完整细胞膜但可以和 PS 结合的蛋白，利用异硫氰酸荧光素（FITC，发出绿色荧光）标记的 Annexin V（Annexin V-FITC）可以显示凋亡细胞的 PS，也可显示膜完整性丧失的 PS。

碘化丙啶（PI）是一种发出红色荧光的 DNA 结合染料，不能通过完整细胞膜，但可以通过凋亡晚期及坏死细胞完整性丧失的细胞膜而对细胞核染色。

羟基喜树碱是一种抗肿瘤药物，可以诱导肿瘤细胞凋亡。因此，用其处理腹水瘤细胞，再用 Annexin V-FITC 和 PI 对细胞进行双染色，就可同时显示凋亡早期细胞、凋亡晚期细胞和坏死细胞。

二、实验材料、试剂及用品

（一）材料

提前 7d 接种 S-180 细胞的腹水瘤小鼠。接瘤方法见附录二。

（1）对照鼠：只接瘤，不注射羟基喜树碱溶液。

（2）实验鼠：接瘤，并在实验前 24～48h 腹腔注射用生理盐水配制的羟基喜树碱溶液诱导肿瘤细胞凋亡。药液浓度为 1mg/mL，剂量为每只小鼠 1.2mL，使其浓度在腹腔液中约为 80μg/mL（腹水体积按 15mL 计）。

（二）试剂

（1）0.9%氯化钠溶液（生理盐水）。

（2）1mg/mL 的羟基喜树碱溶液：用灭菌 0.9%氯化钠生理盐水将人临床注射用羟基喜树碱粉剂或注射液溶解或稀释到所需浓度，保存于 4℃冰箱中。因粉剂难以溶解，最好买液体制剂。

（3）0.01mol/L PBS（pH7.2）。配制方法见附录一。

（4）FITC-AnnexinV/PI 双染色法检测试剂盒。

（三）用品

激光共聚焦显微镜，10mL 低速离心机，剪刀，10mL 一次性注射器及针头，乳胶手套，酒精棉球，10mL 离心管，胶头吸管，EP 管，载玻片，吸水纸，载玻片染色盒（缸）等。

三、实验步骤

（1）收集腹水瘤细胞。脱颈处死小鼠，参照本书“实验 7 小鼠腹腔巨噬细胞的富集与分离”抽取腹腔液的方法分别抽取对照和实验小鼠含瘤腹水。

（2）洗涤并调细胞浓度。取腹腔液 0.5mL，加 5mL 0.01mol/L PBS 洗涤细胞 1 次，1500r/min 离心 5min，弃上清液，再用 PBS 将肿瘤细胞配成 10%的悬液。

（3）FITC-AnnexinV/PI 双染色。

1）在 1.5mL EP 管中加入 1mL 5%的腹水瘤细胞悬液，1500r/min 离心 5min，弃上清液。

2）加入 1mL 结合缓冲液（含钙离子）悬浮细胞。

3）加入 20μL AnnexinV-FITC，混匀、避光，室温染色 15min。

4）加入 20μL PI 贮存液，染色 5min。

（4）制备双染色的细胞悬液装片。

（5）荧光显微镜或激光共聚焦显微镜观察。

正常细胞：胞膜完整，普通光下可见，荧光光源下不可见。

凋亡早期细胞：荧光光源下膜显示绿色。

凋亡晚期细胞：荧光光源下膜显示绿色、核显示红色。

坏死细胞：荧光光源下核呈红色、膜绿色荧光不明显。

激光共聚焦显微镜观察结果见实验结果图 6-3。

实验结果图 6-3

（6）流式细胞仪分析。用 300 目滤网过滤细胞悬液后使用流式细胞仪。以 10%未染色细胞为内参，分析计算样品中 FITC 单阳性细胞（凋亡早期）、FITC/PI 双阳性细胞（凋亡晚期）、PI 单阳性细胞（坏死细胞）百分率。

四、注意事项

（1）荧光染料及染色过程、染色标本要避光（尤其应避免标本在紫外光下长时间照射），减少荧光猝灭。

（2）PI 为 DNA 结合染料，有潜在致畸致癌性，操作时应注意自我防护，废液要收集。

（3）Annexin V 和 PS 的结合需要钙离子，结合缓冲液中应含钙离子；加 Annexin V-FITC 反应后避免用不含钙离子的 PBS 洗涤细胞，以防脱色。

（4）胰蛋白酶与 EDTA 会抑制凋亡细胞与 Annexin V-FITC 结合，若是贴壁细胞，消化后一定要将胰蛋白酶和 EDTA 洗涤干净。

（5）Annexin V-FITC 和 PI 应避光保存于 2～8℃，避免冻融。

五、作业及思考题

（1）比较激光共聚焦显微镜观察到的凋亡细胞和坏死细胞。

（2）分析流式细胞仪检测结果。

实验 59 凋亡细胞 DNA 的梯状条带电泳

一、实验原理

染色体 DNA 是由多个核小体单位连接组成的，每个核小体单位有 146 对碱基，外面包裹组蛋白。这些组蛋白可保护DNA免受核酸内切酶切割。

细胞凋亡早期，凋亡特异的核酸内切酶在不同核小体连接处切割染色体，形成单个或多个核小体单位长度的DNA片段，电泳后在琼脂糖凝胶上形成DNA梯状条带（DNA ladder）。因此，根据提取的细胞染色体DNA电泳后是否出现典型梯状条带，可判断细胞有无凋亡损伤。

二、实验材料、试剂及用品

（一）材料

提前7d接种S-180细胞的腹水瘤小鼠。接瘤方法见附录二。

（1）对照鼠：只接瘤，不注射羟基喜树碱溶液。

（2）实验鼠：接瘤，并在实验前24～48h腹腔注射用生理盐水配制的羟基喜树碱溶液诱导肿瘤细胞凋亡。药液浓度为1mg/mL，剂量为每只小鼠1.2mL，使其浓度在腹腔液中约为80μg/mL（腹水体积按15mL计）。

（二）试剂

（1）TBS（Tris缓冲盐溶液）：NaCl 8g，KCl 0.2g，Tris碱3g，酚红0.015g，加800mL蒸馏水溶解，用HCl调pH至7.4，用蒸馏水定容至1000mL，高压蒸汽灭菌，室温保存。

（2）TE缓冲液（pH8.0）：10mmol/L Tris-HCl（pH8.0）+1mmol/L EDTA（pH8.0），高压灭菌，室温储存。

（3）细胞裂解缓冲液：10mmol/L Tris-HCl（pH8.0），100mmol/L EDTA（pH8.0），0.5% SDS，20μg/mL胰RNA酶。

（4）蛋白酶K溶液：称取20mg蛋白酶K溶于1mL灭菌的双蒸水中，配制成贮存液，−20℃保存备用。用时用TE缓冲液稀释为10μg/mL。

（5）酚∶氯仿∶异戊醇（25∶24∶1）：将市售的Tris饱和酚与氯仿和异戊醇按25∶24∶1混合。

（6）3mol/L乙酸钠。

（7）无水乙醇，70%乙醇。

（8）琼脂糖。

（9）10×TBE（Tris-硼酸缓冲液）：Tris 108g，硼酸55g，0.5mol/L EDTA（pH8.0）40mL，定容至1L。用时用蒸馏水稀释20倍。

（10）0.5mg/mL EB（溴化乙啶）：用时稀释1000倍。

（11）6×上样缓冲液：0.25%溴酚蓝，40%蔗糖，10mmol/L EDTA（pH8.0），4℃保存。

（三）用品

10mL低速离心机，Eppendorf高速离心机，电泳仪，潜水式/水平电泳槽，−20℃冰箱，凝胶观测设备（紫外灯或凝胶扫描仪），水平摇床，剪刀，10mL一次性注射器及针头，一次性乳胶手套，酒精棉球，胶头吸管，10mL刻度离心管，血细胞计数板，1.5mL EP管，1000μL、10μL微量加样器及对应吸头，透明胶带，冰块，1000mL烧杯，玻璃棒等。

三、实验步骤

1. 细胞准备

（1）收集腹水瘤细胞。脱颈处死小鼠，参照“实验 7 小鼠腹腔巨噬细胞的富集与分离”和文前二维码“视频 11 小鼠腹腔注射和腹腔液的抽取”抽取对照和实验小鼠含瘤腹水。

（2）于 4℃以 1500 r/min 离心 5min 沉淀细胞。

（3）用与原液等体积的冰预冷 TBS 重悬细胞，再次离心收获细胞。

（4）用 TE 缓冲液（pH8.0）重悬细胞并调浓度为 5×10^6 个/mL。

（5）吸取 1mL 细胞悬液于 1.5mL EP 管中，1500r/min 离心 5min 沉淀细胞。

2. 酚/氯仿法提取细胞 DNA

（1）裂解细胞、降解蛋白。向细胞沉淀中加入 1mL 细胞裂解缓冲液，重悬细胞沉淀、混匀；再向其中加入蛋白酶 K 溶液（20mg/mL）至终浓度 100μg/mL，55℃消化 5～6h，其间不时振荡离心管。消化结束后，12 000r/min 离心 5min，转移上清液于另一支 1.5mL EP 管中。细胞裂解液中的 SDS 可破坏细胞膜、核膜，并使组织蛋白与 DNA 分离；蛋白酶 K 可将与 DNA 紧密结合的蛋白质降解成小肽或氨基酸，使 DNA 分子完整地分离出来；EDTA 则可螯合 Ca^{2+}和 Mg^{2+}，抑制 DNA 酶（DNase）的活性。

（2）抽提蛋白及脂类杂质。①向上述转出的上清液中加入等体积酚：氯仿：异戊醇（25：24：1），在涡旋振荡器上振荡混匀；②12 000r/min 离心 10min 沉淀蛋白等杂质；③吸取上层水相液体于另一支 EP 管中。为了充分沉淀其中蛋白质，可向吸出的含 DNA 液体中再加入等体积酚：氯仿：异戊醇（25：24：1）重复抽提 1 次。

（3）沉淀 DNA。在上述转出的上层液体中加入 1/10 体积的乙酸钠溶液和 2 倍体积的冷无水乙醇（或等体积的异丙醇），涡旋振荡混匀，20℃静置 1h 或更长时间沉淀 DNA；12 000r/min 离心 20min，弃上清液。

（4）洗涤 DNA。加 70%乙醇洗涤 DNA 沉淀一次，12 000r/min 离心 2min，弃上清液；将离心管倒置在超净工作台内的消毒滤纸上，除尽残余的乙醇。

（5）溶解 DNA。向有 DNA 沉淀的 EP 管内加入 100μL TE，将管放在摇床平台上室温摇荡 2～3h 溶解 DNA。

3. 脂糖凝胶电泳

（1）用 0.5×TBE 配制 1.5%的琼脂糖凝胶。

（2）等融化的琼脂糖溶液温度下降至约 55℃以下（手持瓶子不烫手）时，按终浓度 0.5μg/mL 加入 EB 储存液混匀，倒平板。

（3）样品与上样缓冲液混合。

（4）加样电泳。缓冲液用 0.5×TBE，电压按 5V/cm 电泳。待溴酚蓝条带接近凝胶正极端时停止电泳。

4. 观察 取出样品，紫外灯下直接观察或用凝胶扫描仪照相。

正常细胞：DNA 完整，电泳条带为一个大分子片段。

坏死细胞：基因组 DNA 随机断裂，电泳时的条带为由小到大连续的弥散状。

凋亡细胞：呈现梯状条带。

四、注意事项

（1）提取 DNA 最好在冰上进行，防止 DNA 降解。

（2）要加足够量的 RNA 酶及蛋白酶 K，使 RNA 及蛋白质降解充分以利于后面的抽提。

吸取上层黏稠液体时，可将 1mL 移液器的枪头用剪刀剪去前边一部分，使口径粗约 3mm，便于吸取。抽提完吸取上层液体时避免吸到中间白色的蛋白层。

（3）由于凋亡细胞产生的 DNA 片段较小，难以沉淀。因此，沉淀 DNA 及离心的时间相比基因组 DNA 提取要延长。加入终浓度 0.01mol/L $MgCl_2$ 有助于沉淀形成。

（4）用 70%乙醇洗涤后，必须等乙醇完全挥发后再用 TE 溶解，但最好不要使水挥发过干，否则难以溶解。

（5）EB 为强诱变剂，有毒，用时注意防护。紫外辐射对眼睛及皮肤均有危害，尤其对眼睛，用时要确保紫外光源得到适当遮蔽。

（6）电泳结束后及时观察、照相，放置时间超过 4～6h 后荧光会减弱。

五、作业及思考题

电泳法检测细胞凋亡 DNA 时，简单应用提取染色体 DNA 的方法或提取质粒的方法可以吗？

实验 60 TUNEL 技术原位检测显示凋亡实体瘤细胞

一、实验原理

TUNEL 即“terminal deoxynucleotidyl transferase-mediated dUTP nick end labeling”，译为“末端脱氧核糖核酸转移酶（TdT）介导的 dUTP 缺口末端标记技术”。

凋亡细胞的 DNA 链断裂出现缺口，产生一系列 3′-OH 末端，末端脱氧核糖核酸转移酶（TdT）可识别游离 3′-OH 末端，将标记的脱氧核糖核苷酸衍生物结合到其上，检测标记物即可显示 DNA 链的断裂。

本实验中，先将荧光素 FITC 标记的脱氧核糖核苷酸连接到 3′-OH 末端，然后用辣根过氧化物酶标记的 FITC 抗体及酶底物反应，用酶促反应形成的有色沉淀进行显示。

二、实验材料、试剂及用品

（一）材料

（1）诱导凋亡的腹水瘤细胞。6～8 周龄健康 BALB/c 小鼠，实验前 7d 腹腔常规接种 S-180 细胞（接瘤方法见附录二），实验前 2d 腹腔注射 1mg/mL 生理盐水配制的羟基喜树碱溶液 1.2mL 诱导细胞凋亡。

（2）注射过抗癌药物的皮下实体瘤小鼠。6～8 周龄健康 BALB/c 小鼠，实验前 2 周腋窝皮下接种 0.2mL 浓度 1.5×10^7 个/mL 的腹水瘤细胞悬液（荷瘤小鼠腹水细胞先用生理盐水洗 2 次，再用生理盐水配成需要浓度的悬液），实验前 2d 腹腔注射 1mg/mL 生理盐水配制的羟基喜树碱溶液 1.2mL。

（二）试剂

（1）1mg/mL 的羟基喜树碱溶液：人临床注射用羟基喜树碱粉剂或注射液（5g），用灭菌0.9%氯化钠溶液溶解或稀释到 5mL，保存于 4℃冰箱中。

（2）0.01mol/L PBS（pH7.2）。配制方法见附录一。高压蒸汽灭菌。

（3）OCT 包埋剂。

（4）*in situ* cell death detecetion 试剂盒：德国 Boehringer-Mannheim（罗氏）公司。其主要组分包括以下几种。

A 液：小牛胸腺 TdT 酶。

B 液：FITC 标记的脱氧核苷酸反应混合物。

C 液：POD 转化剂，为辣根过氧化物酶（HRP）标记的山羊抗荧光素抗体。

（5）4%多聚甲醛固定液。直接购买。

（6）0.1% Triton X-100：用 0.1%枸橼酸三钠水溶液配制。

（7）0.1%焦碳酸二乙酯（DEPC）水溶液。

（8）3% H_2O_2-甲醇液：10mL 30% H_2O_2，90mL 甲醇，混匀。

（9）Tris 缓冲盐水（TBS）：含 0.9% NaCl 的 10mmol/L Tris，用 1mol/L HCl 调 pH 至 7.4。

（10）DAB/H_2O_2 显色剂：DAB（3,3′-二氨基联苯胺四盐酸盐）25mg，TBS 50mL。待 DAB 完全溶解后过滤，保存于棕色瓶中，显色前加 0.15mL 30% H_2O_2。要求现配，一般在 30min 内使用。注意：DAB 有致癌作用，配制时应戴手套防护。

（三）用品

普通光学显微镜，荧光显微镜，离心机，恒温箱，冰冻切片机，不锈钢饭盒（内铺 4 层湿纱布用作湿盒），免疫组化用载玻片（多聚赖氨酸预处理过），剪刀，10mL 一次性注射器，10mL 离心管，胶头吸管，200μL 移液器及对应枪头，9cm 培养皿，镊子等。

三、实验步骤

1. 制作腹水瘤细胞涂片

（1）收集腹水瘤细胞。脱颈处死小鼠，参照“实验 7 小鼠腹腔巨噬细胞的富集与分离”和文前二维码“视频 11 小鼠腹腔注射和腹腔液的抽取”抽取荷瘤小鼠含瘤腹水。1500r/min 离心 5min，弃大部分上清液，留与细胞沉淀体积约等量的上清液，与沉淀混匀。

（2）用本书“实验 1 血细胞涂片的制备及染色观察”的方法，在多聚赖氨酸处理过的载玻片上制备腹水瘤细胞涂片。

2. 制作实体瘤组织冰冻切片

（1）组织取材。小鼠处死后 30min 内，取脾脏组织，横切成 0.2～0.3cm 厚的块。

（2）包埋。先在冷冻切片机标本托盘上平铺一层 OCT 包埋剂，待包埋剂即将变白时，把修好的脾脏组织块放在托盘中央的包埋剂上，再沿标本周围均匀滴加包埋剂直至使标本深埋其中。

（3）切片。厚度 6～7μm。

3. 原位显示

（1）固定。4%多聚甲醛固定液 4℃固定 30min；80%乙醇−20℃固定 2h。

（2）透化。0.1% Triton X-100 在 4℃处理 5～10min。

（3）洗涤。用 PBS 洗 3 次，每次浸泡 5min。

（4）灭活内源性核酸内切酶。用 0.1% DEPC 水溶液室温浸泡 30min。

（5）洗涤。同步骤（3）。

（6）末端标记。滴加 50μL TUNEL 反应混合液（A 液与 B 液按 1∶9 混合），加盖玻片后置湿盒内，37℃温育 1h，阴性对照用 PBS 代替 A 液，其他相同。

（7）洗涤。同步骤（3）。

（8）阻断内源性过氧化物酶。3% H_2O_2-甲醇液室温作用 10min。

（9）加酶标抗体反应。滴加 50μL 试剂 C 液，加盖玻片后置湿盒内，37℃温育 30min。

（10）洗涤。同步骤（3）。

（11）显色。加 DAB 显色液避光显色 7～10min。

4. 观察 普通光学显微镜下，凋亡细胞呈棕黄色，正常细胞不着色。

四、注意事项

（1）组织取材要及时。

（2）操作过程标本不能干燥。

（3）显色过程一定要在显微镜下观察，控制背景。

（4）用 PBS 稀释的抗体一定要当天使用。

五、作业及思考题

TUNEL 技术检测凋亡细胞时显色细胞一定是凋亡细胞吗？

拓展阅读文献

Celis J E. 2008. 细胞生物学实验手册 1（导读版）. 北京：科学出版社.

Kopeina G S，Zhivotovsky B. 2022. Programmed cell death：Past，present and future. Biochemical and Biophysical Research Communications，633：55-58.

Krysko D V，Vanden B T，D'Herde K，et al. 2008. Apoptosis and necrosis：detection，discrimination and phagocytosis. Methods，44（3）：205-221.

Kyrylkova K，Kyryachenko S，Leid M，et al. 2012. Detection of apoptosis by TUNEL assay. Methods in Molecular Biology，887：41.

第二节 细胞自噬的诱导及检测

自噬是细胞内物质降解和再利用的一个过程。2016 年的诺贝尔生理学或医学奖颁发给了日本科学家大隅良典，以奖励他在细胞自噬机制方面的发现。这是细胞生物学领域又一个里程碑式的事件。

其实，早在 1963 年的溶酶体国际会议上，曾因发现溶酶体而获得 1974 年的诺贝尔生理学或医学奖的比利时科学家德迪夫（Christian de Duve）就已提出细胞自噬现象。此后的几十年，尤其近一二十年，关于细胞自噬的研究逐渐成为继细胞凋亡之后细胞生物学领域的热门，涉及自噬发生过程及机制、走向、生理及病理作用、诱因、检测方法等。最杰出的成就当属大隅良典利用酵母细胞为材料所获得的研究成果。

已有的结论包括：①细胞自噬是生物机体内普遍存在的过程，可以自然发生也可被诱导。②缺氧、营养缺乏尤其是氨基酸缺乏、一些药物（如抗癌药物）及毒物（如三氧化二砷）等应激原的存在更易触发细胞自噬过程。③细胞自噬是一种由溶酶体参与的细胞内降解过程，具有通过降解胞内受损蛋白质、衰老或损伤细胞器等细胞结构，为细胞提供代谢需要及进行细胞器的更新的生理功能。自噬发生时，在细胞内形成一种被称为隔离膜或吞噬泡的小囊泡结构，并与需降解的细胞质成分集结在一起，然后，隔离膜延伸并包裹封闭细胞质成分形成一个双层膜的结构，称为自噬体（autophagosome）。自噬体与溶酶体直接融合形成自噬溶酶体（autophagolysosome），或先与内涵体融合形成自噬内涵体（amphisome）后再与溶酶体融合，包裹的细胞质成分最终在溶酶体酶的作用下被降解利用。④自噬细胞有两种走向，适度的自噬有利于细胞在不良条件下存活，过度的自噬会启动细胞凋亡等细胞死亡程序，引起细胞死亡。将这种由细胞自噬引发的细胞死亡称为Ⅱ型程序性细胞死亡。⑤细胞自噬既具有促进机体生长发育、调节免疫功能、延缓衰老等生理作用，又参与心血管疾病、肿瘤、感染等疾病的病理过程。

基于对细胞自噬现象、过程及分子机制的了解，目前对自噬体的检测方法主要有：①透射电镜直接观察自噬体法；②单丹磺酰尸胺（monodansyl cadaverine，MDC）染色法；③自噬分子标记物 LC3-Ⅱ蛋白的检测等。

用透射电镜观察细胞内自噬性结构是判断自噬现象的金标准。自噬体在透射电镜下的特征是：新月状或杯状，双层或多层膜，有包绕细胞质成分的趋势。MDC 染色法基于 MDC 可与自噬体膜上相关酶结合的特性。该法操作简单且用时较短，可在正常实验课开展。但 MDC 除了可以使自噬体染色外，一些酸性液泡也可被染色，特异性相对较差。LC3-Ⅱ蛋白的检测基于微管相关蛋白 1 轻链 3（microtubule-associated protein 1 light chain 3，LC3）为自噬体的标记蛋白，其中的 LC3-Ⅱ水平在某种程度上反映了自噬体的数量。具体检测方法有免疫荧光检测法、蛋白质印迹法等。

实验 61　MDC 染色法检测饥饿法诱导自噬的巨噬细胞

一、实验原理

营养缺乏是导致细胞自噬的一个重要原因。EBSS 溶液（Earle′s 平衡盐溶液）是一种在 CO_2 环境中短期维持细胞活性的平衡盐溶液，能够制造细胞饥饿环境、诱发细胞自噬，常作为细胞自噬诱导剂。细胞进行吞噬活动时，自噬体形成也增加。

单丹磺酰尸胺（MDC）是一种荧光染料，为谷氨酰胺转移酶 1 的底物，能够和谷氨酰胺转移酶 1 结合。细胞发生自噬时，自噬体膜上谷氨酰胺转移酶 1 数量增加或结合能力增强，结合的 MDC 数量增多，荧光增强，在细胞内形成点状荧光，可通过共聚焦显微镜观察。

二、实验材料、试剂及用品

（一）材料

（1）6～8 龄小鼠，品种及性别不限。
（2）1 只健康成年鸡。

（二）试剂

（1）0.9%氯化钠溶液。
（2）0.5%淀粉溶液：用生理盐水配制。
（3）70%乙醇。
（4）含 10%胎牛血清的 RPMI1640 完全培养液。配制方法见附录一。
（5）180IU/mL 肝素钠溶液。
（6）0.01mol/L PBS（pH7.2）：配制方法见附录一。
（7）EBSS 溶液：Invitrogen 公司产品。
（8）MDC：Sigma 公司产品。临用前用 PBS 配成浓度 0.05mol/L 的溶液。
（9）4%多聚甲醛固定液：直接购买。

（三）用品

激光共聚焦显微镜，10mL 低速离心机，5mL 一次性注射器，100mL 烧杯，10mL 刻度离心管，6 孔细胞培养板，预先消毒的盖玻片，镊子等。

三、实验步骤

（1）鸡红细胞准备。肝素抗凝，用注射器从翅下静脉采取鸡血；生理盐水洗涤 3 次，每次 1500r/min 离心 5min，弃上清液；最后按红细胞沉淀体积配成 2%的细胞悬液。

（2）诱导及收集巨噬细胞。实验前 72h 给小鼠腹腔注射 2～3mL 0.5%淀粉；实验时脱颈处死小鼠，先浸泡于 70%乙醇中消毒 30s，然后向腹腔注射 2～3mL 含 10%胎牛血清的 RPMI1640 完全培养液，轻揉腹部，2min 后按照本书“实验 7 小鼠腹腔巨噬细胞的富集与分离”的方法抽取腹腔液。

（3）巨噬细胞黏附。将腹腔液分别加在 3 个预先放入 6 孔细胞培养板的消毒盖玻片上，每片加 0.5mL，37℃、饱和湿度、5% CO_2 的培养箱培养 2h，使巨噬细胞黏附。

（4）洗涤除去未黏附细胞。用 PBS 洗涤 3 次。其中 1 片直接进行 MDC 染色，另 2 片分别用于吞噬鸡红细胞和 EBSS 诱导自噬。

（5）巨噬细胞吞噬鸡红细胞。向有巨噬细胞爬片的 6 孔细胞培养板每孔加入 2.5mL 鸡红细胞悬液，37℃、5% CO_2 的培养箱培养 3～6h。取出盖玻片，用 PBS 冲去表面未吞噬的鸡红细胞，进行 MDC 染色。

（6）EBSS 诱导巨噬细胞自噬。给有巨噬细胞爬片的 6 孔细胞培养板每孔加入 2.5mL EBSS 溶液，37℃、饱和湿度、5% CO_2 的培养箱培养细胞 3～6h。取出盖玻片，进行 MDC 染色。

（7）MDC 染色。将巨噬细胞爬片浸入 37℃预温的 0.05mmol/L 的 MDC 溶液中于 37℃温育 15min；PBS 洗 3 次；4%多聚甲醛固定 15min；再用 PBS 洗 3 次。

实验结果图 6-4

（8）激光共聚焦显微镜观察。自噬细胞内出现大量绿色荧光点，正常细胞内荧光点较少，见实验结果图 6-4。

四、注意事项

MDC 应避光保存及使用。

五、作业及思考题

MDC 染色部位一定是自噬体吗？

实验 62　GFP-LC3 基因转染法显示无血清饥饿法诱导形成的自噬体

一、实验原理

营养缺乏是导致细胞自噬的一个重要原因。EBSS 溶液（Earle′s 平衡盐溶液）是一种在 CO_2 环境中短期维持细胞活性的平衡盐溶液，能够制造细胞饥饿环境、诱发细胞自噬，常作为细胞自噬诱导剂。

LC3 为自噬过程的分子标记物，其在自噬形成过程中发生聚集。用携带绿色荧光蛋白（GFP）和 LC3 融合基因的 GFP-LC3 质粒载体转染 HeLa 细胞，用荧光显微镜或激光共聚焦显微镜观察细胞内表达融合蛋白的聚集，可以显示细胞内自噬体的形成过程。

二、实验材料、试剂及用品

（一）材料

HeLa 细胞。

（二）试剂

（1）D-Hanks 液。配制方法见附录一，高压蒸汽消毒。
（2）含 0.02% EDTA 的 0.25%胰蛋白酶溶液。配制方法见附录一，0.22μm 滤膜过滤除菌。
（3）pGFP-LC3 质粒及 pEGFP-C1 质粒。
（4）DMEM 基础培养液：直接购买。
（5）小牛血清：56℃水浴灭活 30min。
（6）青霉素贮存液：用无菌水配成 5IU/mL，分装于 EP 管，−20℃冻存。
（7）链霉素贮存液：用无菌水配成 5 万 μg/mL，分装于 EP 管，−20℃冻存。
（8）含 10%小牛血清的 DMEM 完全培养基：配制方法见附录一，0.22μm 滤膜过滤除菌。
（9）不含抗生素的 DMEM 完全培养基。
（10）Lipofectamine 2000 转染试剂：Invitrogen 公司产品。
（11）EBSS 溶液：Invitrogen 公司产品。其营养单一，用于诱导细胞自噬。

（三）用品

高压蒸汽灭菌锅，超净工作台，CO_2 培养箱，倒置荧光显微镜，无菌 10mL 刻度离心管，无菌吸管，35mm 无菌培养皿等。

三、实验步骤

（1）转染用细胞准备。参考“实验 33 贴壁细胞的传代培养实验”的方法准备转染用 HeLa 细胞，最后用不含抗生素的完全 DMEM 培养基按 4×10^5 个接种于 35mm 培养皿中，于 37℃、5% CO_2 的培养箱培养至 80%～90%铺满度。

（2）准备转染用试剂。

A 液：250μL 无血清 DMEM 培养基中加入 4μg pGFP-LC3 质粒或 4μg pEGFP-C1 质粒。

B 液：250μL 无血清 DMEM 培养基中加入 10μL Lipofectamine 2000 转染试剂，轻轻混匀并于室温孵育 5min。

将 A 液和 B 液轻轻混合并于室温静置 20min。

（3）基因转染。将步骤 2 准备的转染试剂加入步骤 1 准备的细胞中，用不含抗生素和血清的培养基（基础培养基）补至终体积为 2mL。轻轻混匀，4～6h 后更换 DMEM 完全培养基，37℃、5% CO_2 的培养箱继续培养 24～48h。

（4）细胞的饥饿处理。用 EBSS 溶液替换培养液，分别将细胞饥饿 0h、4h、8h、12h。

（5）荧光显微镜观察自噬现象。

四、注意事项

消化过度会损伤细胞，导致细胞死亡，不能再次贴壁生长，并有部分细胞漂浮流失；消化不足则导致细胞难以从瓶壁吹下，反复吹打同样会损伤细胞。

五、作业及思考题

尝试比较 GFP-LC3 基因转染法和免疫荧光法检测 LC3 细胞自噬的优缺点。

拓展阅读文献

Debnath J，Gammoh N，Ryan K M. 2023. Autophagy and autophagy-related pathways in cancer. Nature Reviews Molecular Cell Biology，24（8）：560-575.

Harnett M M，Pineda M A，Langsley G，et al. 2017. From Christian de Duve to Yoshinori Ohsumi：More to autophagy than just dining at home. Biomedical Journal，40（1）：9-22.

Menzies F M，Moreau K，Puri C，et al. 2012. Measurement of autophagic activity in mammalian cells. Current Protocols in Cell Biology，Chapter 15（1）：Unit 15.16.

Tanida I，Waguri S. 2010. Measurement of autophagy in cells and tissues. Methods in Molecular Biology，648：193-214.

第三节 细胞衰老的诱导与检测

细胞衰老是细胞周期调控下多基因参与的复杂的病理生理过程，是内外因素互作的结果。细胞衰老及抗衰老研究一直是细胞生物学研究的热点领域之一。美国科学家 Harman

1955年提出了衰老的自由基学说，认为活性氧基团（reactive oxygen species，ROS）包括超氧自由基、羟自由基和H_2O_2引起的生物大分子的氧化损伤是影响细胞衰老进程的重要因素，而维持体内适当水平的抗氧化剂和自由基清除剂水平可以推迟衰老和延长寿命。

ROS的种类主要包括一些自由基如超氧阴离子、羟自由基和H_2O_2等，检测方法主要有两种：一种是化学荧光法；另一种叫电子顺磁共振。荧光探针DCFH-DA（2′,7′-二氯荧光素二乙酸酯）至今认为是检测ROS的最为敏感和可靠的方法之一。

活性氧基团中的H_2O_2分子小、无电荷、可以自由渗透质膜，并且相对稳定，常作为体外培养细胞最常用的“早老”诱导剂。

衰老细胞与正常细胞相比，发生了形态、结构、化学组成、物质代谢等方面的变化。可通过相应方法进行检测。目前应用较多的是β-半乳糖苷酶染色法，其他还有端粒酶活性检测和衰老相关基因表达的检测。

实验63 H_2O_2诱导细胞衰老及胞内衰老相关的β-半乳糖苷酶检测

一、实验原理

H_2O_2是一种活性氧分子，可进入细胞内引起细胞产生氧化损伤而出现衰老样变化，其中包括中性β-半乳糖苷酶活性升高。X-gal（5-溴-4-氯-3-吲哚-β-D-半乳糖苷）是一种半乳糖类似物，可在β-半乳糖苷酶的作用下生成蓝色不溶物，因此可以显示β-半乳糖苷酶的存在与活性。

二、实验材料、试剂及用品

（一）材料

NIH-3T3小鼠成纤维细胞。

（二）试剂

（1）D-Hanks液。配制方法见附录一，高压蒸汽灭菌。
（2）含0.02% EDTA的0.25%胰蛋白酶溶液。配制方法见附录一，0.22μm滤膜过滤除菌。
（3）小牛血清：56℃水浴灭活30min。
（4）DMEM基础培养液：直接购买。
（5）青霉素贮存液：用无菌水配成5万IU/mL，分装于EP管，−20℃冻存。
（6）链霉素贮存液：用无菌水配成5万μg/mL，分装于EP管，−20℃冻存。
（7）含10%小牛血清的DMEM完全培养基：配制方法见附录一，0.22μm滤膜过滤除菌。
（8）PBS溶液（pH7.2）：NaCl 8.5g，KCl 0.2g，$Na_2HPO_4 \cdot 12H_2O$ 2.85g，KH_2PO_4 0.27g，溶于1000mL双蒸水。
（9）含50μmol/L H_2O_2的PBS。
（10）固定液：2%甲醛（*V/V*），用PBS配。
（11）柠檬酸/磷酸缓冲液：0.1mol/L柠檬酸，0.2mol/L Na_2HPO_4，pH6.0。
（12）X-gal贮存液（20mg/mL）：用二甲基甲酰胺（DMF）溶解，贮存于−20℃。
（13）染色液：临用时配。配比如下：100mmol/L $K_3Fe(CN)_6$ 1mL，1mmol/L $MgCl_2$

40μL，5mol/L NaCl 600μL，柠檬酸/磷酸缓冲液 4mL，100mmol/L $K_4Fe(CN)_6$ 1mL，X-gal 贮存液 1mL，蒸馏水加至 20mL。

（三）用品

脱色摇床，纯水设备，电热干燥箱，高压蒸汽灭菌锅，超净工作台，CO_2 培养箱，普通低温冰箱，倒置相差显微镜，托盘天平，10mL 离心机，酒精灯，0.22μm 过滤器，6 孔细胞培养板，血细胞计数板，10mL 离心管，胶头吸管等。

三、实验步骤

（1）细胞准备。按照“实验 33 贴壁细胞的传代培养实验”的方法，收获培养的 NIH-3T3 细胞，用 DMEM 完全培养液调浓度为 1×10^6 个/mL。

（2）细胞再培养。将 2.5mL 细胞悬液接种于预先放有消毒盖玻片的 6 孔细胞培养板中，37℃、5% CO_2 的培养箱中至细胞融合度达到 60%～70%。

（3）衰老诱导。弃培养液，加入含 50μmol/L H_2O_2 的 PBS 中，于 37℃孵育 30min，弃去 H_2O_2 溶液，用 PBS 轻轻漂洗细胞 3 次，加入含 10%胎牛血清的 DMEM 培养液继续培养。每隔 2d 重复处理一次，共 4 次。

（4）对照细胞培养。检测前 2d，接种培养未经 H_2O_2 处理的细胞。

（5）细胞 β-半乳糖苷酶染色。

1）取实验组及对照组细胞，弃去培养基，用 PBS 洗 3 次。

2）加入固定液，室温固定 5min。

3）将细胞用 PBS 洗 3 次。

4）细胞染色。在标本上滴加适量新配制的染色液，恒温箱 37℃孵育 2～4h。

5）弃染色液，用蒸馏水漂洗 3 次。

（6）显微观察。衰老细胞被染成蓝色，正常不被染色。

四、注意事项

（1）染色液的 pH 很重要，应严格为 6.0。

（2）染色反应不要在 CO_2 培养箱中培养，以免影响染色酸碱环境。

（3）β-半乳糖苷酶染色液使用前必须确保沉淀全部溶解并且混匀。

（4）固定液有一定的腐蚀性和毒性，操作时应注意防护。

五、作业及思考题

（1）描述衰老细胞与正常细胞的形态差别。

（2）如果未诱导细胞与诱导细胞的染色差异不大，可能会是哪些因素造成？

实验 64 衰老细胞 ROS 的流式细胞仪检测

一、实验原理

荧光探针 DCFH-DA 在通过细胞膜以后，可被细胞内的酯酶转化成没有荧光的 DCFH。

如果细胞内有 ROS 存在，这种化合物会被迅速氧化成有高荧光强度的 DCF（二氯荧光黄）。通过流式细胞仪检测细胞内 DCF 的荧光强度就可显示细胞内 ROS 水平。

二、实验材料、试剂及用品

（一）材料

H_2O_2 诱导衰老的 NIH-3T3 小鼠成纤维细胞或其他细胞。

（二）试剂

（1）D-Hanks 液。配制方法见附录一，高压蒸汽灭菌。
（2）含 0.02% EDTA 的 0.25%胰蛋白酶溶液。配制方法见附录一，0.22μm 滤膜过滤除菌。
（3）小牛血清：56℃水浴灭活 30min。
（4）DMEM 基础培养液：直接购买。
（5）青霉素贮存液：用无菌水配成 5 万 IU/mL，分装于 EP 管，−20℃冻存。
（6）链霉素贮存液：用无菌水配成 5 万 μg/mL，分装于 EP 管，−20℃冻存。
（7）含 10%小牛血清的 DMEM 完全培养基：配制方法见附录一，0.22μm 滤膜过滤除菌。
（8）碧云天活性氧检测试剂盒。

（三）用品

流式细胞仪，纯水设备，电热干燥箱，高压蒸汽灭菌锅，超净工作台，CO_2 培养箱，普通低温冰箱，倒置相差显微镜，托盘天平，10mL 离心机，酒精灯，0.22μm 过滤器，6 孔细胞培养板，血细胞计数板，10mL 离心管，胶头吸管等。

三、实验步骤

（一）贴壁细胞原位装载探针

（1）细胞准备。按照“实验 33 贴壁细胞的传代培养实验”的方法，收获培养的 NIH-3T3 细胞，用 DMEM 完全培养液调浓度为 1×10^6 个/mL；将 2.5mL 细胞悬液接种于预先放有消毒盖玻片的 6 孔细胞培养板中，共接种 3 孔，培养过夜。
（2）探针准备。按照 1∶1000 用无血清培养液稀释 DCFH-DA，使终浓度为 10μmol/L。
（3）装载探针。去除细胞培养液，加入 150μL 稀释好的 DCFH-DA，37℃细胞培养箱内孵育 20min。加入的体积以能充分盖住细胞为宜，通常对于六孔板的一个孔加入稀释好的 DCFH-DA 不少于 100μL；用 PBS 液洗涤细胞 3 次，以充分去除未进入细胞内的 DCFH-DA。
（4）刺激细胞。按说明用 PBS 稀释阳性对照刺激物 Rosup，给阳性孔加入 150μL 稀释好的 Rosup，37℃处理 30min；用 PBS 洗盖玻片 2 遍。
（5）激光共聚焦显微镜观察。激发波长为 488nm，发射波长 525nm。

（二）贴壁细胞消化收集后装载探针

（1）细胞准备。按照“实验 33 贴壁细胞的传代培养实验”的方法，收获培养的 NIH-3T3 细胞，用 DMEM 完全培养液调浓度为 1×10^6 个/mL。
（2）细胞再培养。将 2.5mL 细胞悬液接种于预先放有消毒盖玻片的 6 孔细胞培养板中，共接种 3 孔，培养过夜。

（3）探针准备。按照 1∶1000 用无血清培养液稀释 DCFH-DA，使终浓度为 10μmol/L。

（4）胰蛋白酶消化收集细胞。先用 PBS 洗细胞 2 遍，然后用 0.25%胰蛋白酶常规消化细胞，收集于 EP 管中。

（5）装载探针。给细胞沉淀加 500μL 稀释好的 DCFH-DA，37℃细胞培养箱内孵育 20min。每隔 3～5min 颠倒混匀一下，使探针和细胞充分接触。

（6）用 PBS 液洗涤。洗涤细胞 3 次，以充分去除未进入细胞内的 DCFH-DA。

（7）刺激细胞。按说明向细胞悬液中加入阳性对照刺激物 Rosup，37℃处理 30min。

（8）上流式细胞仪测定并计算各处理的平均荧光值。测定时使用 488nm 激发波长，525nm 发射波长。

四、注意事项

（1）探针装载后，一定要洗净残余的未进入细胞内的探针，否则会导致背景较高。

（2）探针装载完毕并洗净残余探针后，可以进行激发波长的扫描和发射波长的扫描，以确认探针的装载情况是否良好。

（3）尽量缩短探针装载后到测定所用的时间，以减少各种可能的误差。

（4）注意安全，操作时穿实验服并戴一次性手套。

五、作业及思考题

（1）除了用流式细胞仪检测，检测细胞内 ROS 还有什么方法？

（2）ROS 有无可利用的作用？

拓展阅读文献

Campisi J，d'Adda di Fagagna F. 2007. Cellular senescence：when bad things happen to good cells. Nature Reviews Molecular Cell Biology，8（9）：729-740.

Guthrie H D，Welch G R. 2010. Using fluorescence-activated flow cytometry to determine reactive oxygen species formation and membrane lipid peroxidation in viable boar spermatozoa. Methods Molecular Biology，594：163-171.

Itahana K，Campisi J，Dimri G P. 2007. Methods to detect biomarkers of cellular senescence：the senescence associated beta-galactosidase assay. Methods in Molecular Biology，371：21-31.

Roger L，Tomas F，Gire V. 2021. Mechanisms and regulation of cellular senescence. International Journal of Molecular Sciences，22（23）：13173.

第四节 细胞分化的诱导及检测

细胞分化是指同一来源的细胞逐渐发生各自特有的形态结构、生理功能和生化特征的过程。

细胞分化受内外两方面因素的影响：一是核质关系中细胞质对核物质表达的影响；二是细胞相互作用及外来其他物质对细胞分化的影响。在胚胎发育过程中，体内一部分细胞影响相邻细胞向一定方向分化的作用称为胚胎诱导（embryonic induction），对其他细胞起诱导作用的细胞称为诱导者（inductor）或组织者。细胞不仅在体内可以分化，细胞在体外也可以被诱导分化。

关于细胞的诱导分化研究更多集中在诱导干细胞向所需细胞类型转化，为临床移植治疗及组织器官功能恢复治疗奠定基础。而近十几年，细胞生物学领域一个备受关注的课题是肿瘤细胞的诱导分化研究。

一般认为，肿瘤细胞是从生物体内正常细胞演变而来的，正常细胞恶变是细胞去分化的结果，即已经分化的细胞恢复到未分化的状态。肿瘤细胞除了具有某些来源细胞的分化特点外，主要还有低分化和高增殖的特征。大部分正常细胞是需要黏附于固定的表面进行生长、增殖的，在达到一定程度汇合成单层后即停止分裂，此过程称为接触抑制或密度依赖抑制。而肿瘤细胞和转化细胞则缺乏这种生长限制，甚至不需要依赖于固定表面、不受密度限制地持续分裂，即肿瘤细胞增殖失控。另外，肿瘤细胞分化障碍，电镜下的超微结构特点是细胞质呈低分化状态，含大量的游离核糖体和部分多聚核糖体，内膜系统尤其是高尔基复合体不发达，微丝排列紊乱，细胞表面微绒毛增多变细，细胞间连接减少。

从这个角度讲，如果能够诱导肿瘤细胞再分化的话，就有可能抑制其恶性增殖。1971年，Friend 首次报道了利用二甲基亚砜诱导小鼠 Friend 红白血病红系分化以来，已先后发现一些化学药物可在体内或体外引起某些肿瘤细胞的一些恶性表型逆转和再分化。这些药物被称为肿瘤分化诱导剂，包括一些内源性分化诱导剂和外源性分化诱导剂。

（1）内源性分化诱导剂。其指肿瘤细胞或宿主细胞所产生的具有分化诱导作用的生物活性物质，包括集落刺激因子、糖皮质激素、前列腺素、1,25-二羟维生素 D3、cAMP、干扰素 α、转化生长因子 β、肿瘤坏死因子 α 等。

（2）外源性分化诱导剂。①维生素类，如视黄酸、维生素 C 等；②简单有机化合物，如正丁酸盐、六亚甲基二乙酰胺、*N*-甲基甲酰胺、二甲基亚砜、乙酰胺等；③无机物，如亚硒酸钠、三氧化二砷等；④抗生素，如丝裂霉素、放线菌素 D、阿霉素、光神霉素等；⑤中草药类，如人参、乳香等；⑥嘌呤和嘧啶类，如双丁酰环化腺苷酸及 8-01-cAMP 等；⑦其他，如佛波酯类、阿糖胞苷、环磷酰胺等。

肿瘤分化的标志：由于肿瘤细胞起源的多样性，其分化的具体指标亦各不相同，一般包括形态与功能的分化、增殖能力与致瘤性的降低或丧失等。代表终末分化，具有成熟表型的标志物多为特异性细胞产物或涉及产物合成的酶，如红细胞的血红蛋白、表皮细胞的角蛋白、胆管上皮分化标志 cK7（cytokeratin7）、肝细胞分化标志白蛋白、消化道肿瘤分化标志 LAP（肠碱性磷酸酶）、胃癌分化标志 PG（胃蛋白酶原）、LDH（乳酸脱氢酶）、横纹肌肉瘤中的结蛋白（desmin）及星形细胞瘤的胶质纤维酸性蛋白（GFAP）等。肿瘤细胞分化程度越低，越是缺乏分化标记物。从细胞周期调控来看，肿瘤细胞去分化的一个重要特征就是 G_1/S 期控制点失控，进入 S 期细胞异常增多，因此 G_1 期称为细胞分化期，G_1 期停滞可作为细胞分化的指标。

肿瘤诱导分化剂诱导肿瘤细胞分化的机制：分化诱导剂作用于肿瘤细胞后，通过信号转导机制诱导肿瘤细胞分化，封闭或抑制肿瘤细胞中与细胞增殖有关的受体；降低蛋白质的磷酸化水平，促进细胞分化基因的表达；启动细胞凋亡程序；等等。有些表现为先分化后凋亡，有些表现为分化与凋亡同时发生。

目前，恶性肿瘤的诱导分化治疗已成为肿瘤生物学和肿瘤治疗学的研究热点和前沿领域。临床应用反式视黄酸治疗人急性早幼粒细胞白血病已取得显著疗效。更多疗效好、副作用小的诱导分化剂也逐渐被发现。

实验65 骨髓造血干细胞的诱导分化实验

一、实验原理

骨髓造血干细胞是指存在于骨髓中的一小群具有无限或长期自我更新能力，并具有多向分化潜能的原始造血细胞。在体内能向红系、粒系、单核/巨噬系、淋巴系、巨核系等细胞分化。在体外特定培养条件下，可以向非造血细胞（如神经细胞、肝细胞、上皮细胞、肌细胞等）分化。骨髓造血干细胞表面特征标记分子为CD34，可据此对其进行分离纯化。

干细胞的分化与微环境有关，微环境中的调节信号分子可诱导干细胞分化。将$CD34^+$造血干细胞与心肌细胞共培养，心肌细胞制造的微环境便可使$CD34^+$造血干细胞分化为心肌样细胞。

二、实验材料、试剂及用品

（一）材料

成年健康SD大鼠。

（二）试剂

（1）20%（m/V）乌拉坦。
（2）70%的乙醇。
（3）PBS：NaCl 8g，KCl 0.2g，NaH_2PO_4 1.44g，KH_2PO_4 0.24g，加去离子水800mL，用HCl调pH至7.2～7.4，然后再加水至1000mL。
（4）含肝素钠50IU/mL的PBS。
（5）大鼠淋巴细胞分离液。
（6）含2mmol/L EDTA的PBS。
（7）CD34磁珠（QBEND-10抗体）。
（8）胎牛血清。
（9）DMEM低糖培养基。
（10）0.25%胰蛋白酶：用PBS配制。
（11）FcR封闭试剂。
（12）大鼠IL-3（白细胞介素-3）、IL-6（白细胞介素-6）、CSF（干细胞因子）。

（三）用品

CD34磁珠及磁珠分离设备，流式细胞仪，解剖器械，培养瓶，倒置显微镜，CO_2培养箱等。

三、实验步骤

（一）收获大鼠骨髓细胞

（1）大鼠麻醉。按每千克体重约 10mL 给大鼠腹腔注射浓度 20%的乌拉坦麻醉大鼠。

（2）消毒大鼠。用 70%乙醇浸泡大鼠消毒 3min。

（3）取骨。在超净工作台内无菌取双侧股骨和胫骨，将上面附着肌肉剔除干净。

（4）收集骨髓细胞。剪开骨头两头，用 5mL 带针头的注射器吸取含肝素钠的 PBS 将骨髓腔内细胞冲到离心管中，1500r/min 离心 8min，弃上清液；用 2mL 含肝素的 PBS 重悬细胞沉淀。

（二）分离 $CD34^+$细胞

（1）密度梯度离心分离骨髓单个核细胞。取 1 支 10mL 离心管，先加入 2mL 大鼠淋巴细胞分离液，然后将骨髓细胞悬液小心叠加在淋巴细胞分离液上，室温 2200r/min 离心 20min，用吸管将两液中间白色细胞层转入另一支 10mL 刻度离心管中。

（2）洗涤细胞。用含 2mmol/L EDTA 的 PBS 洗涤细胞 2 次，每次 1500r/min 离心 10min，将细胞用 PBS 调成浓度 3×10^8 个/mL 的悬液。

（3）免疫磁珠法分离 $CD34^+$细胞。

1）每 300μL 细胞悬液中加 100μL FcR 封闭试剂和 100μL CD34 磁珠，在 6～12℃孵育 30min。

2）用 PBS 洗涤磁珠 2 次，每次 1500r/min 离心 8min，弃上清液，最后用 0.5～1mL PBS 缓冲液重悬磁珠。

3）将磁珠分离柱（VarioMACS 分选器）放在磁铁孔中固定好，先用 PBS 缓冲液平衡，然后将细胞悬液上样。

4）洗涤分离柱：用约 3 倍柱体积的 PBS 缓冲液充分洗涤分离柱，使 $CD34^+$细胞完全冲出。

5）收获 $CD34^+$细胞：将分离柱移出磁场，用 0.5mL PBS 缓冲液用力冲打柱上滞留的细胞，使 $CD34^+$细胞从柱上分离下来。

（4）流式细胞仪测定 $CD34^+$细胞纯度。每 100μL 细胞样品加入 20μL 被藻红蛋白标记的 CD34 单抗，室温下孵育 20min 后上机检测。

（三）$CD34^+$细胞培养

（1）离心收集免疫磁珠法分离的 $CD34^+$细胞。

（2）细胞培养。①用含 15%胎牛血清的 DMEM 培养基培养细胞，同时加入重组大鼠 IL-3、IL-6、CSF 各 20μg/L，37℃、5% CO_2 的培养箱中培养 3d；②收集悬浮细胞转至另一培养瓶中，37℃、5% CO_2 的培养箱中培养，每 3d 换液一次，弃去未贴壁细胞。

（3）在光镜下观察贴壁细胞形态变化。$CD34^+$细胞贴壁生长后，呈梭形或多角形，细胞核大。培养 10d 后，细胞融合度达 80%～90%。

（四）新生乳鼠心肌细胞的分离

（1）将乳鼠心室肌肉剪成约 $1mm^3$ 大小的块，用 D-Hanks 液洗 3 次。

（2）用 0.25%的胰蛋白酶在 37℃水浴中消化 25min；每隔 5min 振荡 1 次，使细胞从组织上脱落。

（3）加入 5mL 培养液以终止胰蛋白酶消化作用。

（4）静置使未分散的组织块下沉，取悬液加入到离心管中，1500r/min 离心 10min，弃上清液。

（5）加入 D-Hanks 液 5mL，冲散细胞，再离心 1 次，弃上清液，以洗去胰蛋白酶。

（6）用 6mL DMEM 完全培养液重悬细胞，倒入 25mL 培养瓶中，37℃、5% CO_2 的培养箱中黏附 2h，以除去成纤维细胞。

（7）小心吸出细胞悬液。

（五）$CD34^+$细胞与鼠心肌细胞共培养

将乳鼠心肌细胞悬液接种于 $CD34^+$细胞培养瓶中，37℃、5% CO_2 的培养箱中培养。

（六）结果观察

共培养 24h 后，靠近心肌细胞的 $CD34^+$细胞形态发生改变，变成长杆状；3d 后，$CD34^+$细胞呈现较为一致的极性排列。未与心肌细胞共培养的 $CD34^+$细胞始终保持梭形或多角形，且排列不规则。

四、注意事项

（1）磁珠分选细胞过程中，标记好的细胞重悬于缓冲液时不要吹打出气泡，否则会影响过柱。

（2）细胞悬液过柱子后，用缓冲液洗柱子时液体不能中断，尤其不能让柱子干掉。

（3）由于磁珠分离的时间比较长，为了保证细胞状态，最好在冰上操作。

五、作业及思考题

举例说明诱导骨髓造血干细胞向非造血细胞分化的意义。

实验 66 维甲酸诱导肿瘤细胞分化及检测实验

一、实验原理

HL-60 细胞是人急性早幼粒细胞白血病细胞。

正常培养的 HL-60 细胞主要是幼稚的未分化早幼粒细胞。维甲酸作为一种肿瘤细胞诱导分化剂，已证实其在体内体外均具有诱导肿瘤细胞分化的作用。用含有维甲酸的细胞培养液培养 HL-60 细胞时，维甲酸可引起幼稚型的 HL-60 细胞向成熟细胞分化，使细胞群中中幼粒和晚幼粒细胞比例增多。除了形态上的变化，分化细胞的增殖活性也下降，可用 MTT 等方法进行检测。

二、实验材料、试剂及用品

（一）材料

HL-60 细胞（人早幼粒白血病细胞系）。

（二）试剂

（1）0.01mol/L、pH7.4 的 PBS。配制方法见附录一。

（2）RPMI1640 完全培养液：RPMI1640 基础培养基 90%，小牛血清 10%，青霉素 100IU/mL，链霉素 100μg/mL。

（3）维甲酸（Sigma 产品）贮存液：用生理盐水配成 10mmol/L。用时稀释 1000 倍。

（4）瑞氏染液：配制方法见实验 1。

（5）pH6.4 的 PBS：磷酸二氢钾（无水）0.3g，磷酸氢二钠（无水）0.2g，先加 800mL 蒸馏水溶解，调 pH 至 6.4，再补加蒸馏水至 1000mL。

（6）5mg/mL 的 MTT 溶液：称取 MTT 粉末（Sigma）0.10g，溶于 20mL PBS 中，0.22μm 滤膜过滤除菌，4℃避光保存。

（7）盐酸-异丙醇裂解液：量取盐酸 14mL、Triton X-100 溶液 50mL，加异丙醇至 500mL。

（三）用品

超净工作台，CO_2 培养箱，普通光学显微镜，10mL 低速离心机，酶标仪，无菌培养皿，载玻片，酒精棉球，蜡笔，胶头吸管，10mL 带盖刻度离心管，96 孔培养板，100μL 移液器及对应枪头，血细胞计数板等。

三、实验步骤

（一）HL-60 细胞诱导分化及形态学观察

（1）细胞培养。分别用含与不含维甲酸的 RPMI1640 完全培养液调整 HL-60 细胞密度为 5×10^5 个/mL，于 37℃、饱和湿度、5% CO_2 的培养箱中培养 3～5d。

（2）离心收集细胞。分别于培养 3d 和 5d 时 1500r/min 离心 5min，弃上清液，留取细胞沉淀。

（3）制备细胞涂片。用相当于细胞沉淀体积的小牛血清重新悬浮细胞沉淀，按照实验 1 的方法制备细胞涂片。

（4）细胞染色。按“实验 1 血细胞涂片的制备及染色观察”的方法用瑞氏染液染色细胞涂片标本。

（5）显微镜观察。观察早幼粒细胞、中幼粒细胞及晚幼粒细胞的形态，计算各类细胞的比率。

（二）HL-60 细胞诱导分化及 MTT 法检测细胞活力

（1）细胞培养。分别用含与不含维甲酸的 RPMI1640 完全培养液调制 HL-60 细胞密度为 2×10^4 个/mL，按每孔 100μL 加于 96 孔板中，每处理 6 个重复孔。于 37℃、饱和湿度、5% CO_2 的培养箱中培养 48h。

（2）加 MTT 反应。每孔加 MTT 溶液（5mg/mL）20μL，混匀，在 37℃、5% CO_2 条件下培养 4～5h。

（3）溶解甲臜。每孔加入 100μL 细胞裂解液，混匀。

（4）比色。酶标仪 570nm 波长处测定吸光度。

四、注意事项

注意药物使用浓度，若浓度过小，诱导分化活性不易显示出来。

五、作业及思考题

诱导分化的肿瘤细胞除了形态学和增殖活性检测外还可用什么方法检测诱导效果？

拓展阅读文献

李宁，李应福，谢兴文，等. 2016. 中药诱导骨髓间充质干细胞的定向分化：研究与进展. 中国组织工程研究，20（01）：135-139.

廖明徵. 2002. 肿瘤的诱导分化疗法. 中国肿瘤，11（2）：104-107.

Cui Z，Wei H，Goding C，et al. 2023. Stem cell heterogeneity，plasticity，and regulation. Life Science，334：122240

Gamet L，Daviaud D，Denis-Pouxviel C，et al. 2010. Effects of short-chain fatty acids on growth and differentiation of the human colon-cancer cell line HT29. International Journal of Cancer，52（2）：286-289.

Hurt E M，Chan K，Serrat M A，et al. 2010. Identification of vitronectin as an extrinsic inducer of cancer stem cell differentiation and tumor formation. Stem Cells，28（3）：390-398.

Müller-Sieburg C E，Cho R H，Thoman M，et al. 2002. Deterministic regulation of hematopoietic stem cell self-renewal and differentiation. Blood，100（4）：1302-1309.

第五节 基因沉默与编辑

基因沉默（gene silencing）是指生物体中特定基因由于种种原因不表达。基因沉默现象首先在转基因植物中发现，接着在线虫、真菌、昆虫、原生动物及老鼠中陆续发现。大量的研究表明，环境因子、发育因子、DNA 修饰、组蛋白乙酰化程度、基因拷贝数、位置效应、生物的保护性限制修饰及基因的过度转录等都与基因沉默有关。自然基因沉默是基因表达调控的一种重要方式，自然基因沉默是生物体在基因调控水平上的一种自我保护机制，在外源 DNA 侵入、病毒侵染和 DNA 转座、重排中有普遍性。人为基因沉默是研究基因功能、改造生物特性的重要工具。

基因沉默分为转录基因沉默（transcriptional gene silencing，TGS）和转录后基因沉默（post-transcriptional gene silencing，PTGS）。转录基因沉默是由于 DNA 甲基化、异染色质化及位置效应等引起的。转录后基因沉默即在基因转录后的水平上通过对靶标 RNA 进行特异性降解或积累受到抑制而使基因失活。外源基因的导入，往往导致细胞中与该外源基因一致及与之高度同源的内源基因的转录本积累受到抑制的现象属于转录后基因沉默。转录后基因沉默是研究的热点，应用也更为广泛。

导入外源基因引发同源基因沉默的现象最早由 Rich Jorgensen 及其同事于 1990 年在进行矮牵牛转基因时发现。他们发现，外源转入紫色色素合成基因，不但未产生出更深的紫色牵牛花，还导致有的转基因植物开出了全白色或部分白色的花，他们将这种现象称为基因的共抑制（cosuppression）现象。

1998 年华盛顿卡耐基研究院的 Andrew Fire 和马萨诸塞大学癌症中心的 Craig Mello 首次发现，注入双链 RNA（double-stranded RNA，dsRNA），能够诱发线虫强烈的基因沉默（gene silencing）。后来将这种由 dsRNA 引起的序列特异的基因沉默现象称为 RNA 干扰作用（RNA interference，RNAi）。Andrew Fire 和 Craig Mello 因此获得了 2006 年诺贝尔生理学或医学奖。此后的更多研究发现，RNA 干扰引起的基因沉默普遍存在于真核生物中，其在调节发育、维持基因组稳定性、对抗外部环境压力等方面都有着重要的作用。在植物、真菌和无脊椎动物中，基因沉默还是先天免疫（innate immunity）的重要部分。

siRNA 可以是内源的，也可以是外源的；内源 siRNA 可以自然产生，也可以诱导产生。自然 RNA 干扰现象在锥虫、果蝇、涡虫、斑马鱼、真菌、拟南芥及哺乳动物细胞都有发现，可能在基因表达的管理、病毒感染的防护、活跃基因的表达控制等方面具有重要意义。能够产生 RNAi 的 RNA 长 21～25 个核苷酸，称为小干扰 RNA（small interfering RNA，siRNA），它能够与转录形成的 mRNA 序列的特定区域结合，引起核酸酶对结合区域 mRNA 的降解，继而引起转录后基因沉默。RNAi 具有是特异性和高效性。小干扰 RNA 只会使靶基因失活，对其他基因没有沉默作用。使用时仅需少量的 dsRNA 就可以有效地抑制基因表达。由于 RNAi 的诸多优点，用外源 siRNA 进行“基因沉默”的技术已广泛用于功能基因组、信号转导及人与动物疾病治疗等方面的研究领域。

RNA 干扰作用通常通过两种方式实现人为的 RNAi，一种是向细胞直接转染人工合成的小干扰 RNA，另一种则是以质粒或病毒为载体表达短的发夹 RNA。siRNA 转染哺乳动物细胞的方法与质粒 DNA 相同，有磷酸钙法、阳离子脂质体法、DEAE-葡聚糖法、电穿孔法等。而对于沉默效果的检测，则包括表达蛋白本身的检测和表达蛋白的生物学功能检测。

基因编辑技术是指对 DNA 目标序列进行插入、删除或序列改变的操作方法。

最新兴起的基因编辑沉默技术是 CRISPR/Cas 技术，它是继 ZFN、TALENs 等基因编辑技术推出后的第三代基因编辑技术，是现有基因编辑和基因修饰里面效率最高、最简便、成本最低的技术之一，已成为当今最主流的基因编辑系统。该系统的发现起源于对细菌自身防御系统的研究。1987 年，日本科学家在研究大肠杆菌时发现，其基因组上有一段 29bp 的序列反复出现了数次且彼此之间被一段 32bp 的序列所隔开。1993 年，西班牙科学家 Francisco Mojica 在地中海嗜盐菌中也同样发现了这段重复序列。随着后续的研究，他在二十多种不同的微生物体内都发现了这种重复 DNA 结构，并将其命名为成簇规律间隔短回文重复（clustered regulatory interspaced short palindromic repeat，CRISPR）。2011 年，美国化学家詹妮弗 • 杜德纳（Jennifer A. Doudna）与法国生物化学家埃马纽埃尔 • 卡彭蒂耶（Emmanuelle Charpentier）合作开发 CRISPR 技术，并于一年后在 *Science* 杂志发表了相关研究成果，首次指出，CRISPR/Cas9 系统在体外实验中能定点对 DNA 进行切割，显著提升了基因编辑的效率。2013 年，哈佛大学医学院教授乔治 • 彻奇和华人科学家、麻省理工学院教授、博德研究所资深研究员张锋分别相继证明了 CRISPR 序列与 Cas9 蛋白结合可以在人类细胞中高效地定位、剪切和修改基因组。2020 年，诺贝尔化学奖授予了在 CRISPR/Cas9 基因编辑技术开发做出重要贡献的埃马纽埃尔 • 卡彭蒂耶（Emmanuelle Charpentier）和詹妮弗 • 杜德纳（Jennifer A. Doudna）。

CRISPR/Cas9 技术利用与目标序列互补的向导 RNA（sg RNA）引导 Cas 酶定点切割 DNA。定向切割原理是：间隔序列在被转录成为 crRNA（CRISPR RNA）后，能够和细胞自身的 Cas 核酸酶形成复合体，引导 Cas 核酸酶靶向切割与 crRNA 序列一致的外源 DNA。

实验 67 RNA 干扰沉默绿色荧光蛋白基因

一、实验原理

针对绿色荧光蛋白（GFP）的 siRNA 即 GFP-siRNA 可引起 *GFP* 基因转录后沉默。将 GFP-siRNA 和携带 *GFP* 基因的真核表达质粒载体共转染培养的小鼠成纤维细胞，然后于转染后 48～96h 于荧光显微镜或激光共聚焦显微镜下观察细胞内荧光强度，可检查 siRNA 对 *GFP* 基因表达的抑制效果。

二、实验材料、试剂及用品

（一）材料

贴壁培养的哺乳动物细胞（原代成纤维细胞、HeLa 细胞株或 CHO 细胞株）。

（二）试剂

（1）D-Hanks 液：配制方法见附录一，高压蒸汽灭菌。
（2）0.01mol/L PBS：配制方法见附录一，高压蒸汽灭菌。
（3）含 0.02% EDTA 的 0.25%胰蛋白酶溶液：配制方法见附录一，0.22μm 滤膜过滤除菌。
（4）小牛血清：56℃水浴灭活 30min。
（5）DMEM 基础培养液：直接购买。
（6）青霉素贮存液：用无菌水配成 5 万 IU/mL，分装于 EP 管，−20℃冻存。
（7）链霉素贮存液：用无菌水配成 5 万 μg/mL，分装于 EP 管，−20℃冻存。
（8）含 10%小牛血清的 DMEM 完全培养液：配制方法见附录一，0.22μm 滤膜过滤除菌。
（9）不含小牛血清的 DMEM 培养液。
（10）Sofast^{TM} 试剂：5mg/mL。
（11）pEGFP-C1 质粒：1μg/μL。
（12）GFP-siRNA 及 negative-siRNA：20μmol/L。

（三）用品

纯水设备，电热干燥箱，高压蒸汽灭菌锅，超净工作台，CO_2 培养箱，普通低温冰箱，倒置荧光显微镜，托盘天平，10mL 离心机，酒精灯，0.22μm 过滤器，24 孔培养板，血细胞计数板，10mL 离心管，胶头吸管，EP 管，10μL 及 200μL 移液器等。

三、实验步骤

1. 细胞准备

（1）按照“实验 33 贴壁细胞的传代培养实验”的方法消化待转染细胞。
（2）收集细胞。将细胞悬液转入带盖离心管，1500r/min 离心 5min，弃上清液，留细胞沉淀。
（3）细胞计数。向细胞沉淀加 2mL DMEM 完全培养液重悬细胞，计数并调整细胞浓度为 8×10^4 个/mL。

（4）重新接种。24孔板每孔接种细胞悬液1mL，细胞数8×10^4个。

（5）细胞培养。37℃、5% CO_2的培养箱培养12h，待细胞布满底部40%～50%，用于细胞转染。

2. 聚阳离子法基因转染

（1）待转染核酸准备。

阴性对照组：1μL质粒DNA溶液（含质粒DNA1μg）+30μL无血清DMEM培养液。

GFP-siRNA组：1μL质粒DNA溶液（含质粒DNA 1μg）+1μL GFP-siRNA（使终浓度为100mol/L）+30μL无血清DMEM培养液。

negative-siRNA组：1μL质粒DNA溶液（含质粒DNA 1μg）+1μL negative-siRNA（使终浓度为100mol/L）+30μL无血清DMEM培养液。

（2）转染试剂准备。2μL梭华-Sofast™溶液（含聚阳离子试剂10μg）+30μL无血清DMEM培养液。

（3）核酸与转染试剂的混合。将转染试剂加入核酸溶液中，边加边用旋涡振荡器混匀，室温静置15min。

（4）转染。①弃原培养液，每孔加0.5mL含血清DMEM培养液。②将60μL转染混合液加在培养的细胞中，轻轻摇动混匀。③37℃培养48h。

3. 结果观察 在基因转染48h（或更长时间）后，用倒置荧光显微镜或激光共聚焦显微镜观察转染及基因沉默情况，阳性细胞发出明亮的绿色荧光，阴性细胞无荧光。激光共聚焦显微镜比倒置荧光显微镜更敏感，绿色荧光蛋白表达量不高时前者能观察到而后者不易见。

四、注意事项

（1）DNA纯度要高，应当无蛋白质、无RNA和化学试剂污染，OD_{260}/OD_{280}应在1.8以上，否则会影响转染效率。

（2）转染用细胞种类、活性和密度都会影响转染效率。已建系的细胞比原代培养细胞应用效果好；待转染细胞要求处于旺盛分裂期、相互之间留有少量空隙，这样的细胞转染率高。原因是，分裂旺盛的细胞对转染试剂的毒性作用抵抗能力强、对外源DNA摄取能力强；少量空隙可给分裂细胞提供空间。

五、作业及思考题

如果表达的不是荧光蛋白，怎样检测基因转染效果及表达水平？

实验68 CRISPR-Cas9技术定向敲除哺乳动物细胞基因

一、实验原理

通过专门设计的单链指导RNA（sgRNA）识别目标基因序列，指导Cas9蛋白在DNA上进行精确切割，进而引起DNA双链的断裂。细胞通过非同源末端连接（nonhomologous end-joining，NHEJ）机制来修复这种断裂，该过程往往伴随着碱基的插入或缺失，导致基因表达的改变。

本实验将设计合成的针对肿瘤坏死因子超家族成员15（TNFSF15）的sgRNA，插入到携带*EGFP*基因的Cas9表达载体中，在转染细胞后，绿色荧光蛋白表达情况可反映Cas9蛋白的表达情况；结合 PCR 和凝胶电泳方法则可了解对 *TNFSF15* 基因的编辑效率。

二、实验材料、试剂及用品

（一）材料

Neuro-2a 小鼠脑神经瘤细胞株。

（二）试剂

（1）0.01mol/L PBS。配制方法见附录一，高压蒸汽灭菌。
（2）含 0.02% EDTA 的 0.25%胰蛋白酶溶液。配制方法见附录一，0.22μm 滤膜除菌。
（3）小牛血清。56℃水浴灭活 30min。
（4）DMEM 基础培养液。直接购买。
（5）青霉素储存液。用无菌水配成 5 万 IU/mL，分装于 EP 管，−20℃冻存。
（6）链霉素储存液。用无菌水配成 5 万 IU/mL，分装于 EP 管，−20℃冻存。
（7）含 10%小牛血清的 DMEM 完全培养液。配制方法见附录一，0.22μm 滤膜除菌。
（8）转染试剂 Lipofectamine 2000：赛默飞世尔科技公司（Thermo Fisher Scientific Inc）。
（9）减血清培养基 Opti-MEM：赛默飞世尔科技公司。
（10）pSpCas9(BB)-2A-GFP 质粒。1μg/μL，上海吉荧生物技术有限公司。质粒图谱见图 6-1。

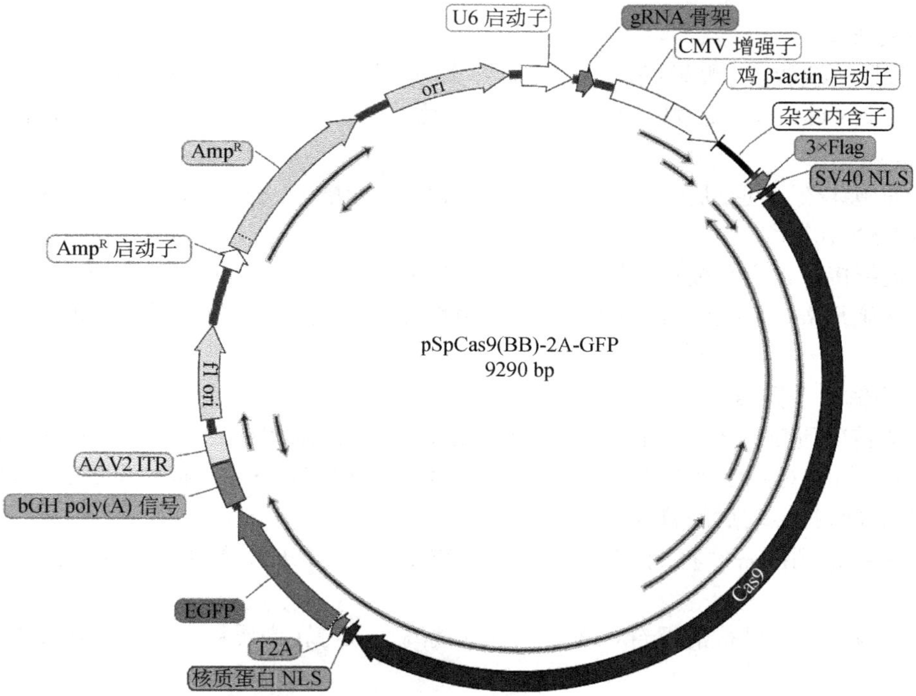

图 6-1　Cas9 蛋白酶真核表达质粒示意图［pSpCas9(BB)-2A-GFP 质粒］

说明：pSpCas9(BB)-2A-GFP 为真核细胞表达质粒，质粒进入细胞后可表达 CRISPR/Cas9 核糖核蛋白（RNP）复合物，在核定位序列（nuclear localization sequence，NLS）作用下，RNP 进入细胞核，sgRNA 引导 Cas9 蛋白特异性敲除 TNFSF15 基因，使 TNFSF15 基因表达下降。该质粒中 EGFP 蛋白与 Cas9 蛋白串联表达，通过 T2A 肽相连，T2A 肽可被细胞内蛋白酶切割，产生游离的 EGFP，EGFP 在 488nm 的激发波长下可产生绿色荧光，主要用于质粒转染效果的检测

（11）pSpCas9(BB)-2A-GFP-sgRNA-TNFSF15 质粒。1μg/μL，上海吉荧生物技术有限公司。该质粒含有针对靶基因 *TNFSF15* 的 sgRNA 序列：GGAGCTGGCCAGCCATTAGG（-）。

（12）细胞 DNA 提取试剂盒：天根生化科技（北京）有限公司。

（13）PCR 相关试剂（包括 2×*Taq* Plus Master Mix Ⅱ、10×DNA loading buffer、Marker 2000）：南京诺唯赞生物科技股份有限公司。

（14）引物 F、引物 R：生工生物工程（上海）股份有限公司。

引物 F：5′-CATTAACTCACTCAGTGTGACAGCTGCTCTCTTAT-3′

引物 R：5′-ATATTTCTAAATCCAAGAAGAGGAGCTGGTTAAGTA-3′

（15）DEPC 水：生工生物工程（上海）股份有限公司。

（16）高效琼脂糖凝胶 DNA 回收试剂盒：天根生化科技（北京）有限公司。

（17）T7 核酸内切酶Ⅰ（T7 Endonuclease Ⅰ，T7E1）：10 000U/mL，纽英伦生物技术（北京）有限公司（New England Biolabs）。

（三）用品

超净工作台，细胞培养箱，倒置荧光显微镜，PCR 仪，涡旋振荡器，水浴锅，10mL 离心机，酒精灯，胶头吸管，凝胶成像系统，6 孔培养板，高压灭菌锅，电热干燥箱，普通低温冰箱，过滤器及 0.22um 滤膜，血细胞计数板，10μL 及 200μL 移液器，10mL 离心管，EP 管等。

三、实验步骤

1. 细胞准备

（1）按照“实验 33 贴壁细胞的传代培养实验”的方法消化待转染细胞。

（2）收集细胞。将细胞悬液转入带盖离心管，1000r/min 离心 5min，弃上清液，留细胞沉淀。

（3）细胞计数。向细胞沉淀加 2mL 的 DMEM 完全培养液重悬细胞，进行计数并调整细胞浓度为 1.5×10^5 个/mL。

（4）重新接种。六孔板每孔接种细胞悬液 2mL、细胞总数为 3×10^5 个。

（5）细胞培养。37℃、5% CO_2 的培养箱培养，直到细胞覆盖率约为 50%，用于细胞转染。

2. 脂质体法基因转染

（1）待转染质粒准备。阴性对照组使用 2.5μL pSpCas9(BB)-2A-GFP 质粒和 275μL Opti-MEM 混合，阳性对照组则是 2.5μL pSpCas9(BB)2A-GFP-TNFSF15 质粒与 275μL Opti-MEM 混合，均轻轻吹打混匀后静置 5min。

（2）转染试剂准备。将 5μL Lipo2000 与 275μL Opti-MEM 混合，轻轻吹打混匀后静置 5min。

（3）质粒与转染试剂的混合。将转染试剂逐滴加入待转染质粒溶液中，吹吸混匀后室温静置 20min。

（4）转染。弃去每孔中的细胞培养液，加入 1.5mL Opti-MEM，随后每孔加入 0.5mL 转染混合液，轻轻晃动 6 孔板以混匀。8h 后，更换为含 10%小牛血清的 DMEM 完全培养液。48h 后，用细胞 DNA 提取试剂盒提取细胞 DNA。

3. 荧光显微镜观察与流式细胞分析　在转染 pSpCas9(BB)-2A-GFP 或 pSpCas9(BB)-2A-

GFP-sgRNA-TNFSF15 质粒 48h 后，使用倒置荧光显微镜或激光共聚焦显微镜观察绿色荧光蛋白的表达，或者利用流式细胞分析仪分析细胞中绿色荧光蛋白的表达量。

4. T7E1 试验

（1）细胞基因组 DNA 的提取。使用细胞 DNA 提取试剂盒按照说明书提取被转染细胞的基因组 DNA，并使用 NanoDrop 测定 DNA 浓度和纯度。

（2）PCR 扩增目标 DNA 片段。准备 PCR 反应体系，包括 100ng DNA 模板、2μL 引物 F（10mmol/L）、2μL 引物 R（10mmol/L）、25μL 2×*Taq* Plus Master Mix Ⅱ，用 ddH_2O 补至 50μL。PCR 反应程序设定为 95℃预变性 3min，之后是 35 个循环（95℃变性 15s，66℃退火 20s，72℃延伸 1min），最后 72℃延伸 5min，然后冷却至 4℃。

（3）琼脂糖凝胶电泳与 DNA 回收。PCR 产物通过 1%琼脂糖凝胶电泳分离，目标片段长度约为 873bp。使用高效琼脂糖凝胶 DNA 回收试剂盒按照说明书回收 PCR 产物，并利用 NanoDrop 测定 DNA 浓度。

（4）制备杂链 DNA 片段。反应体系准备，包括 500ng DNA 片段、2μL 10×NEB Buffer 2，用 DEPC 水补至 19μL。反应条件为 95℃下将 DNA 熔解 5min 以形成单链，然后让温度以−2℃/s 的速度下降至 85℃，继续以−0.1℃/s 的速度下降至 25℃，最后保持在 4℃，以促使单链 DNA 随机重配对，形成含有突变位点的不完全配对双链 DNA。

（5）T7E1 酶切处理。向 DNA 杂交链体系中加入 1μL T7E1 内切酶，37℃孵育 30min。孵育结束后，加入适量的 10×DNA Loading Buffer 以调整终浓度。然后使用 1%琼脂糖凝胶电泳分离被 T7E1 酶切的 DNA。通过凝胶成像仪观察 DNA 条带的分布情况。

（6）基因编辑效率分析。利用 Image J 软件分析琼脂糖凝胶上各 DNA 条带的灰度值，以此来计算靶基因的编辑效率（图 6-2）。计算公式为：突变频率%=100×［1−（1−条带灰度值）1/2］，其中条带灰度值=（A+B）/（A+B+C），A 和 B 为被 T7E1 酶切的条带，C 为未被切割的条带。

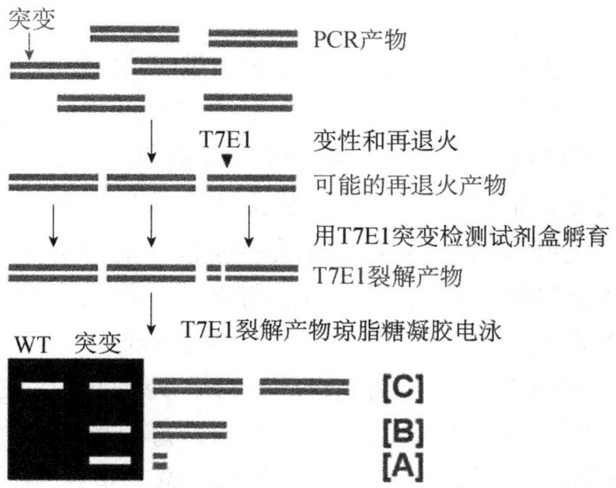

图 6-2 通过 T7E1 试验进行基因编辑效率分析示意图

四、注意事项

（1）需确保质粒 DNA 的纯度较高，因为纯度不足可能会影响到细胞的转染效率。

（2）在转染过程中，应保证细胞状态良好，并且细胞的融合度要保持在适中水平，这有助于提高细胞的转染率。

（3）只有在上述条件得到满足的情况下，才能有效提高细胞靶基因的编辑效率。

五、作业及思考题

如果质粒不携带 *EGFP* 基因，如何检测 Cas9 蛋白表达及其在细胞中的定位？

拓展阅读文献

王秀杰. 2006. RNA 干扰：双链 RNA 引起的基因沉默机制——2006 年诺贝尔生理学或医学奖成果简介. 科技导报，24（12）：5-8.

Chen M，Mao A，Xu M，et al. 2019. CRISPR-Cas9 for cancer therapy：Opportunities and challenges. Cancer Letters，447：48-55.

Ebrahimi V，Hashemi A. 2020. Challenges of in vitro genome editing with CRISPR/Cas9 and possible solutions：A review. Gene，753：144813.

Mohr S E，Smith J A，Shamu C E，et al. 2014. RNAi screening comes of age：improved techniques and complementary approaches. Nature Reviews Molecular Cell Biology，15（9）：591-600.

第六节 细胞端粒酶活性检测实验

端粒是一种位于真核生物染色体末端、由串联重复的短的双链 DNA（dsDNA）序列和特殊蛋白质结合形成的 DNA-蛋白质复合体，能够修复染色体末端 DNA 的损伤并维持 DNA 的稳定性。由于“末端复制问题”的存在，每次细胞周期进行一个循环后端粒的长度就会有所缩短，直到端粒耗损完则细胞停止分裂。端粒长度的缩短不仅是衰老的一种标志更是一种导致衰老的重要机制。

端粒酶（telomerase）是一种由蛋白质和 RNA 组成的核糖核酸蛋白复合物。端粒酶 RNA 组分中含有端粒重复序列的模板（5′-CUAACCCUAAC-3′）；蛋白质组分具有 RNA 依赖的 DNA 多聚酶活性，可以自身 RNA 的模板区为模板复制合成端粒重复 DNA 序列，加到端粒末端而维持端粒的长度，抵消或者延缓端粒长度的不断缩短。

近年很多研究显示，在胚性细胞等增殖活跃的细胞中端粒酶具有活性，而在正常成熟体细胞中端粒酶失活；绝大多数肿瘤细胞都呈端粒酶阳性，而在癌旁组织和正常组织阳性率很低。说明端粒酶与细胞寿命直接相关，且端粒酶的激活和表达程度与肿瘤的发生、发展也有十分密切的关系。因此，如何合理地控制端粒的长度，控制端粒酶的激活和抑制，以达到延缓衰老和防癌、治癌的目的，将会是一项意义深远的、富有挑战性的工作。

端粒酶活性的检测最早用端粒重复序列延伸法，原理是：端粒酶在体外可以以其自身 RNA 的模板区为模板，在适宜的寡核苷酸链的末端添加 6 个碱基的重复序列，再用聚丙烯酰胺凝胶电泳（PAGE）显示 6 个碱基差异的梯带。这种检测方法检测敏感性相对较低。1994 年 Kim 建立了基于 PCR 基础上的端粒重复序列扩增法（telomeric repeat amplification protocol，TRAP），在端粒酶作用下合成端粒重复序列后，再以其为模板 PCR 扩增端粒重复序列，扩增底物或引物中带有同位素，扩增结果 PAGE 后放射自显影检测。该法敏感，但存在同位素污染，且需时较长，难以定量。1998 年，卫立新等建立了更为敏感、简便、快速又无须使用同位素的 TRAP-ELISA 法检测人端粒酶活性。

实验 69 肿瘤细胞的端粒酶活性检测

一、实验原理

端粒酶在生物素标记的引物 TS 存在的前提下合成 GGTTAG 的 6 碱基重复序列；然后灭活端粒酶，在一个下游引物引导下，以端粒酶延伸产物为模板，*Taq* 酶 PCR 扩增端粒酶延伸产物，扩增产物标记有生物素。再用地高辛标记的端粒重复序列探针与变性后的 PCR 产物杂交，杂交产物一条链结合有生物素，另一条链结合有地高辛，因此，将其加于链霉亲和素包被的 96 孔反应板后便通过生物素–亲和素的高亲和力将其结合于板上。随后加入辣根过氧化物酶标记的抗地高辛抗体，便在孔表面形成一个“链霉亲和素–生物素–DNA–地高辛–抗地高辛抗体–辣根过氧化物酶”的复合物，加入底物显色后便可用酶标仪进行半定量测定。

二、实验材料、试剂及用品

（一）材料

小鼠 S-180 腹水瘤细胞，HL-60 细胞。

（二）试剂

（1）0.01mol/L、pH7.4 的 PBS：配制方法见附录一。

（2）RPMI1640 完全培养液：配制方法见附录一，0.22μm 滤膜过滤除菌。

（3）细胞裂解液：10mmol/L Tris-HCl（pH7.5），1mmol/L $MgCl_2$，1mmol/L EGTA，0.1mmol/L PMSF，5mmol/L β-巯基乙醇，0.5% Tween-20，10%甘油。

（4）Roche 公司 TeloTAGGG Telomerase PCR ELISA Kit（11854666910）。保存于−20℃。内容物：①细胞裂解液。②TRAP 反应混合物（Reaction Mixture）：含端粒酶底物、引物、核苷酸、*Taq* 酶及生物素标记的 P1-TS 引物和 P2 引物，用于端粒酶介导的引物延伸和 PCR 扩增。③DNA 变性剂，一般为 0.1mol/L NaOH。④杂交缓冲液：含有地高辛标记的与端粒酶重复序列互补的 DNA 探针。⑤清洗缓冲液：一般为 0.02mol/L Tris-HCl 加 Tween-20（pH7.4）。⑥过氧化物酶（POD）标记的抗地高辛（DIG）抗体（Anti-DIG-POD），按说明书稀释成工作液。⑦ELISA 反应稀释缓冲液。

（5）四甲基联苯胺（TMB）底物溶液：TMB-H_2O_2 溶液。

（6）ELISA 反应终止液：一般为 2mol/L H_2SO_4。

（7）阳性对照细胞提取物。

（8）链亲和素包被的 96 孔反应板。

（9）DEPC 处理的无菌水。

（三）用品

超净工作台，CO_2 培养箱，普通光学显微镜，10mL 低速离心机，1.5mL 冷冻离心机，PCR 仪，酶标仪，水平摇床，10mL 一次性注射器，细胞培养瓶，10mL 带盖刻度离心管，96 孔培养板，100μL 移液器及对应枪头，血细胞计数板，EP 管，冰盒，覆盖用锡箔等。

三、实验步骤

1. 细胞准备 收集用RPMI1640完全培养液培养的HL-60细胞及小鼠腹水瘤细胞，计数，用PBS调细胞浓度为2×10^5个/mL。腹水瘤细胞制备方法见附录二。

2. 细胞中端粒酶蛋白的提取

（1）将1mL细胞悬液移入EP管中，1000r/min离心8min，弃上清液；再加1mL PBS重悬细胞，3000r/min离心10min，弃上清液。

（2）向细胞沉淀加200μL冷裂解液，吹打混匀后冰上放置30min，4℃ 16 000*g*离心20min。

（3）小心移取上清液175μL于另一新的EP管中。如不马上进行端粒酶TRAP-ELISA检测，可保存于−70℃冰箱。

3. TRAP扩增 参照Roche公司TRAP-ELISA测定试剂盒说明书。在一个PCR反应管中，加入25μL TRAP反应混合物，2μL细胞端粒酶提取物，加DEPC处理的无菌水至总体积50μL，置PCR仪扩增。PCR反应条件：引物延长，25℃ 20min，1个循环，合成端粒酶延伸产物；94℃ 5min灭活端粒酶；端粒酶扩增（94℃ 30s，50℃ 30s，72℃ 90s），共30个循环；72℃平衡10min，4℃保存。

4. TRAP扩增产物DNA变性 在一个EP管中，加5μL TRAP反应产物，另加20μL DNA变性剂（NaOH终浓度为0.1mol/L），20℃孵育10min，使DNA变性成单链。

5. DNA杂交 在25μL变性DNA液中加入225μL杂交缓冲液，置于37℃振荡器内孵育2h，让地高辛标记的特异序列探针与扩增的DNA进行杂交。

6. ELISA检测

（1）加杂交混合物。在已包被链亲和素的96孔反应板上，每孔加100μL杂交混合物，37℃、300r/min摇床孵育1～2h，甩干杂交液。

（2）洗板。用清洗缓冲液洗板3次，每次每孔加250μL，静置30s，弃清洗液。

（3）加酶标抗地高辛抗体反应。每孔加100μL过氧化物酶标记的抗地高辛抗体，20℃、300r/min摇床振荡孵育30min。

（4）洗板。用清洗缓冲液洗板5次，每次每孔加250μL，静置30s，弃清洗液。

（5）加底物显色。每孔加100μL TMB-H_2O_2底物溶液，300r/min摇床室温避光振荡孵育10～15min，至孔中液体颜色由蓝色变为黄色。

（6）终止反应。每孔加入100μL终止液以终止反应。

（7）酶标仪测定吸光值。终止ELISA反应后30min之内在酶标仪上测定A_{450nm}（参照波长为A_{690nm}）。样本的吸收值读数为：$A_{450\sim690nm}$（待测孔）−$A_{450\sim690nm}$（阴性对照孔）＞0.2，则端粒酶活性阳性。$A_{450\sim690nm}$值为0.2～0.4定为（+），0.4～0.9定为（++），＞0.9定为（+++）。

四、注意事项

（1）阳性对照的吸收值在底物反应20min后检测，应高于1.5（$A_{450\sim690nm}$）；而阴性对照的最大吸收值为0.25（$A_{450\sim690nm}$），否则整个反应需重复。

（2）排除假阳性，最好设置以下四种对照：①85℃ 10min灭活端粒酶；②0.5μg/10μL

提取液+1μg RNase，37℃，处理 20min，灭活端粒酶；③不加提取液；④不加 CX 或 TS 引物。以上实验可排除引物二聚体或 PCR 污染。

五、作业及思考题

（1）简单描述端粒酶活性检测原理。

（2）如何排除假阳性？

拓展阅读文献

Choi L M R，Kim N W，Zuo J J，et al. 2015. Telomerase activity by TRAP assay and telomerase RNA（hTR）expression are predictive of outcome in neuroblastoma. Pediatric Blood & Cancer，35（6）：647-650.

Wojtyla A，Gladych M，Rubis B. 2011. Human telomerase activity regulation. Molecular Biology Reports，38（5）：3339-3349.

Yoshida K，Sugino T，Tahara H，et al. 2015. Telomerase activity in bladder carcinoma and its implication for noninvasive diagnosis by detection of exfoliated cancer cells in urine. Cancer，79（2）：362-369.

Zhou X，Xing D. 2012. Assays for human telomerase activity：progress and prospects. Chemical Society Reviews，43（42）：4643-4656.

附　　录

附录一　常用溶液配制方法

1. 10%中性福尔马林（pH7.2～7.4）　福尔马林（37%甲醛）10mL，Na_2HPO_4 0.65g，$NaH_2PO_4 \cdot H_2O$ 0.4g，蒸馏水 90mL。

2. D-Hanks 液　KH_2PO_4 0.06g，NaCl 8.0g，$NaHCO_3$ 0.35g，KCl 0.4g，葡萄糖 1.0g，$Na_2HPO_4 \cdot H_2O$ 0.06g，加 H_2O 至 1000mL。高压蒸汽灭菌，冰箱 4℃保存。

3. 0.067mol/L PBS　$Na_2HPO_4 \cdot 12H_2O$ 11.81g，KH_2PO_4 4.5g，用蒸馏水溶解并加至 1000mL。

4. 吉姆萨染液（贮存液）　取 0.5g 吉姆萨粉末，加 33mL 纯甘油，在研钵中研细；放在 56℃恒温水浴中保温 90min；再加入 33mL 甲醇，充分搅拌，用滤纸过滤，于棕色细口瓶中保存。

5. 0.4%的台盼蓝（trypan blue）生理盐水溶液　称取 0.4g 台盼蓝染料，加少量水研磨粉碎；再加水至 50mL，过滤；加入等量 1.8%的 NaCl 溶液。

6. 乙酸洋红染液　向 100mL 45%的乙酸溶液中加入洋红染粉 0.5～1g，煮沸约 5min；冷却后过滤，再向滤液中加入 1%～2%铁明矾水溶液数滴，直到此溶液变为暗红色不发生沉淀为止；也可悬入一生锈的铁钉，过 1min 取出，使染色剂中略具铁质，增进染色性能（媒染）。染液盛于棕色瓶中加盖避光贮存。注意：配好的染液不能立即使用，应放置 1 个月以上使染料成熟后才可产生理想的染色效果。

7. 0.01mol/L PBS（pH7.2）　NaCl 8.0g，KCl 0.2g，$Na_2HPO_4 \cdot H_2O$ 1.56g，KH_2PO_4 0.2g 溶于双蒸水中，再用双蒸水定容至 1000mL，混匀，高压蒸汽消毒。

8. 0.01mol/L PBS（pH7.4）　$NaH_2PO_4 \cdot 2H_2O$ 0.45g，$Na_2HPO_4 \cdot 12H_2O$ 3.23g，氯化钠 8.00g，蒸馏水溶解并加至 1000mL。经 121℃、15min 灭菌。

9. RPMI1640 完全培养液　RPMI1640 基础培养液 90%，小牛血清 10%，青霉素 100IU/mL，链霉素 100μg/mL，0.22μm 滤膜过滤除菌，保存于 4℃冰箱中。

10. DPBS（pH7.4）　NaCl 8g，KCl 0.2g，$Na_2HPO_4 \cdot 12H_2O$ 1.15g，KH_2PO_4 0.2g，用蒸馏水溶解并定容至 1000mL，无须调 pH。

11. 含 0.02% EDTA 的 0.25%胰蛋白酶溶液　用 D-Hanks 液配。每 100mL D-Hanks 液中加入胰蛋白酶 0.25g，EDTA 0.02g。0.22μm 滤膜过滤除菌，保存于 4℃冰箱中。

12. 含 10%小牛血清的 DMEM 培养液　DMEM 基础培养液 90%，小牛血清 10%，青霉素 100IU/mL，链霉素 100μg/mL，0.22μm 滤膜过滤除菌，保存于 4℃冰箱中。

13. Hanks 液　1L 中含 NaCl 8.00g，KCl 0.4g，$CaCl_2$ 0.14g，$MgSO_4 \cdot H_2O$ 0.2g，$Na_2HPO_4 \cdot 12H_2O$ 0.12g，KH_2PO_4 0.06g，$NaHCO_3$ 0.35g，葡萄糖 1.00g，酚红 10～50mg，用

NaOH 或 HCl 调 pH 至 7.4。配时可将钙盐和镁盐分别单独用少量水稀释，待其他成分溶解后再加入，避免形成沉淀。高压蒸汽灭菌，冰箱 4℃保存。

附录二　腹水瘤小鼠模型建立方法

一、实验材料、试剂及用品

（一）材料

（1）6～8 周龄健康小鼠，雌雄不限。
（2）已腹腔接种 S-180 鼠肉瘤细胞株 5～7d 的腹水瘤小鼠。

（二）试剂

0.9%氯化钠生理盐水。

（三）用品

剪刀，5mL 一次性注射器及针头，一次性乳胶手套，酒精棉球，10mL 离心管（需提前消毒），胶头吸管（需提前消毒）等。

二、实验步骤

（1）脱颈处死已腹腔接种 S-180 鼠肉瘤细胞株 5～7d 的腹水瘤小鼠，用酒精棉球消毒腹部。

（2）沿腹中线剪开小鼠腹部皮肤并向两边撕开，暴露腹膜，用带针头的一次性注射器抽取 2～3mL 腹腔液（乳白或微黄色），放入无菌离心管中。注意：抽取腹腔液时应用左手将小鼠内脏推向一侧，给针头留出空隙，否则针头易被腹腔内的肠、肠系膜等堵塞。操作参见文前二维码“视频 11　小鼠腹腔注射与腹腔液的抽取”。

（3）用无菌生理盐水洗涤细胞 2 次：每次加 5mL 生理盐水，1500r/min 离心 5min，弃上清液，留细胞沉淀。

（4）用生理盐水重悬细胞沉淀，计数后调浓度至 1×10^7 个/mL，每只小鼠腹腔注射 0.2mL。

三、注意事项

（1）注意全程无菌操作。凡与细胞接触的容器及试剂均应预先消毒，抽取腹水和注射前小鼠腹部均应消毒。

（2）整个操作应在 30min 内完毕。为了节省时间，可不计数，洗涤后直接用原腹腔液体积 3 倍的生理盐水重悬细胞沉淀，然后给每只小鼠腹腔注射 0.2mL 细胞悬液。

附录三　细胞培养前的准备工作

一、重铬酸钾硫酸洗液的配制

1. 配方

（1）弱液：重铬酸钾 100g，浓硫酸 100mL，蒸馏水 1000mL。

（2）次强液：重铬酸钾 120g，浓硫酸 200mL，蒸馏水 1000mL。

（3）强液：重铬酸钾 63g，浓硫酸 1000mL，蒸馏水 200mL。

一般常用次强液。

2. 配制容器　内壁完整的瓷器或玻璃烧杯。

3. 配制方法

（1）穿好工作服，戴好防护口罩，防护手套、防护镜，准备好容器和蒸馏水。

（2）采用称量纸称取需要量的重铬酸钾，然后转入玻璃大烧杯。

（3）加入蒸馏水，搅拌使其尽可能多地溶解（必要时加热溶解）。

（4）然后沿容器壁向其中缓慢加入浓硫酸，边加边搅拌。因浓硫酸溶于水产生大量热而比较危险，可在加浓硫酸过程中中途停下来降温几次，不可使温度过高导致容器破裂，发生危险。

（5）将配好的洗液（棕红色）静置放凉，然后小心转入专业的防酸防腐蚀容器；加盖存储。

（6）加水冲洗配制容器，倒入废液缸，重复两次，基本无酸液腐蚀性后，才可以进入常规洗涤使用。

二、用品清洗

除了无菌密封包装产品可直接使用外，与细胞接触的培养用器皿要严格清洗，以防各种有害物质对培养细胞损害。对于塑料瓶盖或胶塞等，可水中浸泡后用 2% NaOH 煮沸 10～20min，然后在自来水中浸泡和用蒸馏水漂洗 2～3 次，晾干备用。玻璃制品清洗过程如下所示。

1. 浸泡　新使用或重复使用的玻璃器皿须经 5%盐酸溶液或自来水浸泡过夜或煮沸 30min，水洗。以去除新购进玻璃器皿所带有灰尘、铅、砷等物质，并消除其弱碱性。

2. 刷洗　浸泡后用软毛刷和优质的洗洁精进行刷洗。

3. 酸浸　即用重铬酸钾硫酸浸泡。操作见文前二维码“视频 18　细胞培养准备工作”。

将清洁并烘干的待泡酸缸器皿依次装入带有较长扎口带的塑料网袋中。

戴好防护镜、口罩、耐酸的长乳胶手套及耐酸围裙，将网袋小心放入洗液中，用耐酸的棍子（如玻璃棒）往下压，直至全部器皿浸入洗液中，只露出扎口带在盛洗液的容器外。

浸泡超过 24h。

4. 除酸　操作见文前二维码“视频 18　细胞培养准备工作”。

（1）预先戴好防护镜、口罩、耐酸的长乳胶手套及耐酸围裙。

（2）缓慢从洗液中提起网袋；通过调整网袋方向，使洗液尽可能多地倒回洗液缸内；待洗液流尽后，将网袋放入塑料盆内，将盆端至水槽中。

（3）用少量自来水将网袋里的器皿冲洗 1～2 遍，废液倒入烧杯，再转入收集废液的容器中。

（4）用大量自来水冲洗器皿至完全洗净酸液，逐一从中取出器皿进入常规洗涤。

三、干燥

1. 玻璃及金属用品　在烘箱中 110℃烘干水分。

2. 塑料及乳胶用品　如针头式滤器、乳胶头、盐水瓶盖、离心管盖等一般用不高于 65℃的温度烘干。

四、包装

器材经清洗烤干或晾干后，先应严格包装，然后再行消毒灭菌处理，以防止消毒灭菌后再次遭受污染。包装材料常用包装纸、牛皮纸、硫酸纸、棉布、铝饭盒、玻璃或金属制吸管筒、纸绳等。

五、消毒

消毒灭菌随物品的不同，而采用不同的方法。

1. 紫外线　主要用于消毒实验室空气、工作台面和一些不能使用其他方法消毒的培养器皿。进无菌室前或做完实验后，均应开灯照射 30min 进行消毒。紫外线照射 60min 可以消灭空气中大部分细菌。一般在正式实验前，预先将实验用品及无生物活性的溶液转入超净工作台，开启紫外灯照射消毒 0.5h 以上，为了保险，一般用 1.0h。然后在实验开始前半小时关闭紫外灯以使臭氧散失。

2. 消毒剂　操作者的皮肤、培养瓶的盖和外壁常用碘酒、酒精消毒。无菌室内桌椅和物体的消毒可用 0.1%新洁尔灭、过氧乙酸、来苏儿等擦拭或浸泡。实验室、无菌室的消毒可用甲醛熏蒸（高锰酸钾 5～7.5g，加 40%甲醛 10～15mL，混合放入一开放容器内，立即可见白色甲醛烟雾，房间密闭 24h 即可）。

3. 干热消毒　多用于金属和玻璃器皿消毒，干热烤箱 180℃、45～60min。

4. 湿热消毒　橡胶制品、塑料器皿、平衡盐及其他无生物活性、不易挥发或分解的溶液，用 68kPa（115℃）高压灭菌 10min；布类、玻璃制品、金属器械等用 103kPa（121.3℃）高压灭菌 15～20min。

5. 过滤消毒　有生物活性的溶液（如培养液、肝素钠、胰蛋白酶等溶液）、易挥发的溶液（如碳酸氢钠）和易高温分解的溶液需要过滤消毒。一般用 0.22μm 孔径的滤膜过滤消毒，可除去液体中的细菌和霉菌等。如过滤两次，可使支原体达到某种程度的去除，但不能除去病毒。滤器分为负压和加压式两种。过滤的液体量很少时，可选用注射器微量滤膜滤器。非一次性过滤器准备和使用操作见文前二维码“视频 18　细胞培养准备工作”。

（1）滤膜安装。取洗净烘干的可换膜针筒式过滤器，拧开后，再用平头镊子夹取滤膜，小心放置在滤器帽端塑料垫圈上；然后将滤器有网眼的芯对正，旋入帽中。

（2）滤器包装及消毒。将滤器放入不锈钢饭盒内，再放入高压蒸汽消毒锅内进行消毒。

（3）过滤。①在超净工作台内，打开不锈钢饭盒，夹住过滤器外壁取出过滤器，小心旋紧盖子；细口即出液口朝下放在无菌容器口上。②用无菌一次性注射器，吸取适量需要过滤消毒的溶液；将针筒头垂直朝下插进滤器粗口即进液口内；缓慢按压注射器芯杆，推出其中液体，使其通过滤膜得到过滤。③观察：若开始按压后液体先布满滤器滤膜表面再下滴，则滤膜应该是完好无损的；若尚未布满就从一侧快速下滴，则可能滤膜有破损，需旋开检查滤膜的完整性。④过滤完毕后，需要再次检查滤膜完整性，拧开滤器观察滤膜。

6. ^{60}Co 照射 不耐热的塑料制品或一次性用品的灭菌可经包装后，用 γ 射线照射消毒。

六、预热溶液

将保存于 4℃冰箱的培养液及其他有生物活性的溶液在使用前半小时拿出来，移入紫外消毒过的超净工作台。

七、洗手和着装

将手用肥皂洗干净，再用酒精棉球擦拭一遍，进入更衣间，穿上消毒工作服，戴上一次性消毒帽子和口罩，套上鞋套。

八、无菌室内的准备工作

开启鼓风，用 75%酒精棉球消毒手部、操作工作台面及后面转入的培养液瓶外壁等；依操作方便将用品合理布局；点燃酒精灯，使以后操作都能通过火焰或在靠近火焰处进行。

附录四　细胞生物学实验教学方法案例

一、半开放教学案例

“半开放设计性实验”指让学生在指定的方法内进行实验方法优化设计，并能够在正常实验教学的限定时间内实施的实验。由于它无论在内容选择方面还是在实施时间方面都有限制，不及一般开放设计实验的开放程度，因此，将其称为“半开放设计性实验”。

这种形式的实验可通过学生对已有方法的改进与灵活运用激发学生自主学习积极性，提高学生实验综合素质、培养学生批判性思维习惯，继而提高学生的创新实验能力。其尽管对学生的培养不如开放实验全面，但具有便于实施、实验结果和实验成本可控、适宜于正常教学时间开展等优势。

（一）实验选择及实例

开设半开放设计性实验时，我们选择了实验结果影响因素比较多的实验，可以让学生了解这类实验的复杂性，同时训练其自主查阅文献、设计和实施实验及团队合作的能力，如 PEG 介导的细胞融合、MTT 法检测细胞活力等实验。

PEG 即聚乙二醇（polyethylene glycol），指乙二醇不同分子量的聚合物，是一种常用的细胞融合诱导剂。利用 PEG 诱导融合，具有试剂易得、价廉、操作简单等优点，但影响其诱导效果的因素很多，如细胞种类、融合用细胞所处状态、PEG 分子量、PEG 使用浓度及作用于细胞的时间、融合液中是否添加钙离子、去除融合剂后温育时间等都影响到融合率及细胞状态。如果控制不好，不是融合率太低，就是细胞破坏（凋亡、坏死，甚至脱核）严重。该法作为半开放设计性实验能达到希望的教学效果。

MTT 比色法（MTT assay）是目前应用最为广的细胞活力检测方法。但因正常方法超出常规教学时间，我们通过改变实验安排，建立了一种可在三小时教学时间完成的“权宜之MTT 比色法”并应用于教学。该法有多个因素影响其检测结果的可靠性，如细胞浓度、裂解液种类、裂解液作用条件、裂解液作用时间等，作为半开放设计性实验也能达到希望的教学效果。

（二）开设方法

1. 教师发布实验任务　教师至少提前 2 周发布实验任务，要求学生以教师 PPT 提供的方法为基础，通过查阅、分析资料，了解影响融合效率的因素及条件，设计优化方案并通过实验找到组内相对理想的实验方法。

要求至少提前 1 周以邮件形式将实验设计方案发给老师并以组为单位开出实验需要的试剂及用品清单。

建议自由组合成 3～4 人的小组，以组为单位进行资料查阅与分析、实验方案讨论与确定、实验准备及实施。

2. 教师审核学生实验设计　教师首先从专业方面审核学生实验设计的合理性及时间可行性，再通过盘点实验室已有设备及试剂，并让负责采购的老师与相关销售公司沟通，确认能够提供的实验试剂用品后向学生提出方案修改建议。

3. 学生修改实验设计方案　学生根据教师意见，小组讨论修改原有方案，最终确认新方案并开出需要的试剂及用品清单。

4. 教辅及助教准备　教辅及助教准备教师提供的基本方法全部材料及试剂，并备好学生用材料（鸡红细胞和小鼠腹水瘤细胞）及试剂原料。

5. 学生按组准备及实施实验　学生分工合作完成设计实验的试剂配制及实验操作。实验结束后，同组同学共享实验结果，并经过分析和讨论提出实验结论，汇总实验报告。

6. 实验总结　学生以组为单位讲解实验设计及依据、实验结果与体会，教师及其他组同学给出评议。

二、自选开放实验教学案例

自选开放实验指由学生选定内容并设计实施的实验。除了用品采购以外，实验设计、用品采购信息调研到实验步骤实施、实验总结的全过程由学生完成。该类实验通常放在正常教学周的后期开展，此时的学生已具有一定细胞生物学实验理论基础和基本技能、有能力自主查阅文献并设计实施。

汇总 2020 年和 2021 年在南京大学生命科学学院修读本课程的学生中进行的不记名问卷调查结果显示，100%的学生喜欢在日常教学中安排开放实验，喜欢的理由有：84%的同学认为可以提高统筹安排实验能力，71.9%的同学认为可以做自己想做的实验，68.8%的同学认为可以培养关注细节、严谨求实的科学态度，65.6%的同学认为可以激发实验热情，培养科学探索精神，其他还有加强团队合作精神、引导自主学习等。总而言之，增设开放与选修实验能够提高学生的获得感与满意度，受到学生欢迎并产生了应有的教学效果。

（一）开设时间

学期结束前 2～3 次课的课内时间（6～9h）加适当时长的课外时间。

（二）条件保障

南京大学生命科学实验教学中心（国家级实验教学示范中心）：支撑常规教学及多数开放实验。

医药生物技术国家重点实验室+部分 PI 实验室：支持部分开放实验。

（三）实验选择与设计要求

（1）实验在要求的时间段进行。
（2）材料及试剂成本在一定范围内。
（3）所需硬件条件本院平台可以满足。

（四）教师及教辅作用

教师作用：发布任务及要求、审核实验设计的科学性及实验方案可行性、评价实验总结。
教辅作用：购买材料、试剂，准备自管仪器设备及预约公共平台仪器设备。

（五）教学安排

（1）教师发布实验任务。自选开放实验写入教学周历，教师在第一次上课介绍本学期教学内容时告知学生并在自选实验开设前 1 个月，发布自选实验选择设计的时间要求、成本要求及截止时间，截止时间通常为实验前 2 周。

（2）学生完成查阅文献、实验选择与设计，开出实验用品清单、材料及试剂采购链接及价格，一并提交给老师。

（3）教师先与教辅沟通，根据平台可提供的硬件条件初步判定实验是否可以开展。如硬件条件可以支撑，再查看所需材料及试剂有哪些是实验平台可以提供的、哪些需要采购。需要采购的材料及试剂还要考查总成本是否超出预算。综合几个方面，对学生的实验选择给出意见。

（4）学生修改实验设计方案。学生根据教师意见，小组讨论修改原有选择与设计，再经教师审核，最终确认方案并开出需要的试剂及用品清单。

（5）教辅购买材料、试剂，准备自管仪器设备及预约公共平台仪器设备。

（6）学生按组准备及实施实验。

（7）学生进行实验总结。学生以组为单位讲解实验设计及依据、实验结果与体会，教师及其他组同学给出评议。

三、课程思政教学案例

2016 年 12 月 7 日到 8 日，全国高校思想政治工作会议在北京召开，习近平总书记强调，要坚持把立德树人作为中心环节，把思想政治工作贯穿教育教学全过程，实现全程育人、全方位育人，努力开创我国高等教育事业发展新局面。

此次会议后，为了贯彻落实习近平总书记思政育人思想，各教育主管部门、各高校均积极倡导教师在教学中开展课程思政工作。上海市教育主管部门在推进德育综合改革进程中率先提出了“课程思政”概念，并针对自然科学课程，提出应重点开展职业素养和科学精神教育。南开大学马克思主义学院田鸿芬和付洪总结相关教育实践和文献研究，将“课程思政”界定为：所谓“课程思政”，是指思想政治教育施教主体在各类课程教学过程中有意识、有计划、有目的地设计教学环节，营造教育氛围，以间接、内隐的方式将施教主体所认可、倡导的道德规范、思想认识和政治观念有机融入教学过程，并最终传递给思想政治教育的受教主体，使后者成为符合国家发展要求的合格人才的教育教学理念。

南京大学为了鼓励教师开展课程思政教学工作，于2020年开始每年度开展课程思政案例认定工作，本教材第一主编所教授的南京大学生命科学院“细胞生物学实验”课程也被认定为课程思政案例，并获评2023年度课程思政教学奖。

下面是我们的几个教学案例。

案例1：在“细胞凋亡的诱导与检测”系列实验教学中，通过介绍细胞凋亡研究的意义与进展，激发学生学习兴趣；通过介绍华人科学家王晓东、薛定、袁钧瑛对于细胞凋亡研究重大突破的贡献，以及实验中用到的细胞凋亡诱导剂-羟基喜树碱为我国自主创新抗癌药物，激发民族自信。

案例2：先后在“PEG诱导的细胞融合实验”“MTT法检测细胞活力”等实验教学中开展了“半开放设计性实验”教学及为期两周的“全开放实验教学”，调动了自主学习积极性，培养了批判性思维习惯及创新意识，提高了利用所学知识及网络资源分析问题、解决问题的能力，并通过分组强化了团队协作意识。

其中的“半开放设计性实验”教学，是指在限定实验内容的基础上让学生对已有方法进行优化。如在PEG介导的细胞融合实验中，学生从PEG分子量、浓度、作用时间长短、钙离子及透膜剂使用与否及使用量等方面进行了对比与优化。

“全开放实验教学”指时间、条件、教学师资全方位开放并由学生自选内容且自行设计完成的实验。其中的时间开放指探究性实验准备及完成时间不限于固定的课堂教学时间，学生可依据实验进展利用课余及周末时间；实验条件开放指课程所在教学实验室提供实验所用基本仪器设备等硬件条件，在必要时可利用其他教学实验室、科研平台、课题组实验室的仪器设备、少量材料及试剂；教学师资开放指学生开展开放实验过程中，可向任课教师请教，也可由教师引荐或学生自己联系学院其他教师给予相关指导。这种开放教学模式大大拓展了课堂范畴，使学生能够迸发创新激情，发展创新实践能力。

案例3：在“考马斯亮蓝染色法显示细胞骨架”“细胞冻存与解冻复苏实验”等实验中运用了“对错比较教学法”等对比法教学，强化教学效果的同时培养批判性思维习惯。

四、实验伦理教学案例

伦理学是关于优良道德的科学，其约束人类的行为，促进人与人、人与自然的和谐相处，进而促进人类社会的可持续发展。

生命科学实验中涉及的伦理学属于生物伦理学和科技伦理学的范畴。生物伦理学是根据道德价值和原则对生命科学和卫生保健领域内的人类行为进行系统研究的科学，研究范围涵盖了生物学、生态学、医学等生物相关领域的多个方面，包括了生物实验中的动物实验、干细胞研究、转基因技术等。一般遵循四个基本原则，包括：有益原则（又称“有利原则”），自主原则（又称“尊重原则”），无伤原则（又称“不伤害原则”）和公正原则。例如，有益原则要求动物实验的确是为了寻找治疗人类疾病和深入了解疾病的发病机制所需；无伤原则在动物实验方面要尽量降低对实验动物的压力和痛苦程度。

科技伦理是开展科学研究、技术探索等科技活动过程中所需要遵循的价值理念和行为规范。中共中央办公厅、国务院办公厅于2022年3月出台了《关于加强科技伦理治理的意见》，对深入开展科技伦理教育和宣传提出要求，明确提出将科技伦理教育作为相关专业学科大学生和研究生教育的重要内容，教育青年学生树立正确的科技伦理意识，遵守科技伦理要求。

为了让学生树立实验伦理意识并在实验中规避伦理性错误，由于“细胞生物学实验”课程中涉及伦理问题的主要是实验动物，我们在第一次上课时不仅将安全教学作为教学内容，还进行了涉及实验动物的伦理教育。以1篇关于抗癌小分子piperlongumine的研究论文，因文中荷瘤鼠肿瘤过大，直径远超过麻省总医院动物实验伦理规定而引发广泛关注和争议，最终被*Nature*撤稿的事件为例，引出善待实验动物的意义、法规、原则，以及实验动物安乐死的要求及方法等。重点讲了“为什么要善待实验动物？”“我国实验动物法规”“实验动物法规的总原则”“《关于善待实验动物的指导性意见》要义”“《关于善待实验动物的指导性意见》的原则性要求”“小鼠安乐死方法”等。

关于“为什么要善待实验动物”，从人道关怀的角度，实验动物为人类健康做出了巨大的牺牲，理应享有应得的福利，得到人们善待；从学术研究的角度，保证实验过程中的动物福利，可以使实验结果更真实和准确。

关于“我国实验动物法规”，介绍了我国实验动物管理的主要文件，如我国科技部制定发布的《实验动物管理条例》（1988年制定，2011、2013、2017年修订）、《关于善待实验动物的指导性意见》（2006）、《国家科技计划实施中科研不端行为处理办法（试行）》（2006制定）、《实验动物机构　质量和能力的通用要求》（GB/T 27416—2014）。

关于“实验动物法规的总原则”，讲了使用动物时遵循“3R”原则、饲养、使用、运输动物时要保障动物福利，还重点介绍了“3R”原则。让学生了解：3R意指减少（reduction）、替代（replacement）和优化（refinement）。“减少”是指如果某一研究方案中必须使用实验动物，同时又没有可行的替代方法，则应把使用动物的数量降低到实现科研目的所需的最小量；“替代”是指使用低等级动物代替高等级动物，或不使用活着的脊椎动物进行实验，而采用其他方法达到与动物实验相同的目的；“优化”是指通过改善动物设施、饲养管理和实验条件，精选实验动物、技术路线和实验手段，优化实验操作技术，尽量减少实验过程对动物机体的损伤，减轻动物遭受的痛苦和应激反应，使动物实验得出科学的结果。

在“《关于善待实验动物的指导性意见》的原则性要求”部分，重点讲了第二条的要求，即采取有效措施，使实验动物免遭不必要的伤害、饥渴、不适、惊恐、折磨、疾病和疼痛，保证动物能够实现自然行为，受到良好的管理与照料，为其提供清洁、舒适的生活环境，提供充足的、保证健康的食物、饮水，避免或减轻疼痛和痛苦等。

在“小鼠安乐死方法”部分，介绍了《实验动物　安乐死指南》（GB/T 39760—2021）及其中关于小鼠安乐死的具体方法。

五、细胞实验安全教学案例

实验室安全事故频发，迫使教育管理部门和高校逐渐重视和加强学生的安全教育。教育部于2016年公布了《高校科研实验室安全管理现场检查项目表》，对组织体系、规章制度、安全教育、实验室环境与管理、安全设施、水电安全、化学安全、生物安全、辐射安全、仪器设备安全、个人防护等方面都有具体要求。2019年5月22日又发布了《教育部关于加强高校实验室安全工作的意见》（以下简称《意见》）。《意见》指出，安全是教育事业不断发展、学生成长成才的基本保障。高校实验室安全事故仍然时有发生，暴露出实验室安全管理仍存在薄弱环节，包括宣传教育不充分等问题。

细胞生物学实验课程教学中同样涉及安全问题，需要梳理及引导学生避免。作为高校生命科学实验课程的教师，我们倍感安全责任重大。为了保障教学过程的安全、培养学生的实验安全意识及相关安全知识，我们将安全和实验伦理教育作为“细胞生物学实验”课程第一次上课的内容。

讲解内容：安全问题排查依据、细胞生物学实验主要涉及的安全问题及回避方法。

（1）安全问题排查依据部分列举了《特别管控危险化学品目录》（中华人民共和国应急管理部、工业和信息化部、公安部、交通运输部等，2020）、《高校科研实验室安全管理现场检查项目表》（教育部，2016）、《实验室常用化学品危险等级、危险性质表》《危险化学品目录》（国家安监总局、公安部等十部委，2015、2018、2020版等）、《危险化学品目录（2015版）实施指南（试行）》（国家安监总局、公安部等十部委）、实验所用仪器、试剂的说明及发表的相关专业文献。让学生了解：《危险化学品目录（2015版）实施指南（试行）》所附《危险化学品分类信息表》是各级安全监管部门判定危险化学品危险特性的重要依据；危险化学品安全风险来源于两方面，一是化学品自身安全风险，二是触犯相关法规的风险；爆炸品、易燃化学品、剧毒品、加压气体、强腐蚀品等都有很大的自身安全风险；剧毒化学品、易制爆化学品、易制毒化学品等具有管理风险。

（2）细胞生物学实验主要安全风险来源部分列举了高压蒸汽消毒锅、离心机、干热烤箱、紫外消毒灯、荧光显微镜、超低温冰箱等仪器及设备，甲醇、乙醇、异丙醇、甲醛、甘油、二硝基苯肼等易燃易爆化学品，甲醛、氯仿、碘化丙啶（PI）等致癌化学品，硫酸、浓盐酸、氢氧化钠等强酸强碱，腹水瘤细胞、血液等生物材料及实验动物小鼠。

1）高压蒸汽消毒锅的安全风险包括：①高温蒸汽烫伤（放气阀放气烫伤、灭菌锅锅盖打开时热蒸汽烫伤）风险；②待消毒物品或高硬度水产生的水垢堵塞排气管引起锅内压强异常增大的危险；③液体灭菌时的爆瓶危险。

2）离心机的安全风险包括：①平衡不好有可能在离心时移动，甚至从实验台上掉下来；②启动离心时若未正常加盖或在离心机未停止转动时就打开机盖，有可能导致离心管飞出而伤到人；③用玻璃离心管离心时未加离心管套导致离心管破碎，清理时有可能划伤人。

3）干热烤箱的安全风险包括烧伤风险、起火风险、引爆风险等。

4）小鼠实验风险包括被咬伤风险和被传播狂犬病风险等。

（3）安全风险防范部分在介绍高压蒸汽消毒锅时让学生了解：①需有资质单位出具的检定证明，操作人员需持证上岗；②需要规范操作。介绍离心机时让学生了解：放稳、平衡好、正确加盖、加速方法、不超速超时运转、不分离易燃易爆样品等。

六、对比法教学实例

例1：细胞冻存实验中，设置不同冻存温度和冻存液，显示超低温条件及冻存保护剂对细胞冻存的重要性。

设置的温度有 4℃、−20℃、−80℃，冻存液有 PBS、RPMI1640 完全培养液、含 10%冻存保护剂甘油的 RPMI1640 完全培养液、含 10%冻存保护剂 DMSO 的 RPMI1640 完全培养液。让学生比较含 10%冻存保护剂甘油的 RPMI1640 完全培养液中的腹水瘤细胞放置在 4℃、−20℃、−80℃下 2 个月，以及 4 种冻存液中的细胞在−80℃温度条件下冻存 2 个月后的细胞浓度和存活率。

例 2：细胞骨架显示实验中，设置用与不用去污剂 Triton X-100 处理，加深去污剂影响细胞骨架显示效果的印象。